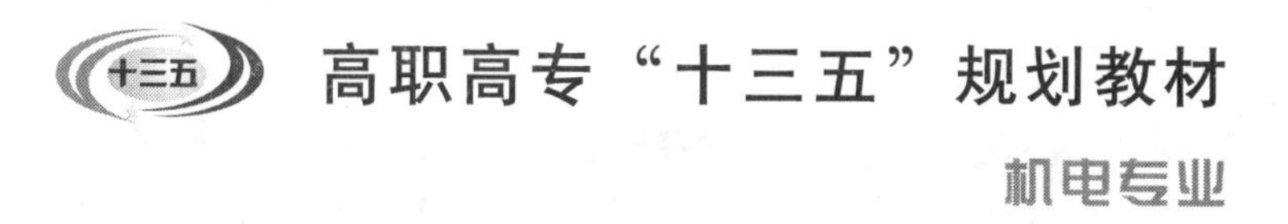

机电专业

Protel DXP电路设计与制板

主　审　徐国洪
主　编　黎万平　徐　明　彭　莉
副主编　马经权　夏伯融　朱建武
　　　　王中刚　康国旗

南京大学出版社

内容简介

本教材通过四个典型案例：多谐振荡器电路板的制作、交通信号灯电路板的制作、FM 收音机电路板的制作和功率放大器电路板的制作，详细介绍了利用 Protel DXP 进行电路设计与制板的工作过程以及应用腐蚀法、雕刻法制作印制板的基本工艺。本教材基于工作过程编排教学内容，结合考证需要，精心设计“任务”，注重项目内容与职业的衔接。

图书在版编目(CIP)数据

Protel DXP 电路设计与制板 / 黎万平，徐明，彭莉主编. — 南京：南京大学出版社，2016.12

高职高专“十三五”规划教材. 机电专业

ISBN 978-7-305-18063-7

Ⅰ. ①P… Ⅱ. ①黎… ②徐… ③彭… Ⅲ. ①印刷电路-计算机辅助设计-应用软件-高等职业教育-教材 Ⅳ. ①TN410.2

中国版本图书馆 CIP 数据核字(2016)第 323972 号

出版发行 南京大学出版社
社　　址 南京市汉口路 22 号　　邮　编 210093
出 版 人 金鑫荣

丛 书 名 高职高专“十三五”规划教材·机电专业
书　　名 Protel DXP 电路设计与制板
主　　编 黎万平　徐　明　彭　莉
责任编辑 王秉华　吴　华　　编辑热线 025-83595860

照　　排 南京南琳图文制作有限公司
印　　刷 南通印刷总厂有限公司
开　　本 787×1092　1/16　印张 13.5　字数 312 千
版　　次 2016 年 12 月第 1 版　2016 年 12 月第 1 次印刷
ISBN 978-7-305-18063-7
定　　价 35.00 元

网址：http://www.njupco.com
官方微博：http://weibo.com/njupco
微信服务号：njuyuexue
销售咨询热线：(025) 83594756

前言

《Protel DXP 电路设计与制板》是应用电子技术专业和电子信息工程专业的核心课程，该课程与生产实际和学生的就业结合紧密。为了更好地满足电路设计与制板领域高技能型人才的培养需求，不断提高人才培养质量，我们集中湖北省高职应用电子技术、电子信息工程专业的骨干教师和企业的工程技术人员，编写了这本《Protel DXP 电路设计与制板》教材。

本教材通过四个典型案例，详细介绍了利用 Protel DXP 进行电路设计与制板的工作过程以及应用腐蚀法、雕刻法制作印制板的基本工艺。为了方便教学和学生训练，教材在内容的选取上做到了案例典型、内容全面、难易适中、新颖实用。四个案例包括多谐振荡器电路板的制作、交通信号灯电路板的制作、FM 收音机电路板的制作和功率放大器电路板的制作。教材编排的顺序符合实际生产过程中电路设计与制板的工作过程，将每个项目的过程分为原理图的设计、PCB 图的设计和印制电路板的制作，实施过程中能很好地体现"教、学、做"一体化的思想。教材在项目选取上的另一个特点就是与考证相结合，如将功率放大器电路板的制作作为考证的技能强化训练项目，有助于学生取得电子产品制板工的职业资格证书。

考虑到教学时间和教材篇幅等因素，本教材在内容编排上将基础知识及相关工艺介绍作为知识链接放在相应的过程后面，便于学生及社会人士学习。每个项目后面都提供了习题，便于学生巩固所学知识并进行自学和实践操作训练。

本书由仙桃职业学院黎万平、徐明和彭莉担任主编，由武汉信息传播职业技术学院马经权、长江职业学院夏伯融、武汉城市职业学院朱建武以及武汉信息传播职业技术学院王中刚、康国旗担任副主编。其编写任务如下：概述部分和项目 1 由徐明负责，项目 2 由夏伯融和马经权负责，项目 3 由朱建武和王中刚负责，项目 4 由彭丽和黎万平负责。附录部分由康国旗负责。张汉飞、何丙年、卢丽君、付晓军、胡进德等同志参与本教材相关内容的研制工作，全书由徐明副教授统稿和校对，仙桃职业学院徐国洪教授担任本教材的主审工作。严启罡副教授和楚天网络公司刘祖云高级工程师对相关项目的设计提出了建设性意见，并给予了大量的指导工作。湖北省职业技术教育教学委员会电子电气类专业教学指导委员会及参编院校领导对本教材的研制提供了大力支持，在此表示衷心感谢！

本书适合电路设计初中级读者使用，可作为高职院校电子类相关专业电子线路设计课程的教材。本书实例丰富，还可作为广大电路设计人员的培训教材。

由于编者水平有限，书中难免存在不妥之处，敬请广大读者批评指正！

编　者

2016 年 11 月

目　录

概　述

随着计算机工业与电子技术的蓬勃发展，以及芯片生产工艺的不断提高，传统的手工设计和印制电路板的方法越来越难以适应生产的需要。为了解决这个问题，各类电路设计自动化（EDA）软件如雨后春笋般迅速发展起来。Protel 电路设计系统就是 EDA 电子电路设计系统软件中的佼佼者，它是世界上第一个将 EDA 引入 Windows 环境的电子电路设计开发工具，具有高度的集成性和扩展性。2002 年下半年，Altium 公司（前 Protel Technology 公司）推出了 Protel DXP，它是一款基于 Windows XP 操作系统的优秀的 EDA 软件，其使用方便，功能强大，能够为电子设计工程师提供全面的解决方案。

1.1　Protel DXP 软件介绍

EDA（Electronic Design Automation，电子设计自动化）技术是现代电子工程领域的一门新技术，它提供了基于计算机和信息技术的电路系统设计方法，就是将电路设计中各种工作交由计算机来协助完成，如电路图（Schematic）的绘制、印刷电路板（PCB）文件的制作、执行电路仿真（Simulation）等设计工作。随着电子工业的发展，大规模、超大规模集成电路的使用使电路板走线愈加精密和复杂。EDA 技术也蓬勃地发展起来，同时也极大地推动了电子工业的发展，而在教学和产业界的技术推广是当今业界的一个热点话题。EDA 技术是现代电子工业中不可缺少的一项技术，掌握这种技术是通信电子类高校学生就业的一个基本条件。

原理图设计、PCB 设计、电路仿真和 PLD 设计都是 EDA 技术的重要内容，Protel 是突出的代表，它操作简单、易学易用、功能强大。Protel DXP 是 Altium 公司最新一代的板级电路设计系统，它是第一个将所有的设计工具集成于一身的设计系统。它通过把设计输入仿真、PCB 绘制编辑、拓扑自动布线、信号完整性分析和设计输出等技术完美融合，为用户提供了全程的设计解决方案，使用户可以轻松进行各种复杂的电路板设计，是电子线路设计人员首选的计算机辅助设计软件。Protel DXP 已经具备了当今所有先进的电路辅助设计软件的优点。从最初的工程模块规划到最终形成生产数据都可以按照用户自己的设计方式实现。

如今 Protel DXP 是由 5 大模块组成的系统工具，分别是原理图（SCH）设计、印制电路板（PCB）设计、原理图（SCH）仿真、自动布线器（AutoRouter）和可编程逻辑器件（FPGA）设计。

Protel DXP 将原理图编辑、PCB 图绘制以及打印等功能有机地结合在一起，形成了一个集成的开发环境。在这个环境小，所谓的原理图编辑，就是电子电路的原理图设计，是通过原理图编辑器来实现的，原理图编辑器为用户提供高速、智能的原理图编辑手段，由它生成的原理图文件为印制电路板的制作做准备工作。所谓的 PCB 绘制，就是印制电路板的设计，是通过 PCB 编辑器来实现的，由它生成的 PCB 文件将直接应用到印制电路板的生产中。

Protel DXP 的原理图编辑器，不仅仅用于电子电路的原理图设计，它还可以输出设计 PCB 板所必需的网络表文件，设定 PCB 板设计的电气法则，根据用户的要求，输出令用户满意的原理图设计图纸。支持层次化原理图设计，当用户的设计工程较大，很难用一张原理图完成时，可以把设计工程分为若干子工程，子工程可以再划分成若干功能模块，功能模块还可再往下划分直至底层的基本模块，然后分层逐级设计。

1.2 Protel 的发展历史

早在 1987、1988 年，美国的 ACCEL Technologies Inc 就推出了 TANGO 软件，用于电子辅助设计，它就是 Protel 的前身。TANGO 考虑了当时电子设计人员的要求，有令人惊喜的效果，这也为它的后继产品的推出打下了良好的基础。

随后的几年内，电子工业的飞速发展使得 TANGO 软件包呈现出难以适应时代发展的迹象，Protel Technology 公司不失时机地推出了 Protel for DOS 软件，这是 TANGO 的升级版本，它奠定了 Protel 家族的基础。

进入 20 世纪 90 年代后，计算机技术取得了令人瞩目的成就，硬件的整体性能几乎成几何级数的增长，而软件领域也推出了 Windows 这样的视窗类操作系统，极大地方便了计算机用户。众多的软件厂商纷纷推出了其 DOS 版软件的 Windows 升级版，而 Protel Technology 公司也在 1991 年推出了 Protel for Windows，这是世界上第一个基于 Windows 操作系统的 PCB 设计工具。与它的前身 Protel for DOS 相比，无论在界面、易操作性还是设计能力方面都有了长足的进步。随后，Protel Technology 公司陆续推出了 Protel for Windows 2.0、Protel for Windows 3.0 等版本。

1998 年又推出了 Protel 98，这个 32 位产品是第一个包含 5 个核心模块的 EDA 工具。随后 1999 年推出的 Protel 99 既有原理图的逻辑功能验证的混合信号仿真，又有了 PCB 信号完整性的板级仿真，构成从电路设计到真实板分析的完整体系。2000 年又对设计过程的控制力进行更大的提升，推出了 Protel 99SE，性能也进一步得到提高。

这些版本一直保持着 Protel 家族产品操作简单、功能强大的特点，深受设计者的青睐。步入 2000 年后，Protel 家族也步入了自己的新纪元，推出了 Protel 家族中新的一员——Protel DXP。

1.3 Protel DXP 的新特点

2002 年，Protel Technology 成功地整合多家重量级的电路软件公司，正式更名为 Altium，推出了 Protel 的新版本——Protel DXP。Protel DXP 保持了 Protel 家族软件的传统，比起 Protel 99SE 又有了很大的进步。具体说来，Protel DXP 和 Protel 99SE 比

较，新增的特点表现在以下几个方面：

1．全新的用户定制设计环境

(1) 完全集成化的交互式可配置用户设计环境，增强了用户接口。

- 协调一致的编辑器。
- 锁定式、浮动式和自动弹出式工作面板显示方式。
- 进行编辑工作时，浮动面板和工具栏可以自动隐藏。
- 完全的定制工具栏和可视工作环境。

(2) 强大的目标定位和编辑功能，交互式设计数据观察方式。

- 建立一个表达式以精确定位一组目标。
- 应用一个表达式保护、选择和缩放被定位的目标。
- 设计项目的 ListView 数据表类型。
- 同时选中和编辑多个目标。

2．新的项目管理和设计完整性分析

(1) 项目级集成管理和设计完整性分析，强大的设计规则检查和调试。

- 项目级双向同步，错误检查，文件比较，多功能输出配置，项目级设计验证和调试。
- 比较器引擎保证了源文件和目标 PCB 文件之间的完全同步，消除了原来版本同步困难的问题。
- 用 SCC 标准接口支持常用的第三方文件版本控制系统。
- 使用一个项目文件保存项目文件和项目级设置的信息，便于管理所有的设计文件和项目级参数。

(2) 设计整合，Protel DXP 强化了原理图和 PCB 板之间的双向同步设计功能。

3．新的设计输入方式

(1) 原理图和 FPGA 应用设计入口支持 Xilinx 和 Altera 的全系列的原形库和宏模型库。

(2) 直接从原理图中生成 EDIF 文件。

(3) 多张分层的原理图输入。

(4) 无限制的图纸数量和分层深度。

(5) 全系列的元件集成库包含原理图符号、PCB 封装、Spice 模型和信号完整性模型。

(6) 草图和电子错误的全面检查，分层和连贯性的导航方式，简单易用。

(7) 通用的导入导出功能支持 OrCAD V9 和 V7 环境的原理图和库的直接导入，以及 AutoCAD R14 及以前版本文件的导入导出。

4．新的工程分析和验证功能

(1) 适应 Spice3f5 模型的混合电路仿真器，实现混合信号电路仿真。

(2) 无缝集成的原理图编辑器在没有网表导入导出的情况下，允许直接从原理图进行仿真。

(3) 数字 SimCode 描述语言扩展到 Xspice，允许数字器件传输延迟、输入和输出负载和受控源建模。

(4) 全部的电子线路分析功能，包含 AC、小信号、传输特性、噪声及 DC 分析等。

(5) 复杂的元件扫描和蒙特卡罗分析模型，用于测试元件变化和容差效果。

(6) 集成波形观察器可以同时进行 4 级波形显示。

(7) 完全支持仿真波形后处理。

(8) 公布局布线之前利用原理图进行阻抗反射预仿真。

(9) 对了选定的节点,用振荡器类型显示结果进行反射和交调干扰快速仿真,也是满幅和集成结果测量工具。

(10) 强大的终止指导器,扫描不同的条件终端选项。

(11) 前端和后端的信号完整性分析,实现过冲、下冲、阻抗和信号斜率等可以定义标准的 PCB 设计规则。

(12) 信号完整性模型可以连接到集成元件中。

5. 新的设计实现方式

(1) 32 个信号、16 个布线层和 16 个机械层完全支持隐藏和掩埋过孔。

(2) 手动、交互和自动的布线功能通用的元件布局特点如下。

- 功能强大 ITUS 拓扑自动布线器。
- 实时布线规则。
- 支持所有的元件封装技术。
- 推挤的交互式布线功能。
- 智能测量工具。

(3) 完全的规则驱动设计如下。

- 49 个设计规则集。
- 精确的定位规则。
- 用户定义的设计规则级别。

(4) 真正的多通道设计支持多层板变量,不需要为每一层板变量保存多套文件。

(5) 项目级双向自动同步并更新源文件和目标板设计,使得不同设计文件之间的切换更加方便。

(6) 强大的机械、电气文件格式导入导出方式可导入 OrCAD layout V9 的 PCB 文化和库文件,并可导入 R14 版本的 AutoCAD DX 和 DWG 文件。

6. 新的输出设置和生成方式

(1) 输出文件的项目级定义以项目形式保存的输出配置。

(2) 支持的输出类型如下。

- 装配图和拾取布局文件。
- 原理图和 PCB 制图。
- Gerber、NC 钻孔和 ODB + + 装配文件。
- EDIF、VHDL、Spice、Multiwire 和 Protel 的网表输出格式。
- 原料清单。
- 仿真报告。

(3) 完全的计算机辅助制造(CAM)功能,强大的 CAM 预览和编辑功能如下。

- 扩展打印和观察工具。
- ODB + + 或 Gerber 的导入导出功能。

● 制作参数设计规则检查。
● 平板化设计。
● NC 布线通路定义。

1.4　Protel DXP 开发系统介绍

1. *启动* Protel DXP

启动 Protel DXP 后进入图 1－1 所示的设计管理器窗口。Protel DXP 的设计管理器窗口类似于 Windows 的资源管理器窗口。设有主菜单和主工具栏，左边为 Files Panels（文件工作面板），右边对应的是主工作面板，最下面的是状态条。

图 1－1　启动 Protel DXP

设计管理器中分成如下几个选项，如图 1－2 所示。

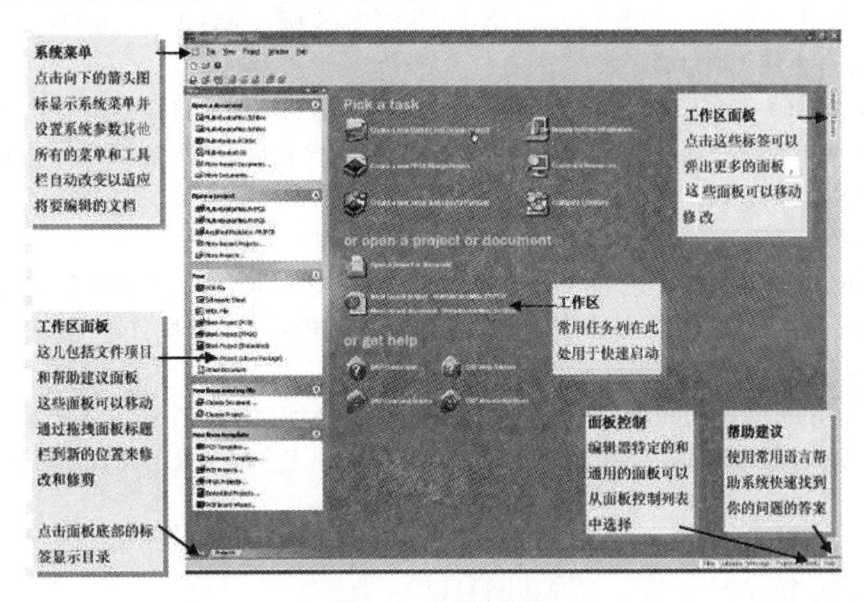

图 1－2　设计管理器

(1) Pick a task 选项区域

Pick a task 选项区域选项设置及功能如图 1-3 所示。

● Create a new Board Level Design Project:新建一项设计项目。

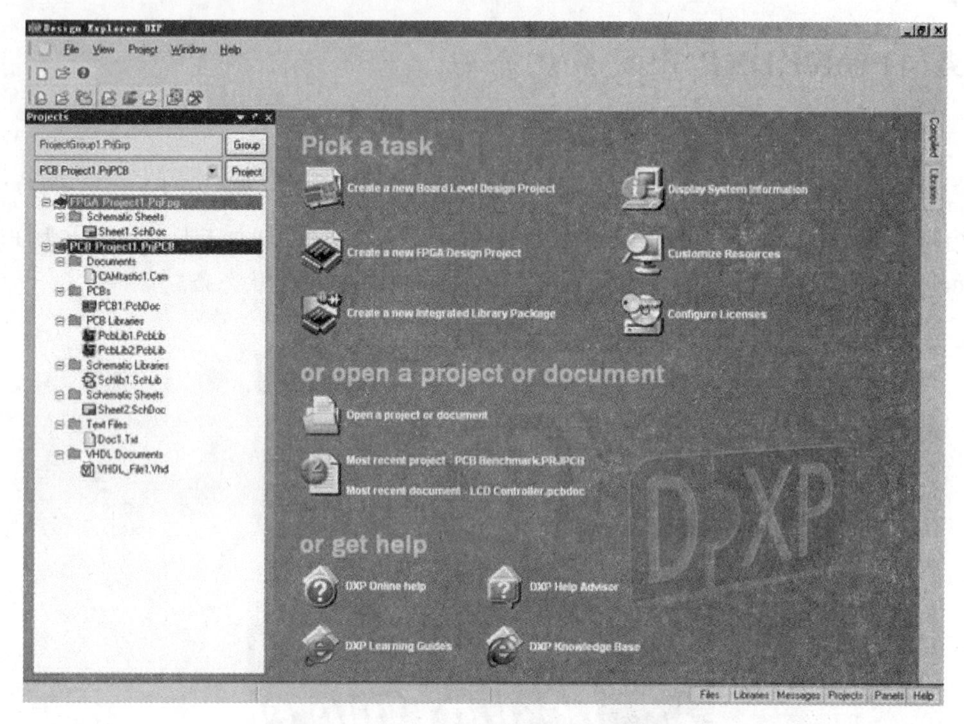

图 1-3 Protel DXP 设计管理器窗口

Protel DXP 中以设计项目为中心,一个设计项目中可以包含各种设计文件,如原理图 SCH 文件,电路图 PCB 文件及各种报表,多个设计项目可以构成一个 Project Group (设计项目组)。因此,项目是 Protel DXP 工作的核心,所有设计工作均是以项目来展开的。介绍一下使用项目的好处。

● Create a new FPGA Design Project:新建一项 FPGA 项目设计。单击 Create a new FPGA Design Project 选项,将弹出如图 1-4 所示的新建 FPGA 项目设计档的工作面板。

● Create a new integrated Library Package:新建一个集成库。

● Display System Information:显示系统的信息。显示当前所安装的各项软件服务器,若安装了某项服务器,则能提供该项软件功能,如 SCH 服务器,用于原理图的编辑、设计、修改和生成零件封装等。

● Customize Resources:自定义资源。包括定义各种菜单的图标、文字提示、更改快捷键,以及新建命令操作等功能。这可以使用户完全根据自己的爱好定义软件的使用接口。

● Configure License:配置使用许可证。可以看到当前使用许可的配置,用户也可以更改当前的配置,输入新的使用许可证。

(2) Or open a project or document 选项区域

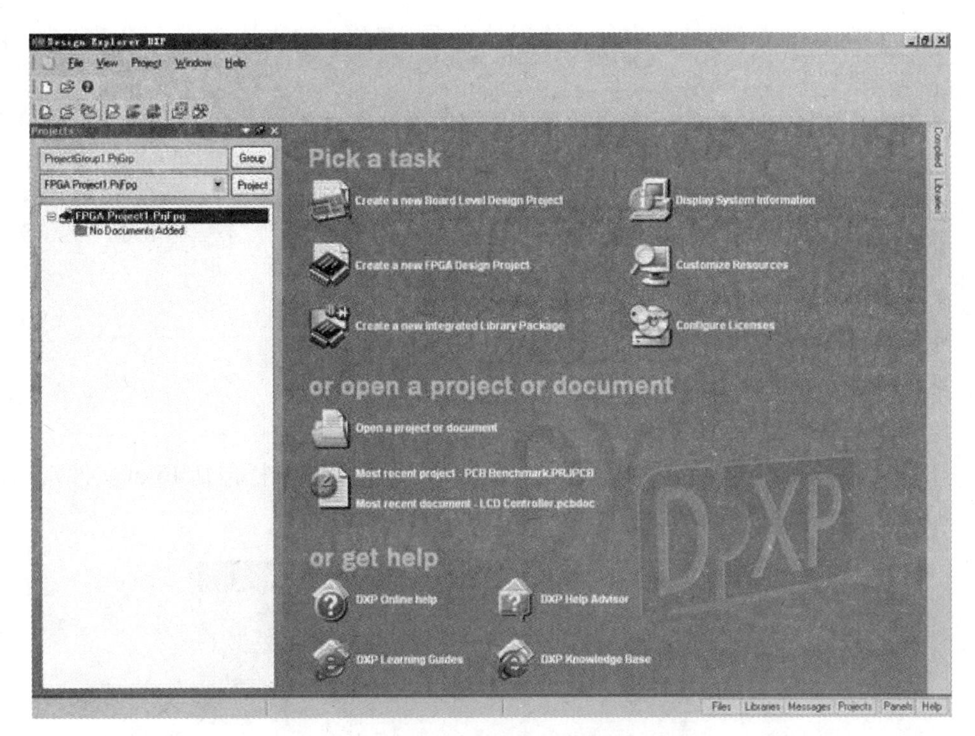

图 1－4　新建 FPGA 项目设计档工作

Or open a project or document 选项区域中的选项设置及功能如下。

● Open a project or document：打开一项设计项目或者设计档。单击该选项，将弹出如图 1－5 所示对话框。

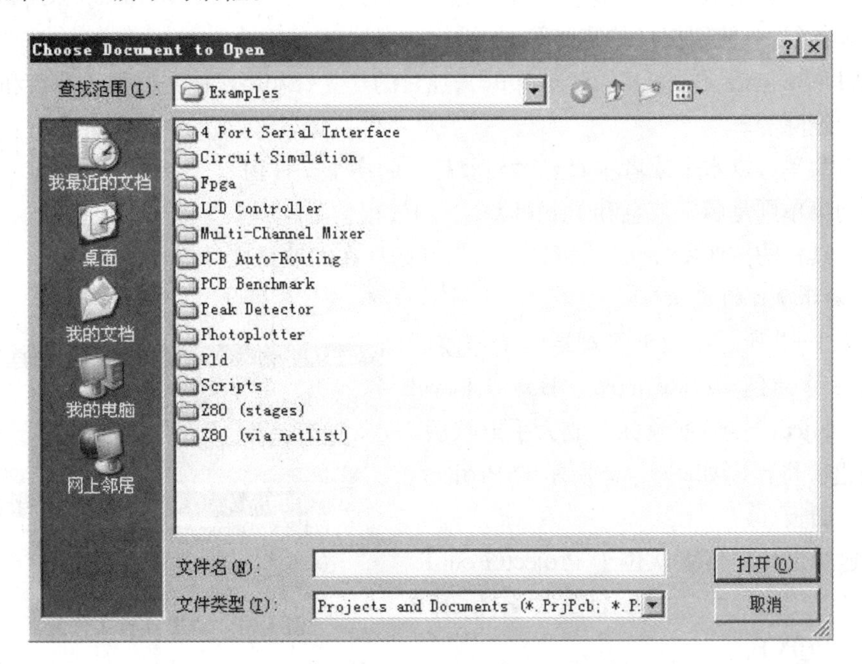

图 1－5　打开一个项目或者文件对话框

- Most recent project：列出最近使用过的项目名称。单击该选项，可以直接调出该项目进行编辑。
- Most recent document：列出最近使用过的设计文件名称。

(3) Or get help 选项区域

Or get help 选项区域用于获得以下各种帮助。

- DXP Online help：在线帮助。
- DXP Learning Guides：学习向导。
- DXP Help Advisor：DXP 帮助指南。
- DXP Knowledge Base：知识库。

2. 主菜单和主工具栏

主菜单和主工具栏如图 1－6 所示。Protel DXP 的主菜单栏包括 File（文件）、View（视图）、Project（项目）、Window（窗口）和 Help（帮助）等。

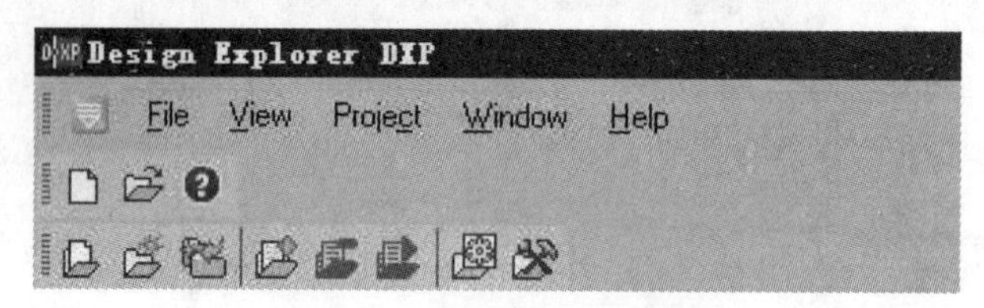

图 1－6　主菜单和主工具栏

文件菜单包括常用的文件功能，如打开文件、新建文档等，也可以用来打开项目文档、保存项目文件，显示最近使用过的文档和项目、项目组以及退出 Protel DXP 系统等。

视图菜单包括选择是否显示各种工具条，显示各种工作面板（workspace panels）以及状态条的显示，使用接口的定制等。

项目菜单包括项目的编译（Compile）、项目的建立（Build），将文档加入项目和将文档从项目中删除等。

窗口菜单可以水平或者垂直显示当前打开的多个文件窗口。

帮助菜单则是版本信息和 Protel DXP 的教程学习。

主工具栏的按钮图标包括打开文件、打开已存在的项目文件等。

3. 设计项目的建立

在图 1－2 所示的设计管理器主工作面板中将鼠标移动到 Create a new Board Level Design Project 选项，使鼠标变成为手形状后，单击该选项将弹出如图 1－7 所示的 Projects 文件工作面板。

新建的设计项目默认位于 ProjectGroup1. PrjGrp 工作组下，默认的项目文件名为 PCB Project 1. PrjPCB。

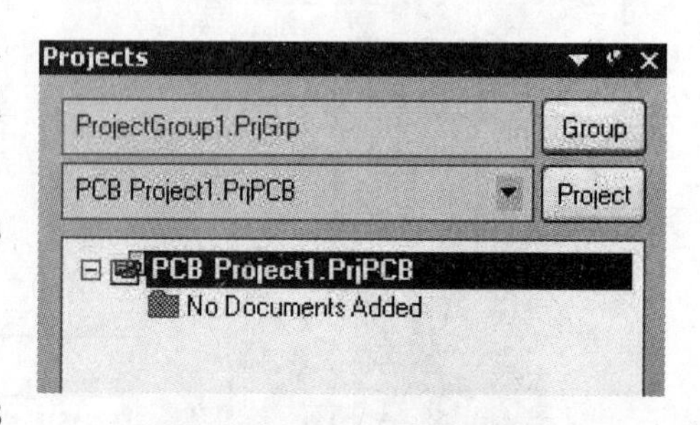

图 1－7　PCB 文件工作面板

注意：Protel DXP 中，默认的工作组的文件名后缀为.PrjGrp，默认的项目文件名后缀为.PrjPCB。如果新建的是 FPGA 设计项目，建立的项目档名称后缀为.PrjFpg。

(3) 设计文档的建立和保存

在图 1-7 的文件工作面板中有两个按钮：Group 和 Project，先在下面用鼠标选中 PCB Project1.PrjPCB，然后单击 Group 按钮，将弹出如图 1-8 所示菜单。

也可以用鼠标选中 PCB Project1.PrjPCB 选项右击，也将弹出如图 1-8 所示的右键菜单。

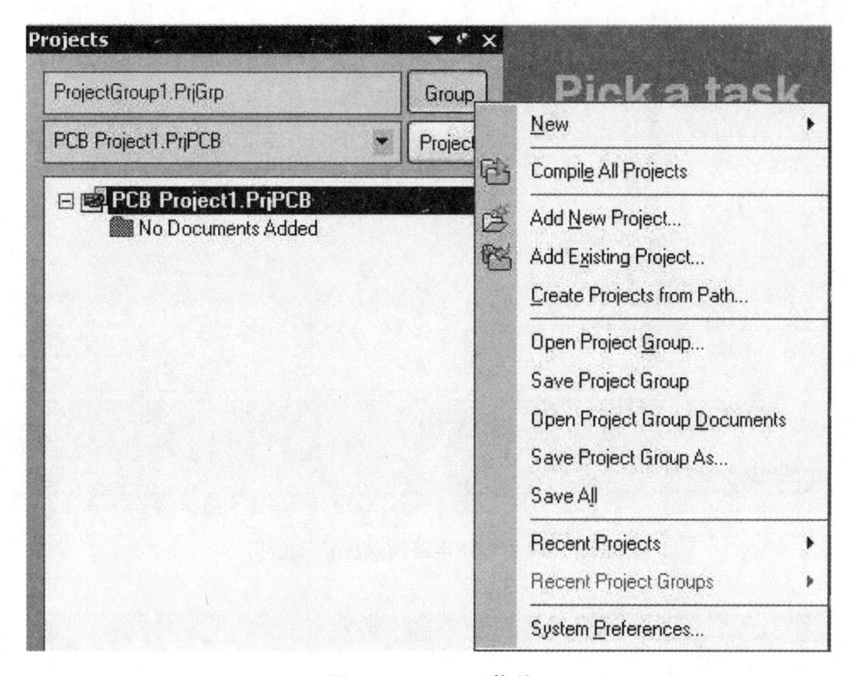

图 1-8 Group 菜单

在图 1-8 中单击 New 子菜单，将弹出如图 1-9 所示的下一级菜单。

其中可以新建 SCH 电路原理图、VHDL 设计文档、PCB 文件、SCH 原理图库、PCB 库、PCB 专案等。

在进入图 1-9 所示的子菜单后，选择 Schematic 选项，在当前项目 PCB Project1.PrjPCB 下建立 SCH 电路原理图，默认文件名为 Sheetl.SchDoc，同时左右边的设计窗口中打开 Sheetl.SchDoc 的电路原理图设计界面。

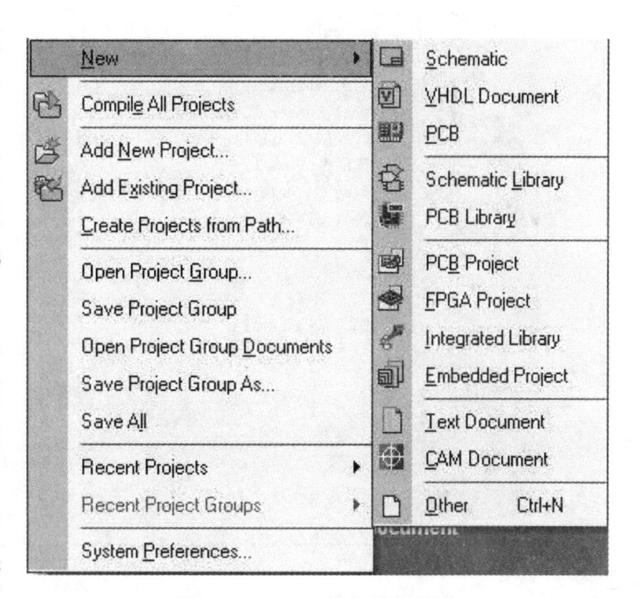

图 1-9 New 菜单的子菜单

选中图 1－10 所示原理图编辑中的工作面板的 Sheet1. SchDoc 选项。单击右键，在弹出的快捷菜单中选择 Save As 选项，弹出对话框，如图 1－11 所示。

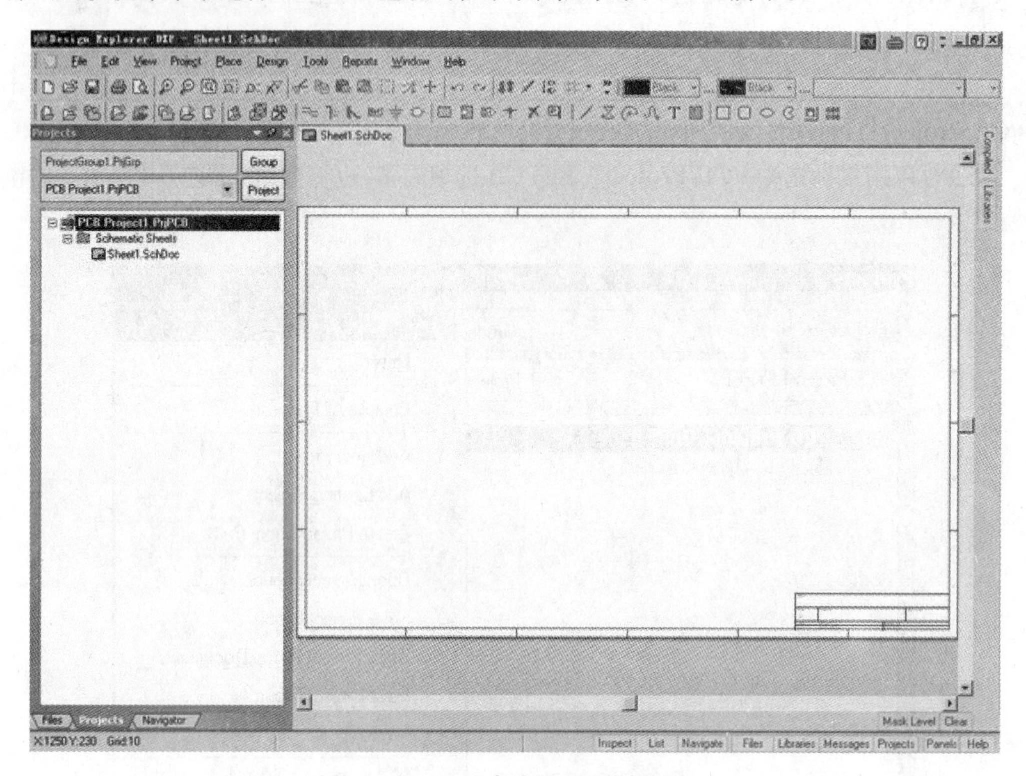

图 1－10　SCH 电路原理图编辑接口

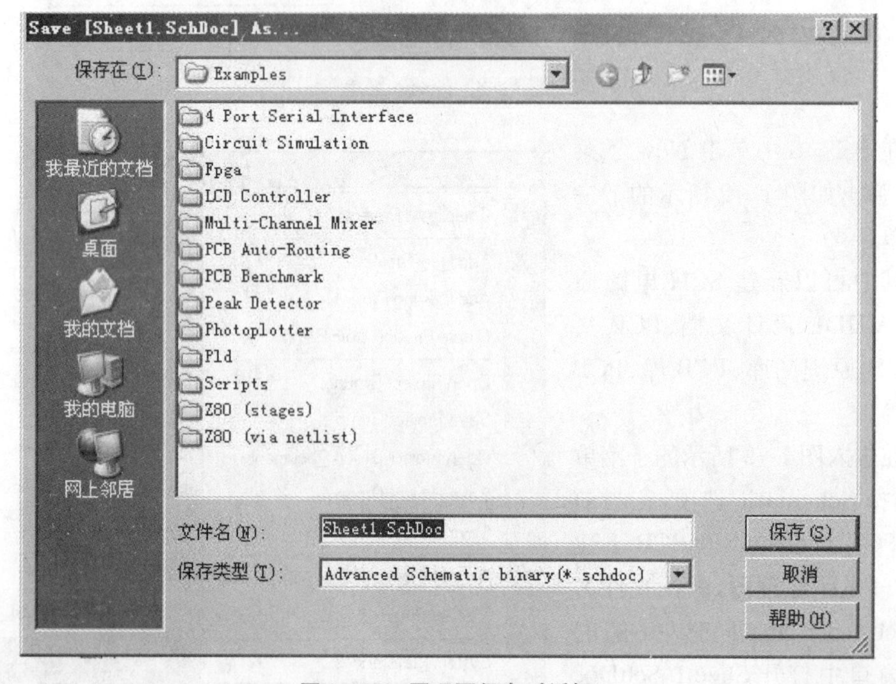

图 1－11　原理图保存对话框

保存后工作面板如图 1－12 所示。

图 1－12　原理图保存后的工作面板

4. 设计项目的打开和保存

在 Protel DXP 中，既可以打开系统自带的项目和文件，也可以打开自己建立的项目和文件。

执行菜单命令 File/Open Project，如图 1－13，弹出对话框。在对话框中选择合适的路径及项目，如打开系统自带的项目"555 Astable Multivibrator"，路径为安装盘\Program Files\Altium\Examples\Circuit Simulation\555 Astable Multivibrator，单击"打开"按钮，如图 1－14 所示。

图 1－13　打开设计项目

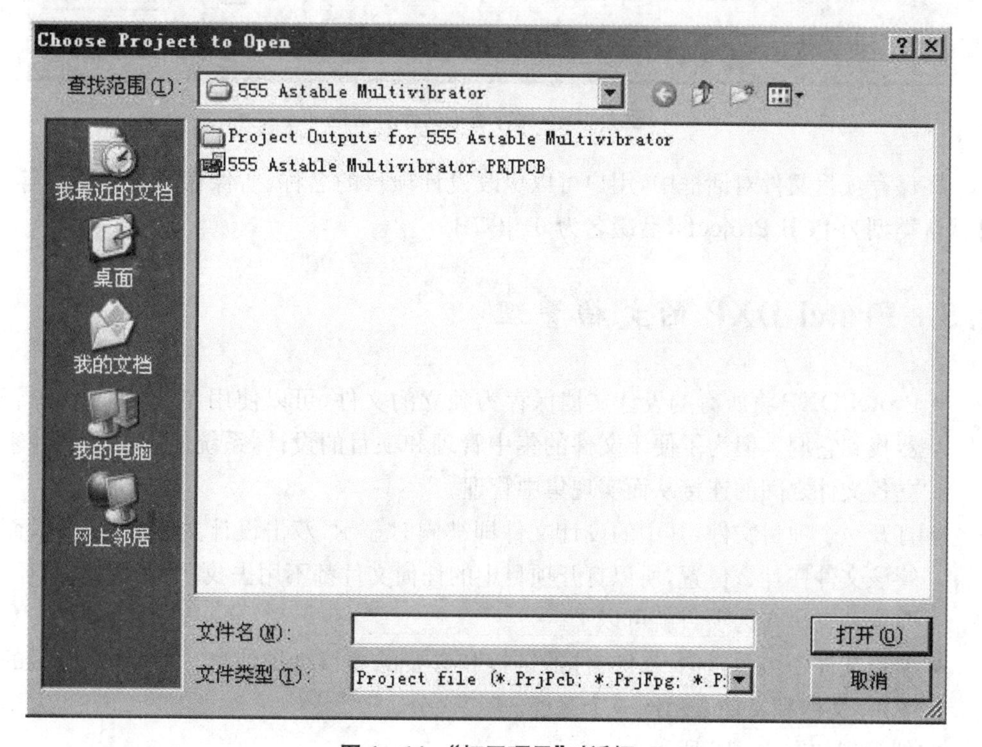

图 1－14　"打开项目"对话框

然后关闭项目文件,选中图 1-7 所示文件工作面板中的 PCB Projectl. PrjPCB 选项。单击右键,在弹出的快捷菜单中选择 Close Project 选项,将弹出询问是否保存当前项文件的对话框,单击 Yes 按钮,将弹出如图 1-15 所示的保存项目文件对话框。

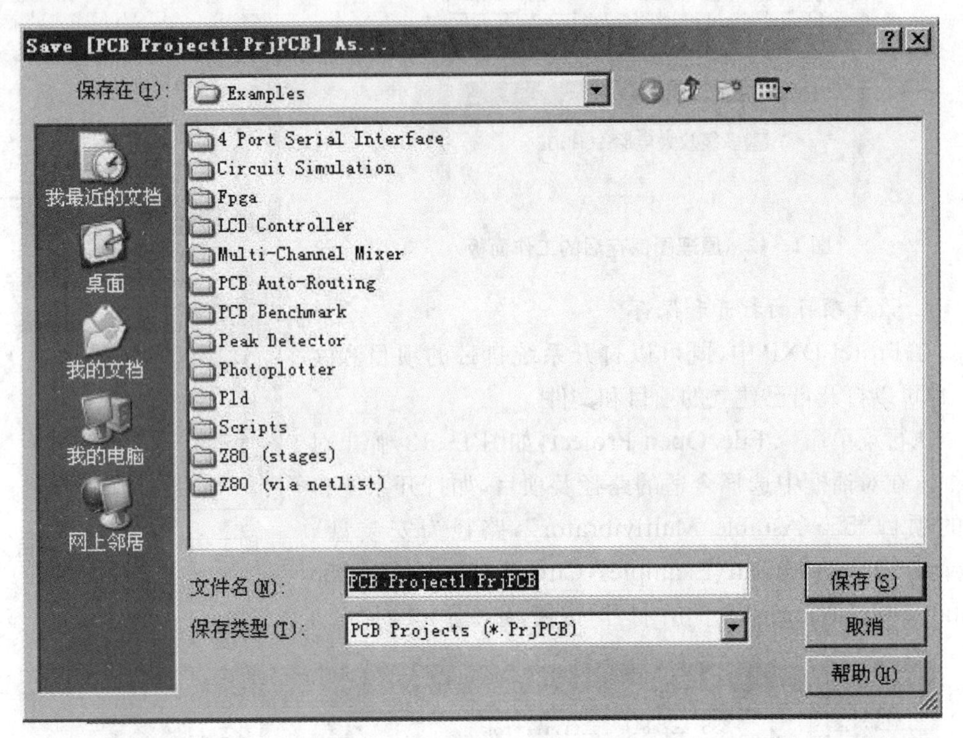

图 1-15 保存若干文件对话框

在保存项目文件对话框中,用户可以更改设计项目的名称、所保存的文件路径等,文件默认类型为 PCB Projects,后缀名为 . PrjPCB。

1.5 Protel DXP 的文档管理

- Protel DXP 将所有的设计文档保存为独立的文件,可以使用 Windows 资源管理器找到它们。但为了便于文件的集中管理和项目的设计,系统使用项目文件来建立各文件之间的连接从而实现集中管理。
- 打开一个项目文件,其中的设计文件即被同时显示,双击设计文件即可打开,而不管该文件在什么位置,所以打开项目中的任何文件都不用去找它们所在的路径,只要找到它所在的项目就可以了。
- 项目文件中包含指向设计文件的链接和必要的项目维护信息。因此,在以后的叙述中,文档和文件表示同一个意思,不再区分。

文件管理如图 1-16 所示。

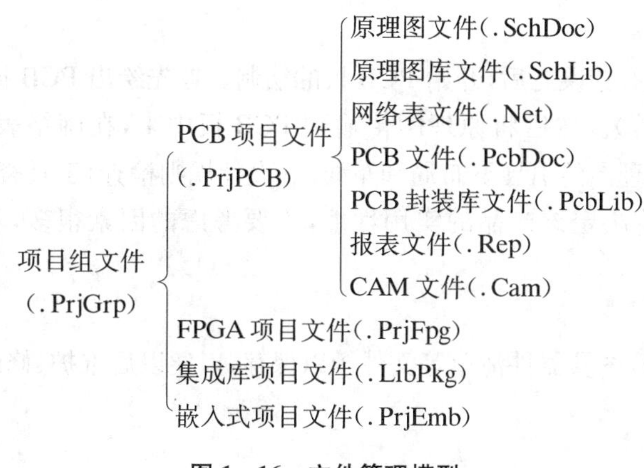

图 1-16　文件管理模型

Protel DXP 将所有文件分为 3 级来进行管理，分别是项目组文件、项目文件和设计文件。用项目组文件存储个项目文件的链接信息，项目文件又分别存储具体设计文档的链接信息。

Protel DXP 的这种管理方式使文件层次清晰明了，方便了用户操作。

Protel DXP 的这种管理模式可以用拥有两级目录的书籍的章节管理形式来比拟。

1.6　PCB 板设计的工作流程

在使用进行电路板的设计过程中，主要用到原理图设计系统和印刷电路板设计系统，具体的设计工作流程如下：

1. 方案分析

决定电路原理图如何设计，同时也影响到 PCB 板如何规划。根据设计要求进行方案比较、选择，元器件的选择等，是开发项目中最重要的环节。

2. 电路仿真

在设计电路原理图之前，有时候会对某一部分电路设计并不十分确定，因此需要通过电路仿真来验证。还可以用于确定电路中某些重要器件的参数。

3. 设计原理图组件

Protel DXP 提供了丰富的原理图组件库，但不可能包括所有组件，必要时需动手设计原理图组件，建立自己的组件库。

4. 绘制原理图

找到所有需要的原理组件后，开始原理图绘制。根据电路复杂程度决定是否需要使用层次原理图。完成原理图后，用 ERC(电气法则检查)工具查错。找到出错原因并修改原理图电路，重新查错到没有原则性错误为止。

5. 设计组件封装

和原理图组件库一样，Protel DXP 也不可能提供所有组件的封装。需要时自行设计并建立新的组件封装库。

6. 设计 PCB 板

确认原理图没有错误之后，开始 PCB 板的绘制。首先绘出 PCB 板的轮廓，确定工艺要求（使用几层板等）。然后将原理图传输到 PCB 板中来，在网络表（简单介绍来历功能）、设计规则和原理图的引导下布局和布线。（设计规则检查）工具查错是电路设计时另一个关键环节，它将决定该产品的实用性能，需要考虑的因素很多，不同的电路有不同要求。

7. 文档整理

对原理图、PCB 图及器件清单等文件予以保存，以便以后维护、修改。

项目1　多谐振荡器电路板的制作

本项目为多谐振荡器电路板的制作，按照产品制作的过程，该项目主要包括原理图的设计、PCB图的设计和PCB板的制作。本项目详细介绍了原理图设计、PCB设计的基本步骤和方法以及利用腐蚀法、雕刻法制作印制电路板的工艺。

能力目标

1. 熟悉并掌握原理图编辑器的使用方法。
2. 掌握原理图设计的基本步骤。
3. 熟悉并掌握PCB编辑器的使用方法。
4. 掌握单面PCB板设计的基本方法。
5. 了解化学腐蚀法制作单面印制板的工艺流程。

任务1——原理图的设计

一个完整的电路板设计主要包括原理图设计和PCB板设计，其中原理图的设计是整个电路设计的基础，通过原理图来描述整个电路的电气特性，说明电路设计的其他相关设计文件的参数。多谐振荡器电路的原理图如图1-1-1所示。

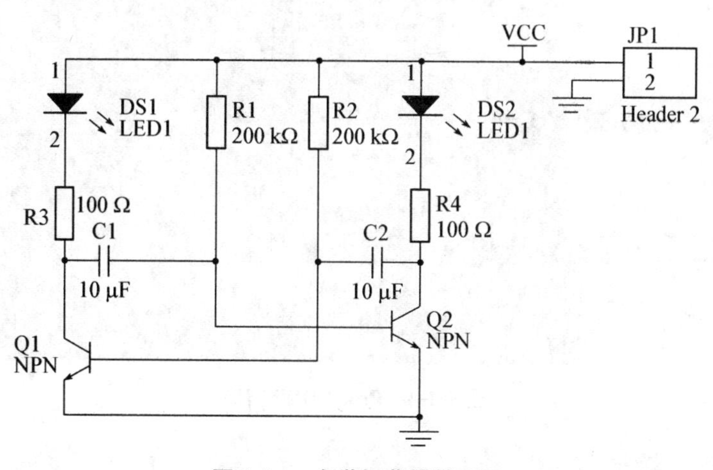

图1-1-1　多谐振荡器原理图

1.1.1　创建原理图文件

在Protel DXP中，原理图设计文件包含于项目文件中，因此，在创建原理图文件之前要先创建项目文件。

1. 新建项目文件

执行菜单命令【File】/【New】/【PCB Project】，如图 1-1-2 所示，系统将会在 Projects 面板中新建一个默认的项目文件“PCB Project1. PrjPCB”，如图 1-1-3 所示。

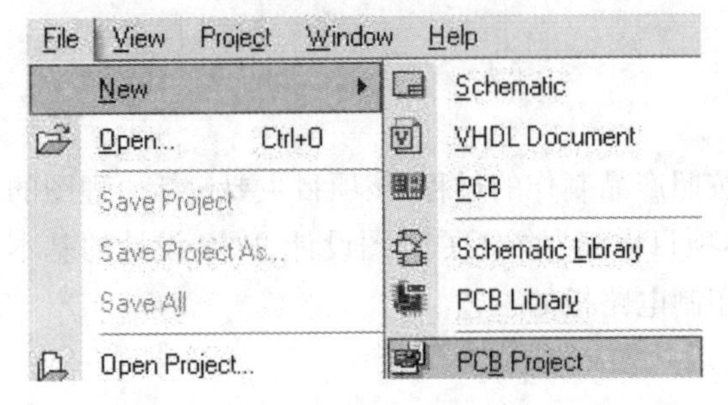

图 1-1-2　新建项目文件

图 1-1-3　新建的项目文件

新建项目的其他方法：

(1) 单击设计窗口中的 Create a new Board Lever Design Project，创建一个默认的项目文件“PCB Project1. PrjPCB”，如图 1-1-4 所示。

(2) 单击 Files 面板中的 Blank Project(PCB)，创建一个默认的项目文件“PCB Project1. PrjPCB”，如图 1-1-4 所示。

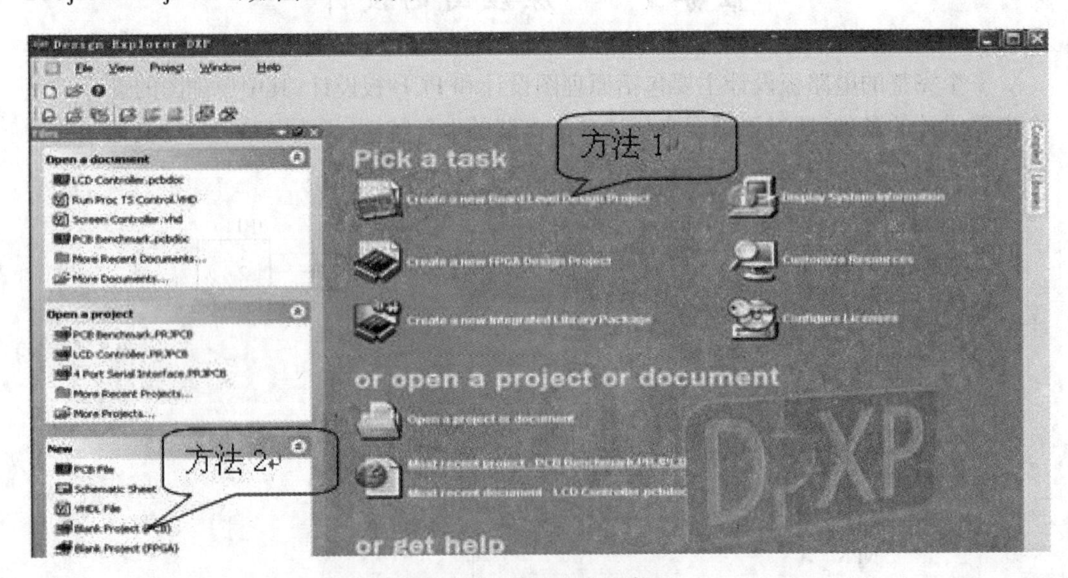

图 1-1-4　Protel DXP 窗口

2. 保存项目文件

执行菜单命令【File】/【Save Project】，系统会弹出保存项目文件对话框，在对话框中选择保存路径并输入项目文件名称，单击保存按钮，如图 1-1-5 所示。

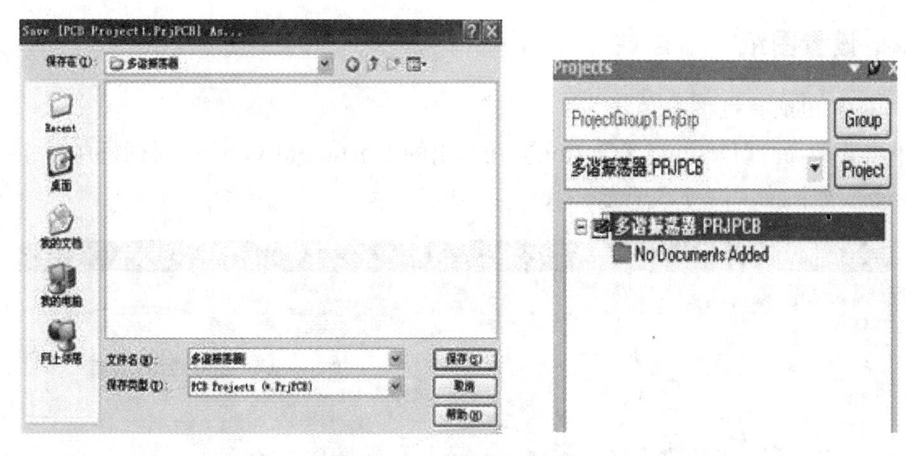

图1-1-5 保存项目文件

3. 新建原理图文件

执行菜单命令【File】/【New】/【Schematic】,系统会在Project项目文件下新建原理图文件“Sheet1.SchDOC”,如图1-1-6所示。

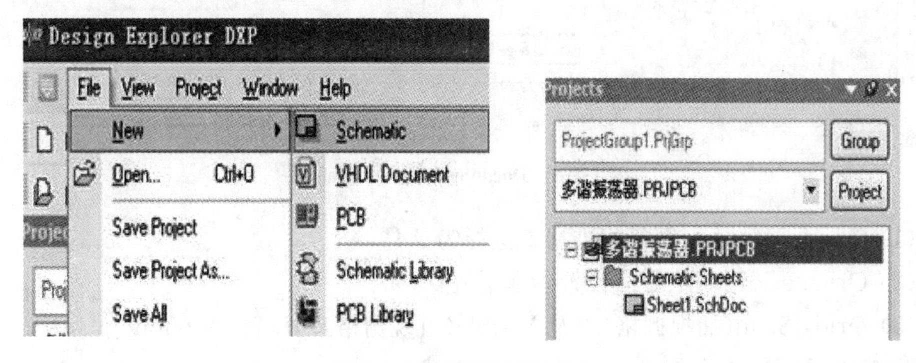

图1-1-6 新建原理图文件

4. 保存原理图文件

执行菜单命令【File】/【Save】或者单击攻击栏中存盘图标,系统将会弹出文件保存对话框,在对话框选择保存路径并输入文件名称,单击保存按钮,如图1-1-7所示。

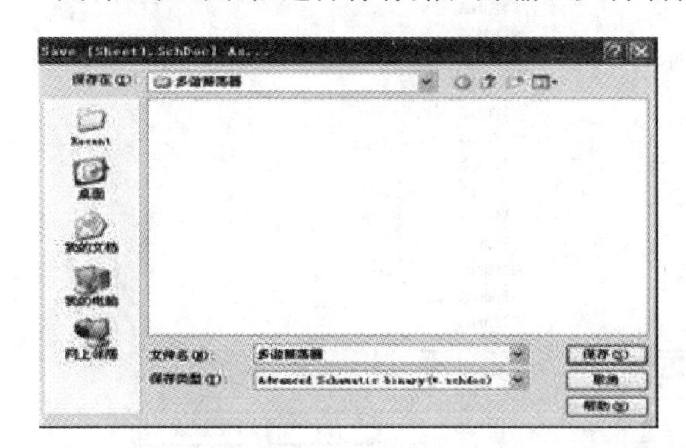

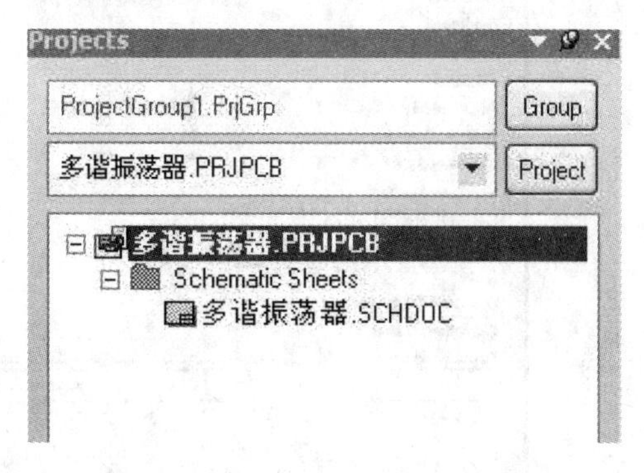

图1-1-7 保存原理图文件

1.1.2 设置图纸

1. 设置图纸的规格及参数

单击菜单命令【Design】/【Option】，在弹出的 Document Option 对话框中单击 Sheet Options 选项卡，如图 1-1-8 所示。

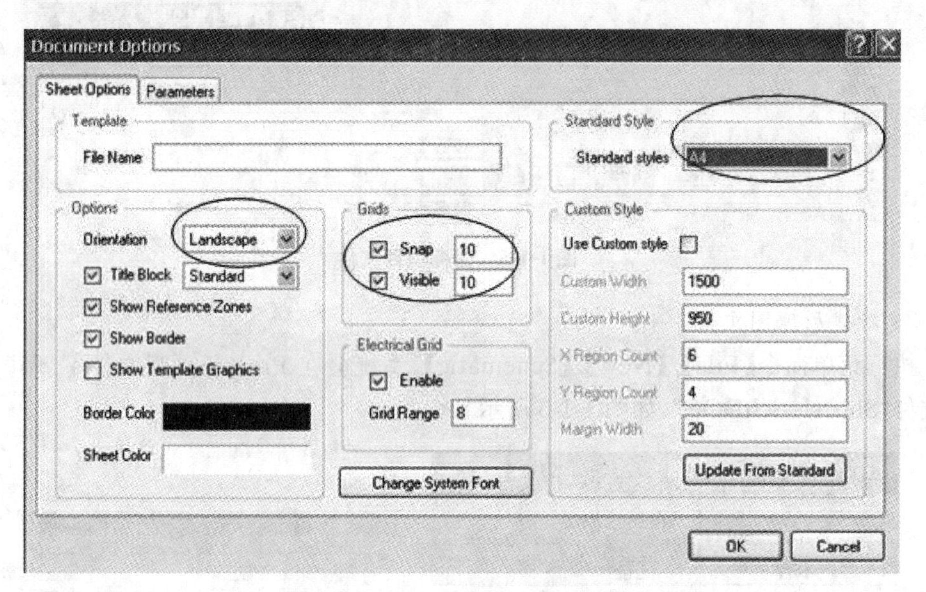

图 1-1-8 Document Option 对话框

(1) Standard styles：图纸标准格式选择为 A4。

(2) Orientation：图纸方向设置为水平放置。

(3) Drids：Snap(捕捉栅格)以及 Visible(可视栅格)均设置为 10 mil。

2. 设置图纸设计信息

Document Option 对话框中单击 Parameters 选项卡，如图 1-1-9 所示。

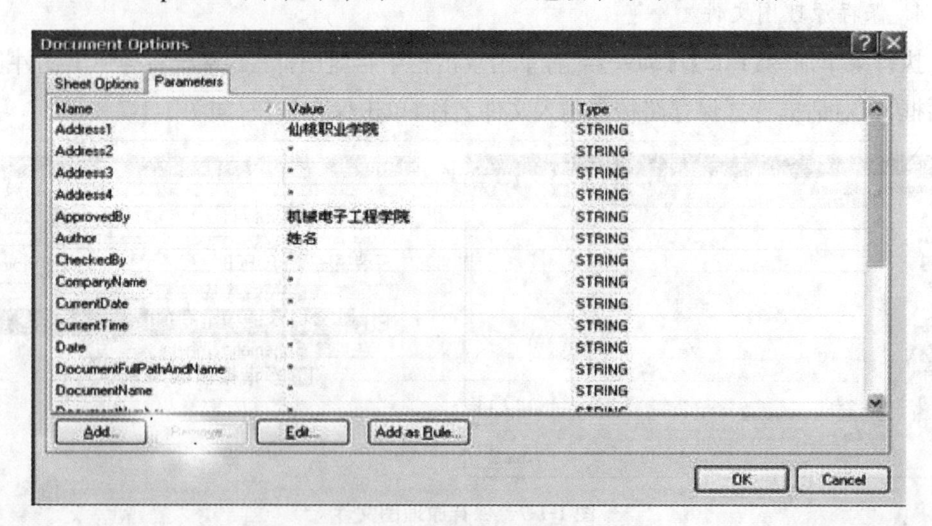

图 1-1-9 图纸设计信息对话框

主要信息有:

(1) Address1:设计者所在公司地址。

(2) Approved by:原理图审核者的名字。

(3) Author:绘图者姓名。

(4) Title:原理图的名称。

1.1.3　放置元器件

1. 打开元件库工作面板

进入原理图编辑器,单击命令状态栏的 Libraries,即可打开元件库面板,如图 1-1-10 所示。

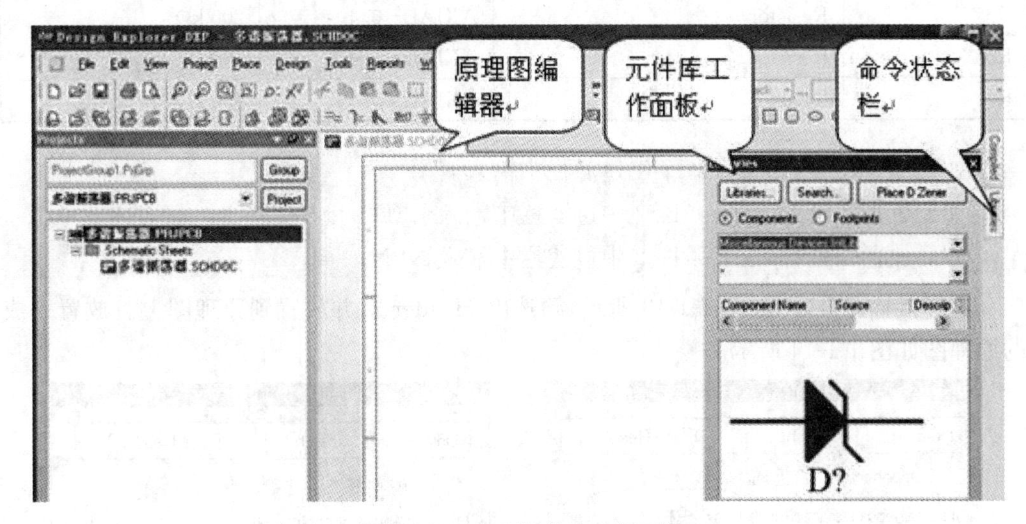

图 1-1-10　打开元件库工作面板

在打开的元件库工作面板中,系统已经将常用的分离元器件库(Miscellaneous Devices. Intlib)和接插元器件库(Miscellaneous Connectors. Intlib)默认打开,如图 1-1-11 所示。

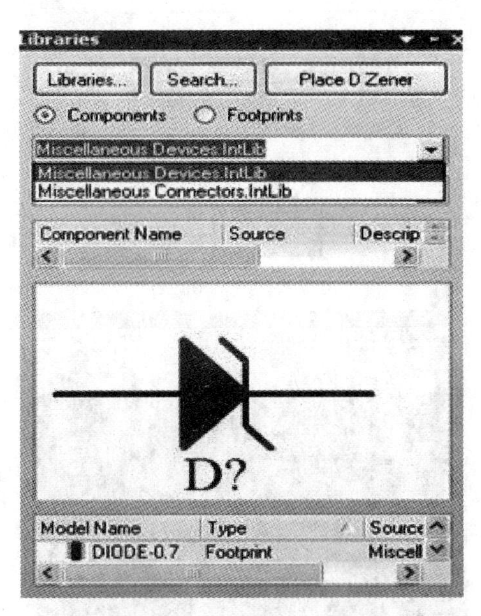

图 1-1-11　元件库工作面板

2. 放置元件

选择分离元件库,如图 1-1-12 所示,筛选出电阻。双击选中的电阻,即可将电阻放置到原理图图纸上面,用同样的方法依次把所有电阻放置到原理图上。项目所需元件列表如表1-1-1所示。

表 1-1-1　多谐振荡器元件列表

Designator	Description	Footprint	Value
C1	Capacitor	RAD－0.3	10 μF
C2	Capacitor	RAD－0.3	10 μF
DS1	Typical RED GaAs LED	LED－1	
DS2	Typical RED GaAs LED	LED－1	
JP1	Header，2－Pin	HDR1X2	
Q1	NPN Bipolar Transistor	BCY－W3	
Q2	NPN Bipolar Transistor	BCY－W3	
R1	Resistor	AXIAL－0.4	200 kΩ
R2	Resistor	AXIAL－0.4	200 kΩ
R3	Resistor	AXIAL－0.4	100 Ω
R4	Resistor	AXIAL－0.4	100 Ω

如要放置电容，在图 1-1-12 中过滤栏中输入 CAP。

如要放置二极管，在图 1-1-12 中过滤栏中输入 LED。

如要放置三极管，在图 1-1-12 中过滤栏中输入 NPN。

选择接插元件库，如图 1-1-13 所示，筛选出 Header 2，并放置到原理图上。放置完成的原理图如图 1-1-14 所示。

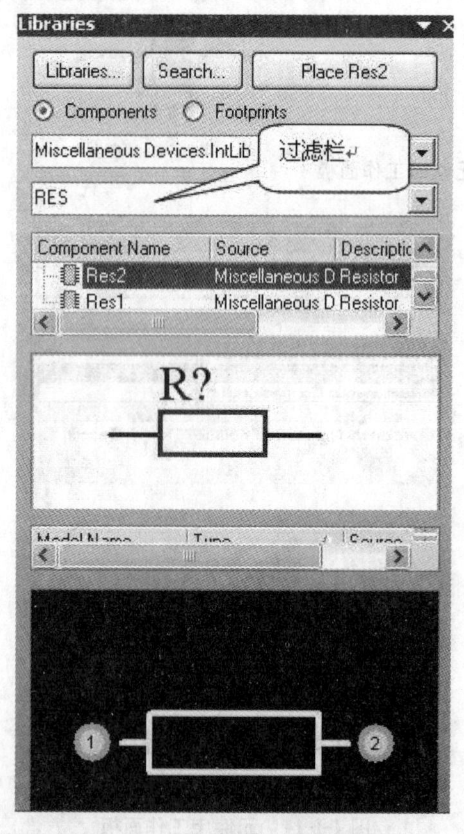

图 1-1-12　分离元件库筛选元件

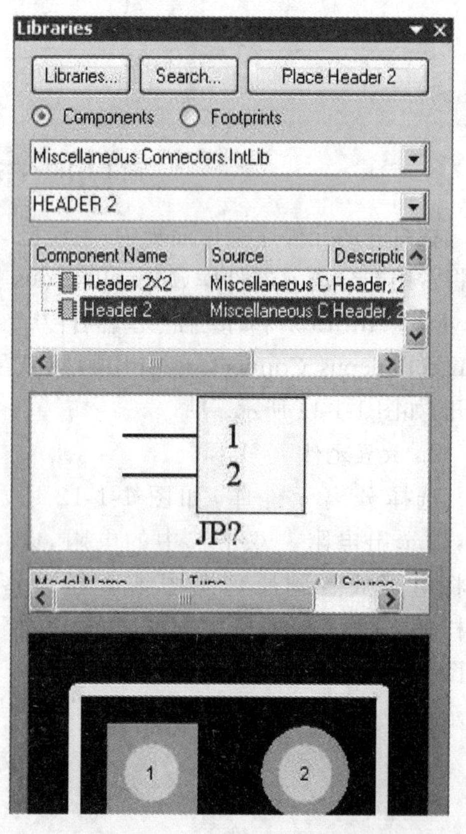

图 1-1-13　接插元件库筛选元件

放置元件过程中：

空格键：按逆时针方向旋转 90°。

【X】键：元件左右镜像翻转。

【Y】键：元件上下镜像翻转。

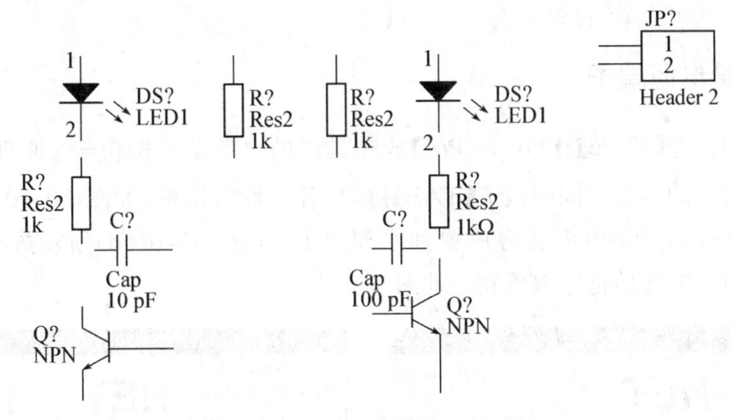

图 1-1-14　元件放置完成后的原理图

3. 设置元件属性

设置元件属性主要包括设置元件的封装、标号及管脚编号等。

打开元件属性对话框常用方法有两种：

方法一：在放置元件过程中，按下【TAB】键。

方法二：将鼠标移到元件上，双击鼠标左键。

打开的元件属性对话框，如图 1-1-15 所示，元件属性对话框中各项内容含义如下：

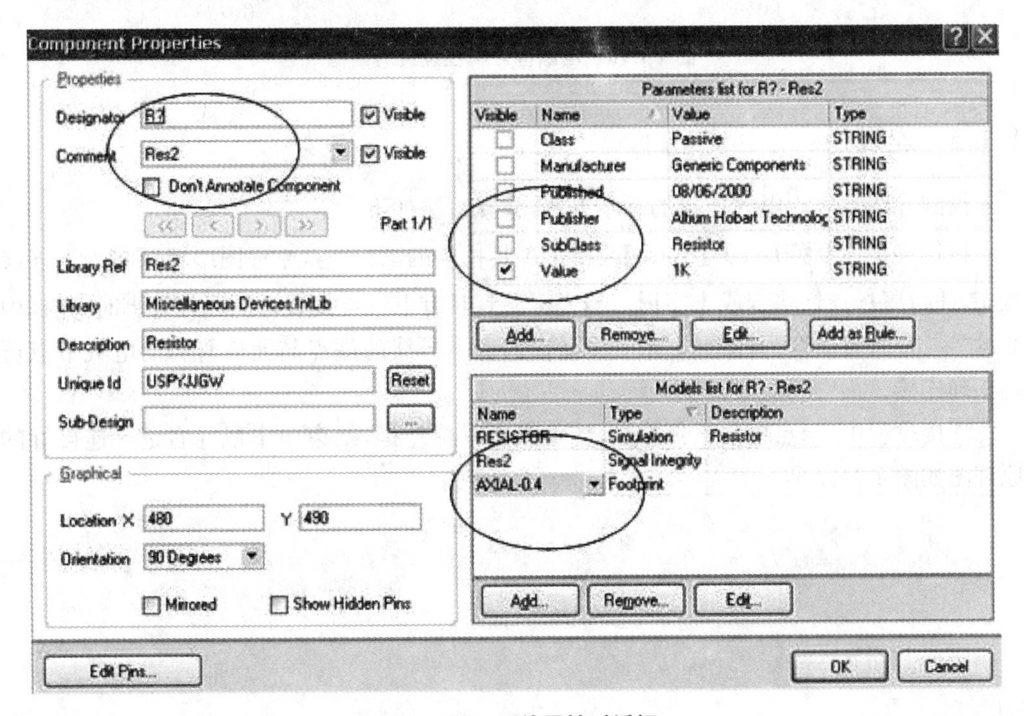

图 1-1-15　元件属性对话框

(1) Designator:元件标号,其后的复选框 Visible 用于设置是案件是否显示元件标号。

(2) Comment:元件注释,此项通常从下拉菜单中设置为"=Value"。

(3) Value:元件参数值。

(4) Footprint:元件封装。

1.1.4 放置电源端子

执行菜单命令【Place】/【Power Por】或工具栏的电源端子按钮,原理图编辑器进入放置电源符号的状态。同时按下【TAB】键,打开属性对话框,如图 1-1-16(a)所示进行设置,点击 OK,即可将电源符号放置到原理图中,如图 1-1-16(b)所示进行设置,点击 OK,即可将电源的接地符号放置到原理图中。

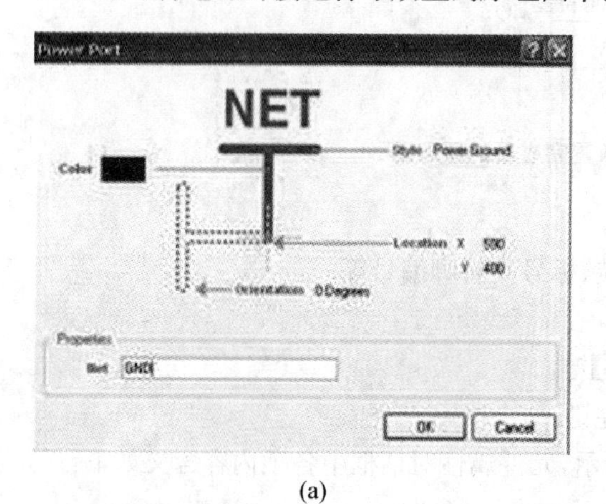

(a)

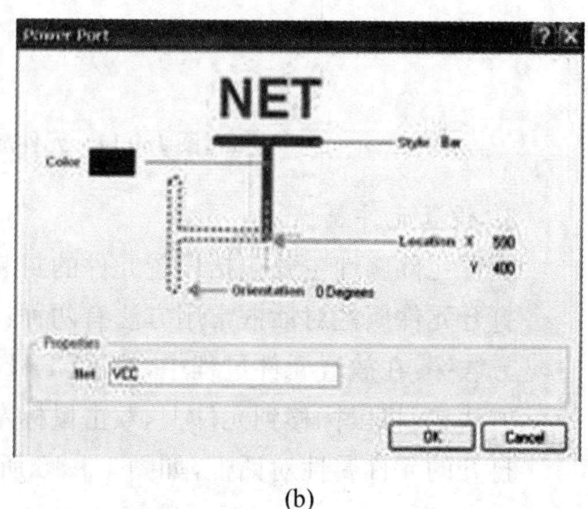

(b)

图 1-1-16 电源符号属性设置对话框

1.1.5 连线

绘制导线是实现电气连接的基本方法,放置方法如下。

执行菜单命令【Place】/【Wire】或单击工具栏中的图标,原理图编辑区将处于连线状态,此时鼠标指针将变成十字形。当光标移到具有电气连接属性的元件管脚时,光标中心的"×"符号自动变为红色的"米"字形符号,表示导线的端点与元件管脚的电气节点可以正确连接。

连接过程中,起点单击鼠标左键,转角点击鼠标左键,结束单击鼠标右键。连接好的原理图如图 1-1-17 所示。

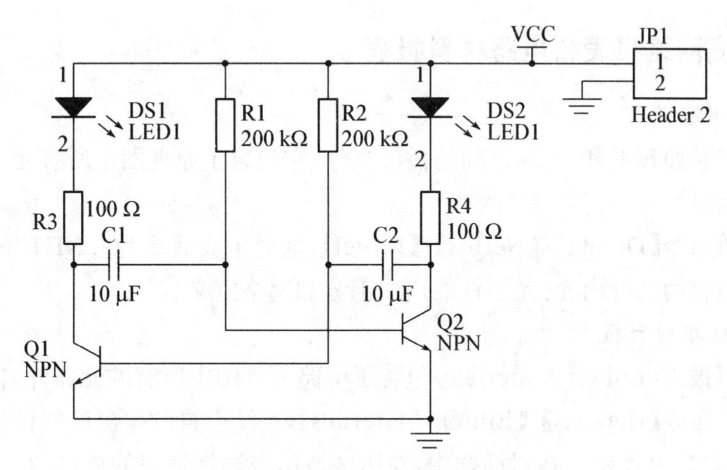

图 1-1-17　绘制完成的原理图

1.1.6　设计规则检查

执行菜单命令【Project】/【Compile PCB Project】，系统开始对项目进行编译，并生成信息报告。单击窗口右下侧的 Message 标签，打开 Message 面板，如图 1-1-18 所示会提示错误信息。

Messages

Class	Document	Source	Message	Time	Date	No.
[Error]	多谐振荡器电路...	Compiler	Duplicate Component Designators R2 at 490,500 and 530,500	10:25:50 AM	2008-6-7	2
[Error]	多谐振荡器电路...	Compiler	Duplicate Component Designators R2 at 530,500 and 490,500	10:25:50 AM	2008-6-7	3
[Error]	多谐振荡器电路...	Compiler	Duplicate Component Designators R2 at 490,500 and 530,500	10:25:50 AM	2008-6-7	4

图 1-1-18　Message 面板

双击错误信息，打开 Compile Error 面板，如图 1-1-19 所示。单击其中的提示信息，系统将自动跳转到原理图中的错误位置处，即可进行修改。

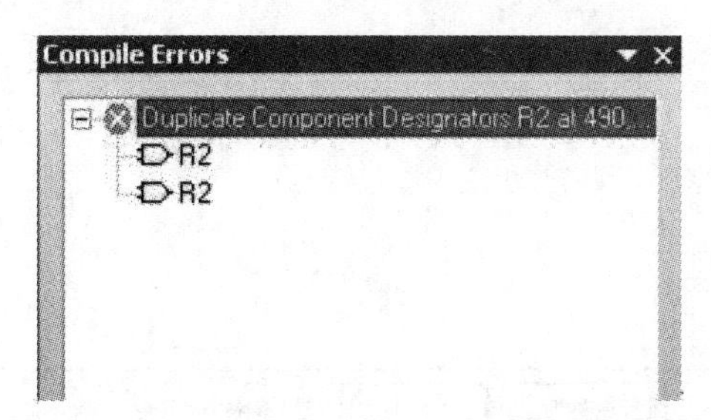

图 1-1-19　Compile Error 面板

1.1.7 生成网络报表和电路材料报表

1. 生成网络报表

网络报表是原理图和 PCB 之间的桥梁文件,它包含了原理图中所有元件、端口、网络标号等相关信息。

执行菜单命令【Design】/【Netlist】/【Protel】,则会生成后缀为“. NET”的网络报表文件。其主要包含两部分内容:元器件的声明部分和网络定义。

2. 生成电路材料报表

电路材料报表(Bill Of Materials)包含了电路原理图中所有的元器件名称以及参数。

执行菜单命令【Reports】/【Bill Of Materials】,系统会自动弹出该项目材料报表创建对话框,如图 1-1-20 所示。在对话框中,左边区域用来选择报表的栏目,右边区域是报表的预览。对话框的下面用来决定报表的输出形式,它们的意义分别为:

“Excel ...”按钮:将报表输出到 Excel 程序并打开。

“Export ...”按钮:将报表导出到指定的文件夹内。

“Report ...”按钮:报表预览。

项目中,报表文件设置为如图 1-1-20 所示,点击 Export... 按钮:将报表导出到项目文件所在的文件夹内。

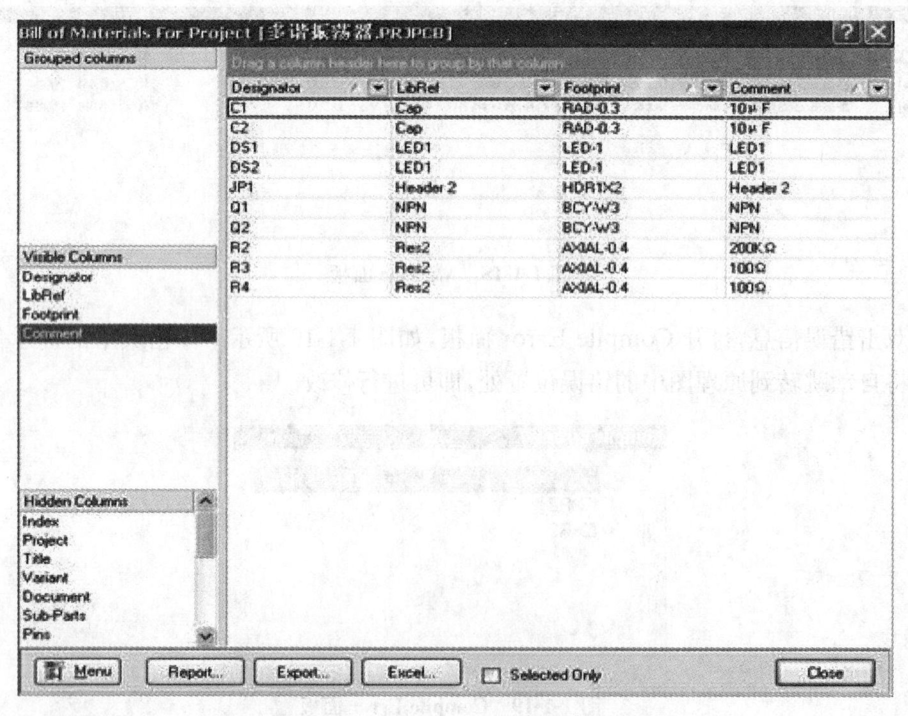

图 1-1-20 项目材料报表创建对话框

1.1.8 保存并打印输出

(1) 页面设置。执行菜单命令【File】/【Page Setup】,可以打开“原理图打印属性对话

框(Schematic Print Properties)”。在此对话框可以对打印所使用的纸张大小、纸张方向、页边距、打印比例、打印颜色等进行设置。

(2) 打印预览。执行菜单命令【File】/【Page Preview】,显示设置后的打印效果,如不满意,可重新设置。

(3) 设置打印机。执行菜单命令【File】/【Print ...】,可以打开“打印机配置(PrinterConfiguration)”对话框。在此对话框可以选择打印机、设置打印机属性、选择打印页范围、打印份数、打印方式等。

☆知识链接1:原理图设计基础☆

1. 原理图的基本组件

原理图就是元件的连线图。其主要包括以下几个方面:

(1) 元件符号。

元件在电路原理中的符号,这些符号由表示元件特征的实体和元件的管脚组成。符号中的引脚仅表述该元件的电气连接关系,与其在实际元件中的位置无关。

(2) 连线。

电路原理图中的连线表述各个元件引脚之间的电气连接关系。在Protel DXP中电气连线的名称是Wire(导线)。

(3) 辅助部分。

辅助部分主要指附加说明,便于阅读者理解和技术交流,如文字标注。

2. 原理图设计的基本步骤

利用Protel DXP软件设计原理图大致分为以下8个步骤,如图1-1-21所示。

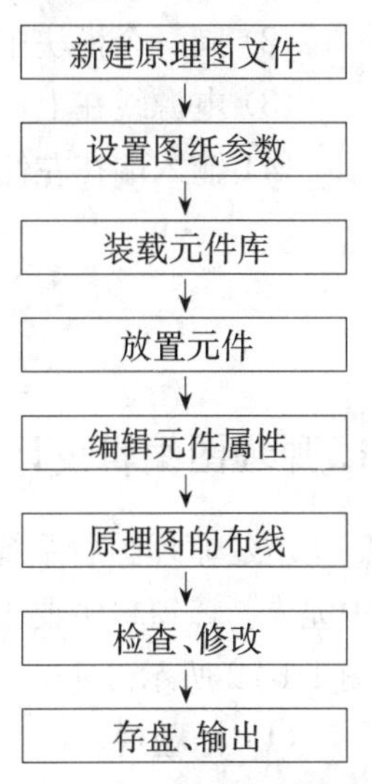

图1-1-21　原理图设计步骤

(1) 新建原理图文件。

建立或打开项目文件后,执行菜单命令【File】/【New】/【Schematic】,新建电路原理图并保存。

(2) 设置图纸参数。

根据设计电路的规模大小,设置图纸的大小、方向以及栅格大小,添加必要的设计信息。

(3) 装载元件库。

Protel DXP自带了众多种类的元件库,但其默认加载的只有两个库。在放置元件之前,需将所需元件所在的库添加到当前系统中。

(4) 放置元件。

将所有元件从相应的元件库中取出放置到设计图中。

(5) 编辑元件属性。

双击各个元件，打开属性设置对话框，设置各元件的序号、封装，设置元件的参数，调整好元件的位置。

(6) 原理图布线。

使用 Protel DXP 系统提供的具有电气含义的连线工具，如导线(Wire)、总线(Bus)和网络标号(Net Label)等，连接各元件的引脚，使各元件之间具有设计要求的电气连接关系。

(7) 检查、修改。

根据设计规则对绘制的原理图进行检查并做进一步的调整和修改，确保原理图正确无误。

(8) 存盘、输出。

设计好原理图后，将其保存，也可以打印输出。

3. 原理图设计的基本原则

一张好的原理图，不但要求没有错误，还应该做到布局美观、信号流向清楚、标注清晰和可读性强。这就要求在绘制原理图的时候，应该遵循一定的原则：

(1) 顺着信号的流向摆放元件。

(2) 同一个模块中的元件靠近放置，不同模块的元件稍远一些放置。

(3) 电源线在上面，地线在下部，或者电源线与地线平行走。

(4) 输入端在左侧，输出端在右侧。

☆知识链接 2：原理图编辑器介绍☆

1. 原理图编辑设计界面

新建原理图后系统将会弹出原理图编辑器窗口，原理图的绘制就是在原理图编辑器中完成。该窗口主要由标题栏、菜单栏、工具栏、导航栏、原理图编辑区和状态栏组成。如图 1-1-22 所示。

(1) 标题栏。

在原理图编辑器中，标题栏显示了所创建的原理图文件名称，如图 1-1-22 所示的"Sheet1. SchDoc"。

(2) 菜单栏。

菜单栏列出了编辑原理图的不同的菜单命令，包括文件、视图、项目、窗口以及帮助等。

(3) 工具栏。

- 连线工具栏(Wiring)：主要用于放置原理图器件和连线等符号，是原理图绘制过程中最重要的工具栏。
- 绘图工具栏(Drawing)：主要用于在原理图中绘制标注信息，不代表任何电气连接。

● 电源工具栏(Power Objects):主要提供电源符号。

(4) 绘图区。

用于绘制原理图。在绘图区的小栅格是绘图元素(如元件、连字符)移动的最小单位,便于绘图时各元素间对准。

(5) 命令状态栏。

在命令状态栏中列出不同的选项,单击选项可实现相应工作面板的切换。

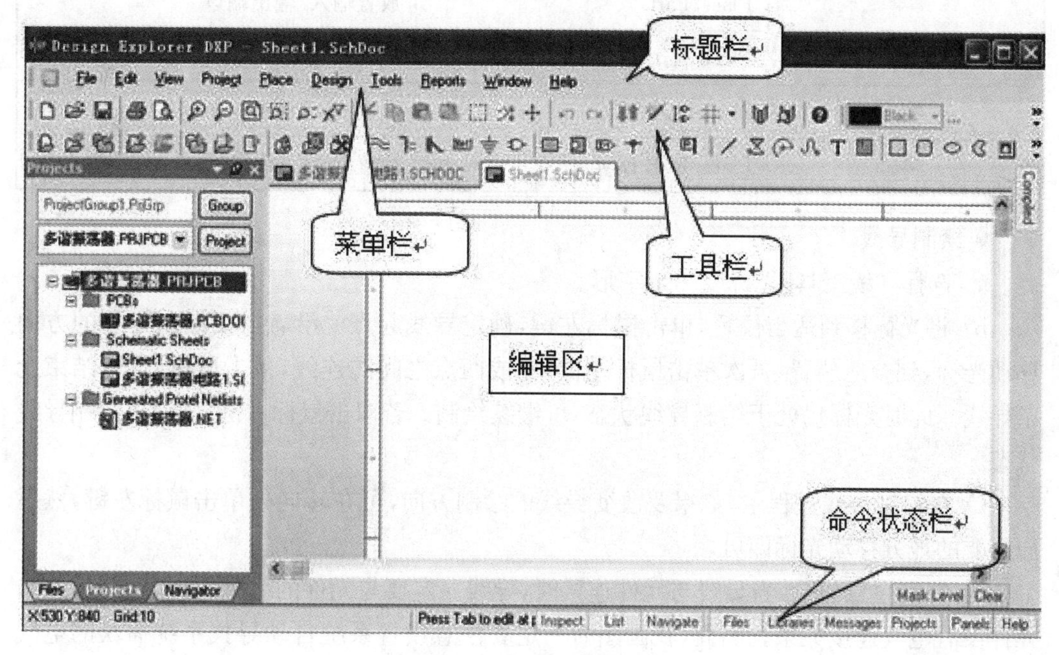

图 1-1-22　原理图编辑器窗口

2. 主工具栏介绍

(1) 连线工具栏。

● 打开工具栏。

执行菜单命令【View】/【Toolbars】/【Wring】可以打开连线工具栏。该工具栏各按钮的功能详情见表 1-1-2 所示。

表 1-1-2　Wring 工具栏按钮及功能

按　钮	菜单选项	功　能
	Place/Wire	绘制导线
	Place/Bus	绘制总线
	Place/Bus Entry	绘制总线出入端口
	Place/Net Label	设置网络标号
	Place/Power Part	绘制电源及接地符号

（续表）

按　钮	菜单选项	功　能
	Place/Part	放置元件
	Place/Sheet Symbol	放置电路方框图
	Place/Add Sheet Brarv	放置电路方框图进出点
	Place/Part	放置输入/输出端口
	Place/Junction	放置接点
	Place/No ERC	放置 ERC 测试点
	Place/PCB Layout	放置 PCB 直线指示

● 绘制导线。

a）选择导线工具，光标变为十字形。

b）将光标移到适当位置，单击鼠标左键，确定导线起点。沿着需要绘制导线的方向移动光标，到合适位置，再次单击鼠标左键，完成两点之间的连线，单击鼠标右键，结束此条导线。此时光标仍处于绘制导线状态，可继续绘制。若双击鼠标右键，则退出绘制导线状态。

c）在绘制导线过程中，如果要改变导线的绘制方向，可在转向处单击鼠标左键，然后向需要的地方移动光标即可。

d）特别注意的是，当导线与元件连接时，导线一定要与元件的引脚相连，否则导线与元件没有电气连接关系。因此，在画图时一定要注意设置系统自动寻找系统捕获的电气节点。在连线中，当光标接近引脚时，出现红色米字形标志，就是当前系统捕获的电气节点，这时，单击鼠标左键，这条导线就与元件的引脚之间建立了电气连接。

e）在导线的拐弯处，光标处于画线状态时，在键盘上按【Shift＋空格（Space）】键可以改变导线的转折方式，有直角、任意角度、自动走线、45 度走线等方式。但在实际的原理图中将导线绘制成水平和垂直状态。

● 编辑导线。

如果对绘制导线的粗细、颜色等不满意，可以打开导线的属性对话框对其编辑。

（2）电源工具栏。

电源及接地符号有很多种，系统提供了专门的电源及接地符号工具（Power Object），如图 1-1-23 所示，有 12 种不同的形状可供选择，连线工具栏也提供了电源及接地符号。

图 1-1-23　电源及接地符号工具

● 放置电源及接地符号。

有以下几种方法：

a) 单击连线工具栏 Wring 中的⏚，这种方法可连续放置电源及接地符号。

b) 单击电源及接地符号工具 Power Object 中的按钮，这种方法单击一次只能放置一个电源及接地符号。

c) 执行菜单命令【Place】/【Power Port】。

● 编辑电源及接地符号。

a) 打开属性对话框。

b) 设置电源或接地符号属性。

Net：设置该符号所具有的电气连接点名称。通常电源符号设为 VCC，接地符号设为 GND。注意：此处字母的大小写具有不同的含义。

Style：设置符号外形。将鼠标移到 Style Power Ground 右边附近，将出现下拉列表按钮。单击此按钮，选择合适外形，如图 1-1-24 所示。在下拉列表中，有 7 个选项：Circle（圆形）、Arrow（箭头形）、Bar（条形）、Wave（波浪形）、Power Ground（电源地）、Signal Ground（信号地）、Earth（大地）。前四种是电源符号，后三种是接地符号，如图 1-1-25 所示。

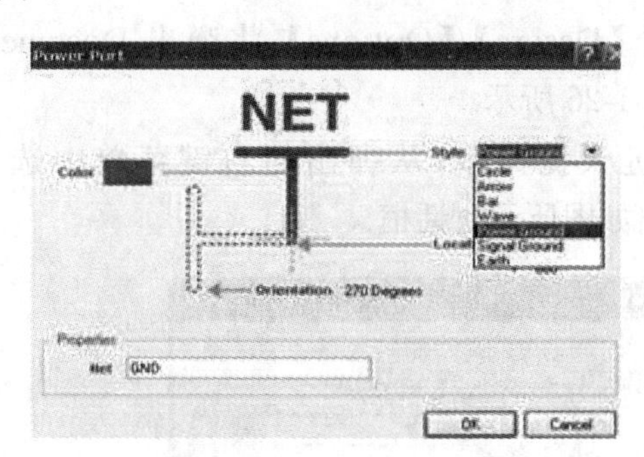

图 1-1-24　选择符号外形

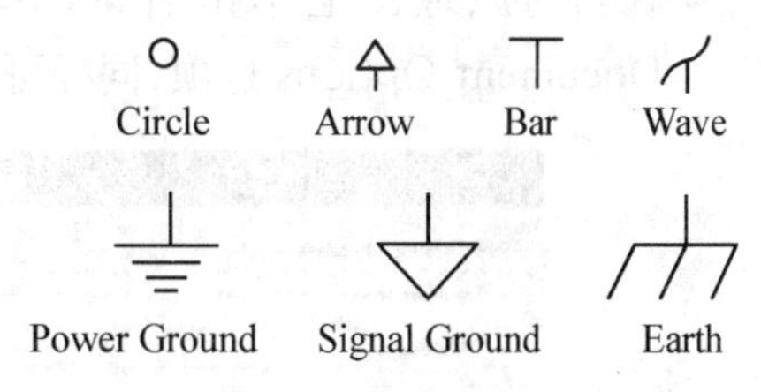

图 1-1-25　电源及接地符号示意图

(3) 绘图工具栏。

执行菜单命令【View】/【Toolbars】/【Drawing】，可以打开画图工具栏。该工具栏各按钮功能详见表 1-1-3。

表 1-1-3　绘图工具栏【Drawing】的按钮及其功能

按　钮	菜单选项(Place/ Drawing Tools)	功　能
	Line	绘制直线
	Polygon	绘制多边形
	Ellipse	绘制椭圆弧线
	Berier	绘制贝塞尔曲线
T	Place/Text String	插入文字

（续表）

按　钮	菜单选项	功　能
	Place/Text Frame	插入文字框
	Rectangle	绘制实心直角矩形
	Rmind Rectangle	绘制实心圆角矩形
	Eliptical Arc	绘制椭圆形及圆形
	Pie Chart	绘制饼图
	Graphic...	插入图片
	Edib/Paste Array...	将剪切板上的内容矩阵排列

3. 原理图图纸参数的设置

在绘制原理图之前，首先要设置原理图参数，主要设置图纸的大小、方向、标题栏、栅格以及设计信息等。

(1) 打开图纸属性设置对话框。

- 在电路原理图编辑下，执行菜单命令【Design】/【Options】，将弹出 Document Options(图纸属性设置)对话框，如图 1-1-26 所示。
- 在当前原理图上单击右键，弹出右键快捷菜单，从弹出的右键菜单中选择 Document Options 选项，同样可以弹出如图所示对话框。

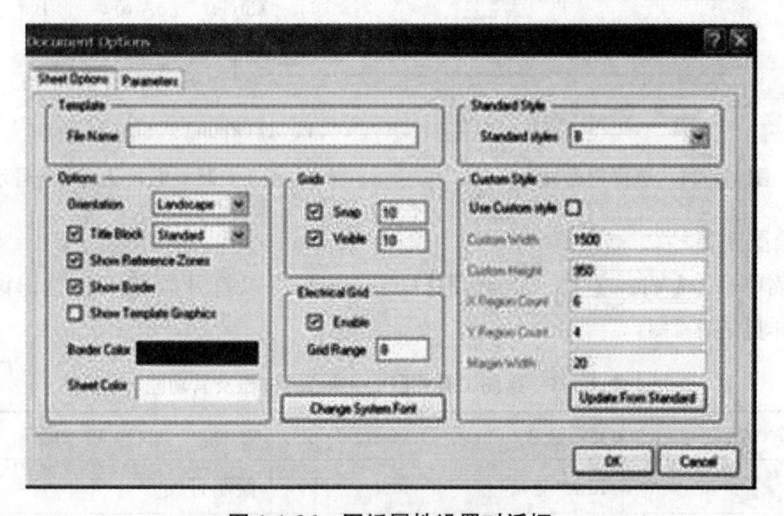

图 1-1-26　图纸属性设置对话框

(2) 设置图纸的大小、方向。

- 设置图纸大小。

将鼠标移动到图纸属性设置对话框中的 Standard Style(标准图纸样式)，用鼠标单击下拉按钮启动该项，从下拉选项中选择合适的图纸规格，单击 OK 按钮确认，如图 1-1-27 所示。

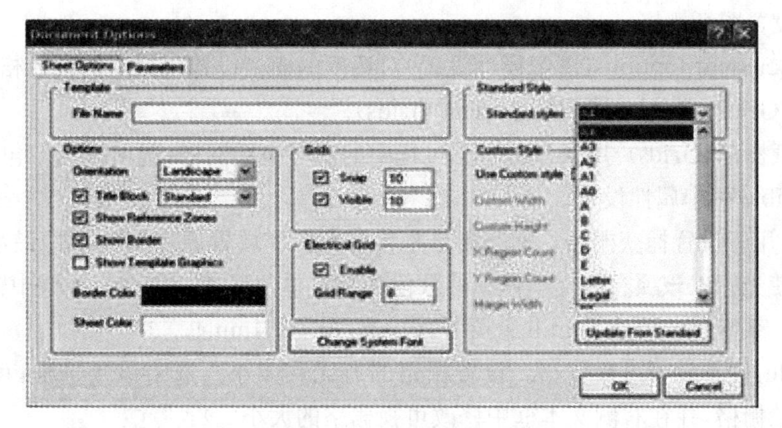

图 1-1-27 设置图纸大小

Protel DXP 所提供的图纸样式有以下几种：

美制：A0、A1、A2、A3、A4，其中 A4 最小。

英制：A、B、C、D、E，其中 A 型最小。

其他：Protel 还支持其他类型的图纸，如 Orcad A、Letter、Legal 等。

如果 Custom Style 选项区域选中 Use Custom Style 复选项，可以自定义图纸大小。

● 设置图纸方向。

在 Options 区域，单击"Orientation（方向）"编辑框的下拉按钮，显示如图 1-1-28 所示的下拉列表框。选择 Landscape 选项，即可把图纸设为横向，Portrait 表示纵向。

(3) 设置标题栏。

在 Options 区域，单击"Title Block（标题栏）"右侧的下拉菜单，显示如图 1-1-29 所示的下拉列表框，在下拉列表中选择标题栏的类型。其中 Standard 为标准类型，ANSI 为美国国家标准协会类型。

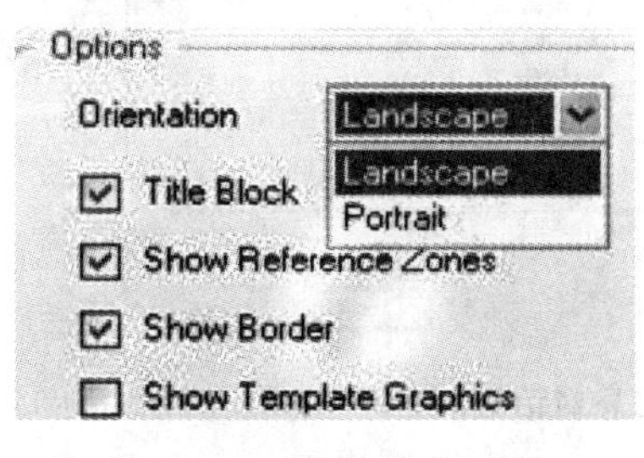

图 1-1-28 图纸方向设置

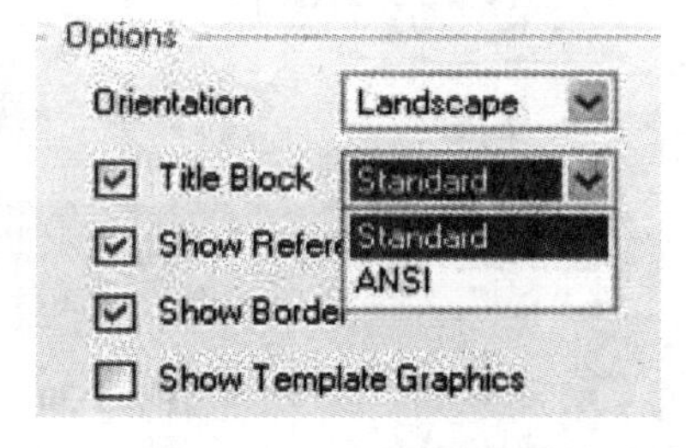

图 1-1-29 标题栏设计

(4) 设置图纸底色、边框属性。

在 Options 区域设置图纸底色、边框属性。

● Show Reference Zones：选中该复选框后，显示参考图纸边框。

● Show Border：选中该复选框后，显示图纸边框。

● Show Template Graphics：选中该复选框后，显示图纸模板。

● Border Color：设置图纸边框颜色。缺省值为黑色。

● Sheet Color：设置图纸底色。

(5) 设置图纸栅格。

在 Document Options(图纸属性设置)对话框的栅格设置包括对两种栅格的设置,即图纸栅格(Grids)和电气栅格(Electrical Grids)。

● 图纸栅格(Grids):用来设置绘图过程中的参考坐标网格,选项区域中包括 Snap 和 Visible 两个属性设置。

Snap:用于设置捕获栅格。捕获栅格是移动光标和放置原理图元素的最小步长。选中该项可使光标以该项右侧文本框中的数值为基本单位移动。可在文本框中输入捕获栅格的间距。系统默认单位为 mil(毫英寸)(1mil=0.0254mm)。

Visible:用于设置可视栅格。设置栅格的有无和大小。选中该复选框,可使图纸上显示可见的栅格,并在右侧文本框中修改可视栅格的大小。

● 电气栅格(Electrical Grids):用来设置在绘图连线捕获电气节点的半径。

Electrical Grid 选项区域其设有 Enable 复选框和 Grid Range 文本框用于设置电气捕获栅格。如果选中 Enable,在绘制导线时,系统会以 Grid Range 文本框中设置的数值为半径,以鼠标所在位置为中心,向周围搜索电气节点,如果在搜索半径内有电气节点,鼠标会自动移到该节点上。如果未选中 Enable,则不能自动搜索电气节点。

(6) 设置图纸设计信息。

在 Document Options 对话框中可打开 Parameters 选项卡。在该选项卡中可以设置图纸的设计信息,如图 1-1-30 所示。

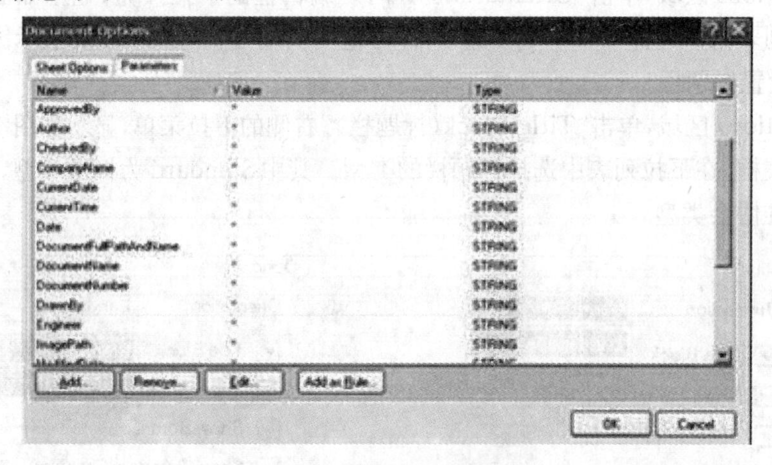

图 1-1-30　图纸设计信息对话框

其中选项如下:

Address1、Address2、Address3、Address4:公司或单位地址。

ApprovedBy:审核单位名称。

Author:设计者姓名。

CheckedBy:审校人姓名。

CompanyName:公司名称。

CurrentDate:当前日期。

CurrentTime:当前时间。

Date:日期。

DocumentFullPathAndName：文件名和完整的保存路径。

DocumentNumber：文件名。

DrawnBy：绘图人姓名。

SheetNumber：原理图编号。

Title：原理图标题。

(7) 图纸设计信息的显示。

在 Parameters 选项卡中，输入了设计信息后，如果需要将有些信息在标题栏显示，则需要进行一些操作。下面以“Title”项为例，具体方法如下：

- 放置字符串：Place→Text String，浮动的光标置于窗口任意位置，按 Tab 键，弹出 Annotation（注解）对话框，点击 Text 输入栏后的下拉箭头，在弹出的下拉菜单中选中“= Title”，然后 OK，将浮动光标放入“Title”输入栏单击即可。
- 输入内容：执行菜单【Design】/【Option】/【Parameters】，选中“Title”选项，在 Value 一项输入内容，如“多谐振荡器”。
- 查看图纸标题栏：执行菜单【Tools】/【Preferences（优先权）】，在弹出的对话框中，选中“Graphical Editing”选项卡，勾选“Convert Special Strings”这一项，关闭对话框即可。

☆知识链接 3：原理图编辑器的基本编辑操作☆

1. 原理图编辑器的显示操作

(1) 图纸的缩放。

要实现图纸在显示区内的缩放通常有以下几种方法：

- 使用菜单命令【View】下的显示比列命令直接确定图纸的显示比列，或缩小命令(Zoom out)缩小显示比列。
- 使用工具栏中的按钮放大或按钮缩小。
- 使用快捷键，在原理图编辑器环境下按下键盘的【Page Up】实现方法，按下键盘的【Page Down】实现缩小。

(2) 移动图纸。

移动图纸有以下几种方法：

- 使用快捷键【Home】。操作方法是先将鼠标指向图纸上待移动后的显示区中心位置，按下键盘上的【Home】键，这时图纸在编辑区内的显示范围自动以鼠标指向的位置为中心显示。
- 鼠标拖动法。在原理图编辑工作区内，按下鼠标右键，这时鼠标将变为拖动状态，按住鼠标右键不放将图纸拖放到预定位置。

(3) 刷新显示画面。

执行刷新显示画面命令后，原画面的残留斑点或图形变形即可得到清除。

- 执行菜单命令【View】/【Refresh】。

● 按快捷键【End】。

2. 基本编辑操作

(1) 移动单个对象。

● 使用鼠标。

a) 选中元件:在要选中的元件上单击鼠标左键,元件周围出现虚框,表示该元件已被选中。

b) 移动元件:在选中区域按住左键不放,拖动鼠标到指定位置松开即可。

● 使用菜单命令。

a) 执行菜单命令【Edit】/【Move】/【Move】

b) 将光标移到需要移动的元件上单击鼠标左键,选中该元件。

c) 将光标移到适当位置,再次单击左键即可。

(2) 移动多个对象。

● 选中元件。

a) 同时选中多个元件

用鼠标拉个虚框,将所要元件包含在内,或者执行菜单命令【Edit】/【Select】/【Inside Area】。

b) 逐个选中多个元件

按住【Shift】键,逐个选中元件,或者执行菜单【Edit】/【Select】/【Toggle Selection】逐个选中。

● 移动选中元件。

单击其中任意一个元件,左键按住不放,拖动到适当位置,松开鼠标左键即可。

也可以执行菜单命令【Edit】/【Move】/【Move Selection】。

(3) 旋转对象。

对象处于浮动状态时(若已放置,单击左键并按住不放),每按 Space(空格键)一次,元件将旋转 90°;按 X 键可以水平方向翻转,按 Y 键可以进行垂直方向翻转。

(4) 复制/粘贴元件。

在原理图的绘制过程中,有时一个元件会使用多次,如果用复制的方法放置这些元件,就会加快绘图的速度。下面介绍复制的方法:

● 选中要复制的元件。

● 执行菜单命令【Edit】/【Copy】,或按组合键【Ctrl + C】,或单击主工具栏复制按钮,鼠标变为十字光标,将十字光标移至选中的元件,单击鼠标左键。

● 执行菜单命令【Edit】/【Paste】,或按组合键【Ctrl + V】,或单击主工具栏粘贴按钮,鼠标变为十字光标,被复制的元件以阴影的形式跟随光标移动,在合适的位置单击鼠标左键即可将元件粘贴在当前位置。

(5) 元件的阵列粘贴。

如果一次要粘贴多个相同的元件,可利用阵列粘贴实现:

● 选中要复制的元件,执行复制命令。

● 执行菜单命令【Edit】/【Paste Array】，或点击 Drawing 工具栏按钮，打开“设置阵列粘贴参数”对话框，如图 1-1-31 所示。

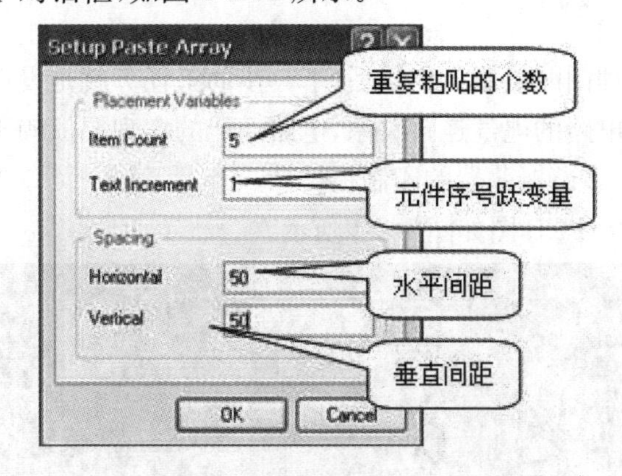

图 1-1-31　“设置阵列粘贴参数”对话框

● 设置完阵列粘贴参数对话框后，单击 OK 按钮，鼠标变为十字光标，在合适位置单击鼠标左键，阵列将从单击鼠标左键处开始粘贴。

(6) 剪切元件。

● 选中要剪切的元件。

● 执行菜单命令【Edit】/【Cut】，或按组合键【Ctrl + V】，或单击主工具栏复制按钮，鼠标变为十字光标，将十字光标移至选中的元件，单击鼠标左键。

● 粘贴的方法同复制粘贴。

(7) 删除元件。

● 执行菜单命令【Edit】/【Delete】，鼠标变为十字光标，将十字光标移至要删除的元件，单击鼠标左键即可。单击鼠标右键退出删除命令状态。

● 选中要删除的元件，按【Delete】键，即可删除需要删除的元件。

● 选中需要删除的元件，执行菜单命令【Edit】/【Clear】，也可删除需要删除的元件。

(8) 对象的移动及对齐。

为了使原理图的布局更加美观，Protel DXP 为设计者提供了一组对象的排列和对齐功能。在使用时，首先要选中需要对齐的对象，然后执行菜单命令【Edit】/【Align】下的子菜单完成操作。

子菜单各项含义如下：

●【Align Left】：左对齐排列，以选中的最左端的对象为基准对齐排列。

●【Align Right】：右对齐排列，以选中的最右端的对象为基准对齐排列。

●【Center Horizontal】：水平中心对齐排列，以选中的最左端和最右端对象的中心位置为基准对齐排列。

●【Distribute Horizontal】：水平等间距对齐排列，以选中的最左端和最右端对象的中心位置为基准等间距对齐排列。

●【Align Top】：上对齐排列，以选中的最上端的对象为基准对齐排列。

●【Align Button】：下对齐排列，以选中的最下端的对象为基准对齐排列。

任务 2——PCB 设计

在完成了电路原理图的绘制工作以后，下一步的工任务就是设计印制电路板(PCB)。电路原理图只描述了电路的电气连接关系，电路功能的实现要依赖于印制电路板的设计。下面，我们一起来完成多谐振荡器的印制板设计。

任务中将要完成的 PCB 图如图 1-2-1 所示。

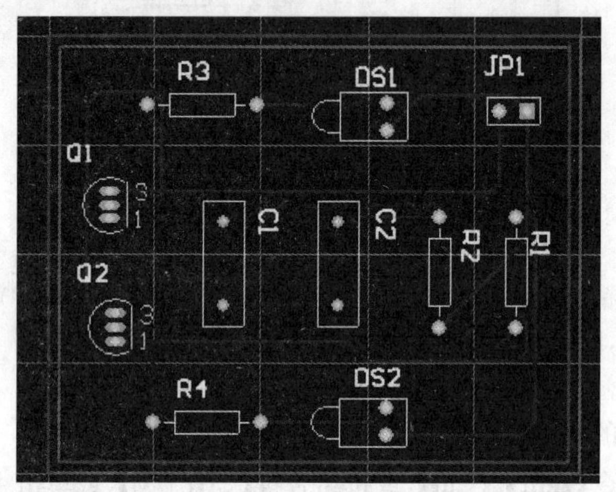

图 1-2-1 多谐振荡器 PCB 图

1.2.1 创建 PCB 文件

PCB 文件和原理图文件一样都包含于项目文件，因此，在创建 PCB 文件之前要打开已有的项目文件“多谐振荡器. PrjPCB”。

1. 打开项目文件

执行菜单命令【File】/【Open】，打开文件选择对话框，在对话框中选择项目文件保存的路径，并选择项目文件“多谐振荡器. PrjPCB”，点击打开按钮，如图 1-2-2 所示。

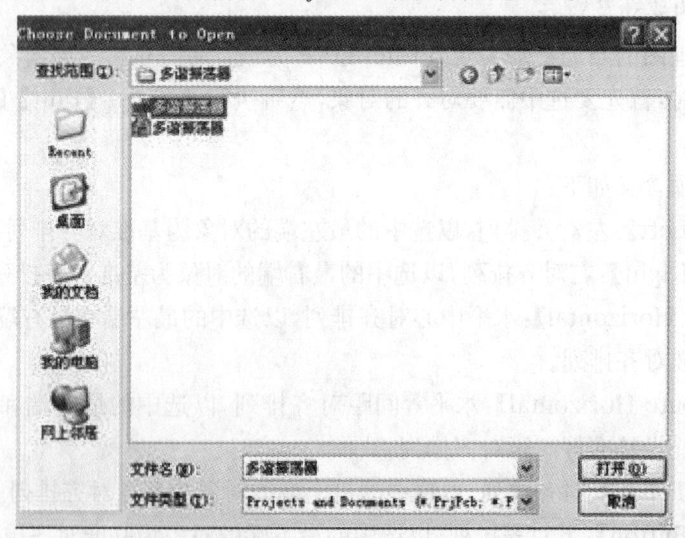

图 1-2-2 文件选择对话框

2．新建 PCB 文件

执行菜单命令【File】/【New】/【PCB】，系统会在 Project 项目文件下新建原理图文件“PCB1. PcbDoc”，如图 1-2-3 所示。

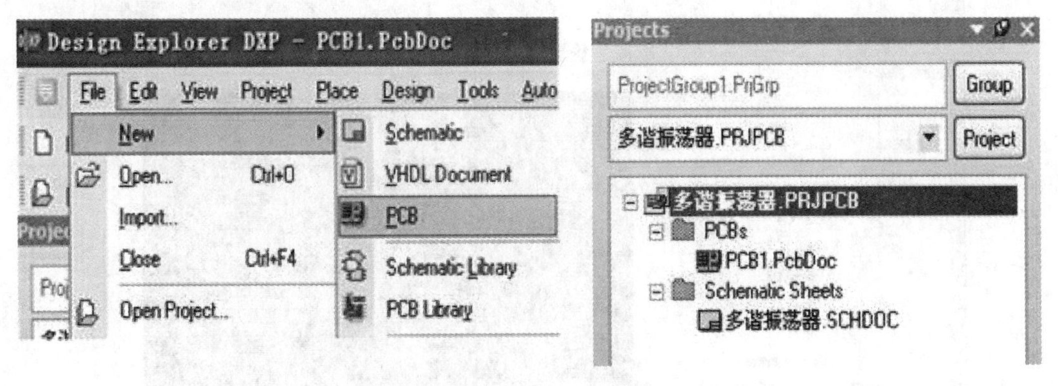

图 1-2-3　新建 PCB 文件

3．保存 PCB 文件

执行菜单命令【File】/【Save】或者单击工具栏中存盘图标，系统将会弹出文件保存对话框，在对话框选择保存路径并输入文件名称，单击保存按钮，如图 1-2-4 所示。

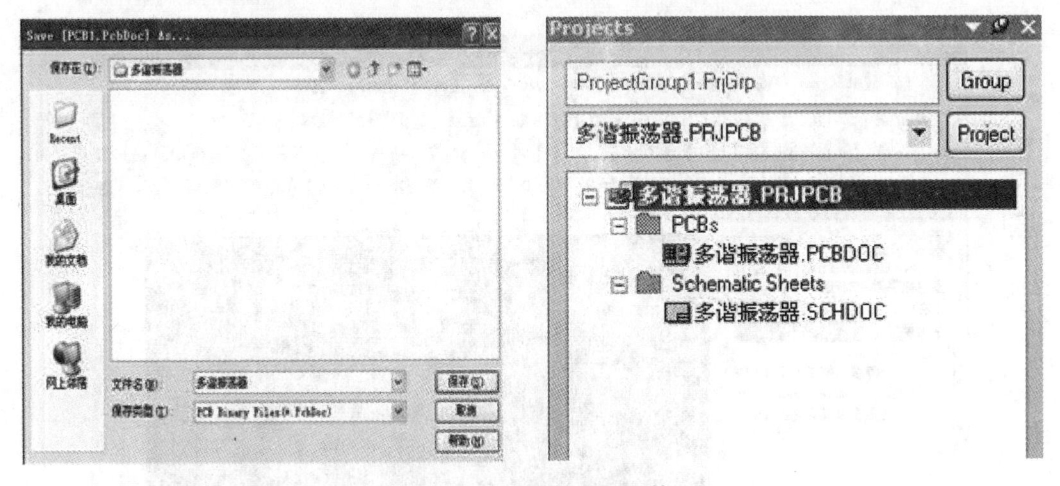

图 1-2-4　　保存 PCB 文件

1.2.2　规划电路板外形

电路板的规划包括两个内容：规划物理边界、规划电气边界。

1．规划 PCB 板的物理边界

在规划物理边界之前，首先要设置坐标原点，设置方法是执行菜单命令【Edit】/【Origin】/【Set】或者是 Placement 工具栏中的图标，如图 1-2-5 所示，光标指向的位置单击鼠标左键即设定该位置为坐标原点。

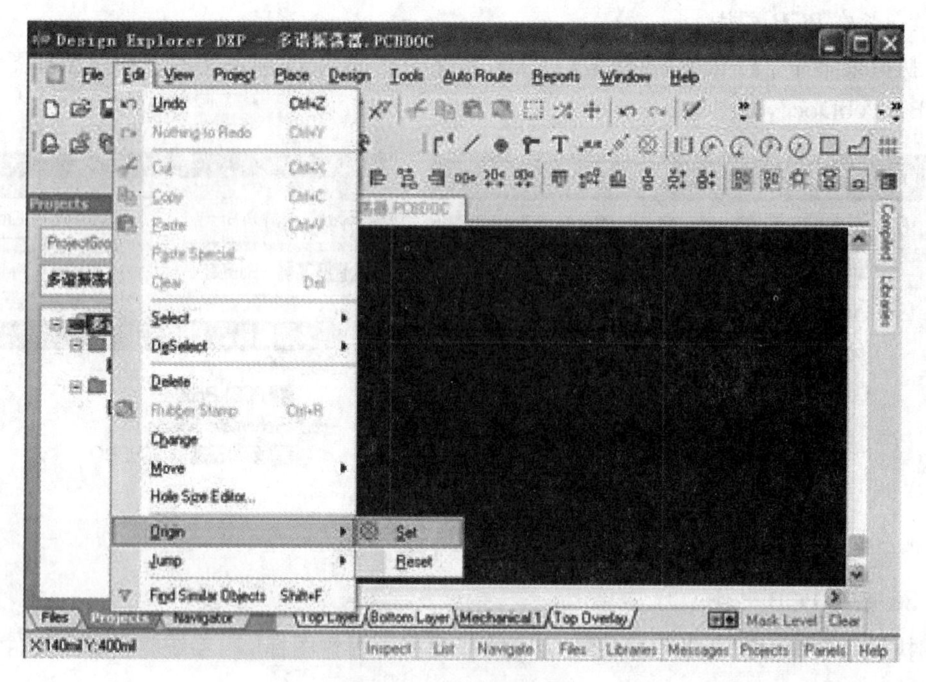

图 1-2-5(a) 设置原点

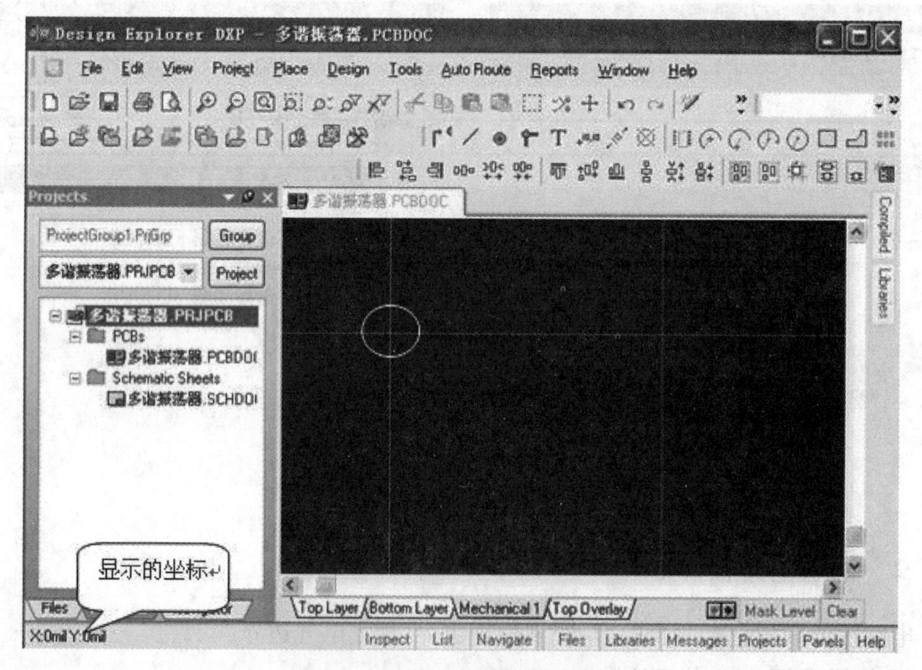

图 1-2-5(b) 设置好的坐标原点

打开 PCB 编辑器，并将当前工作层设置为 Mechanical1（机械层），如图 1-2-6 所示，然后利用 Placement 工具栏中的画线工具或菜单命令【Place】/【Line】从设置好的原点出发绘制 PCB 板的物理边界。

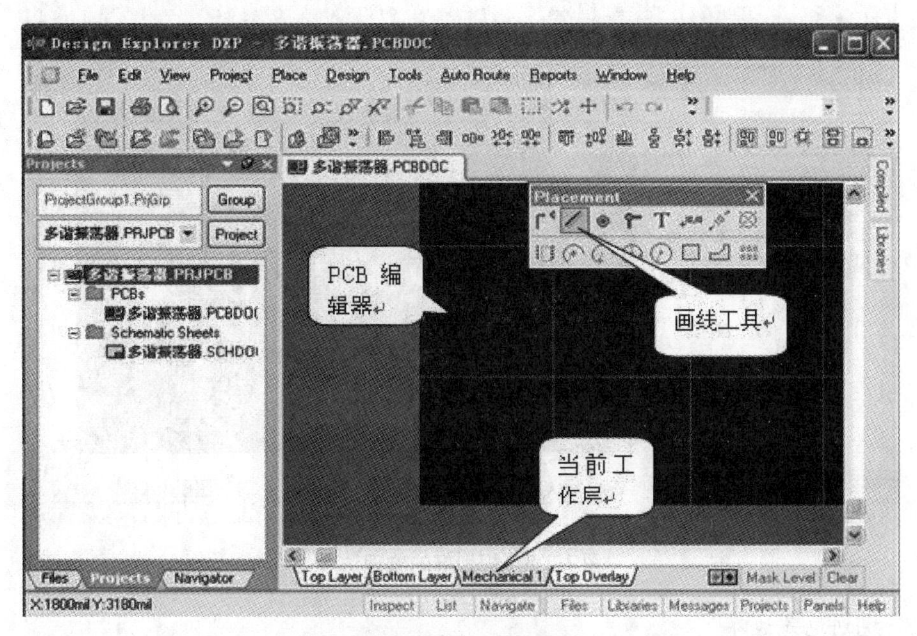

图 1-2-6　PCB 编辑器

在画线的过程中，可以按空格键切换走线的方向；双击画的线打开属性对话框，通过设置坐标可以确定物理边界的长和宽，如图 1-2-7 所示。项目中，我们将物理边界设定为 5 cm×5 cm。规划好的 PCB 板如图 1-2-8 所示。

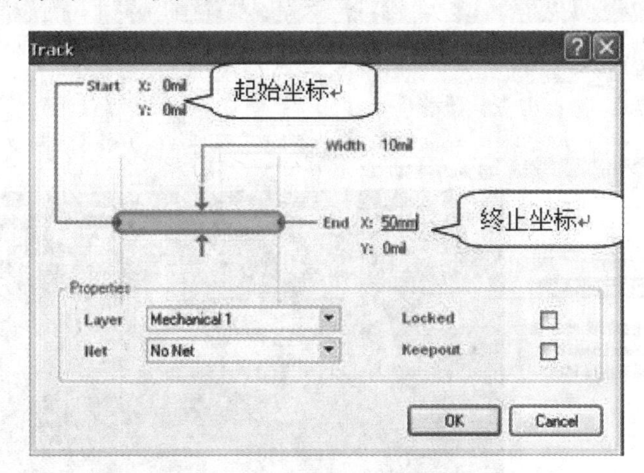

图 1-2-7　走线属性对话框

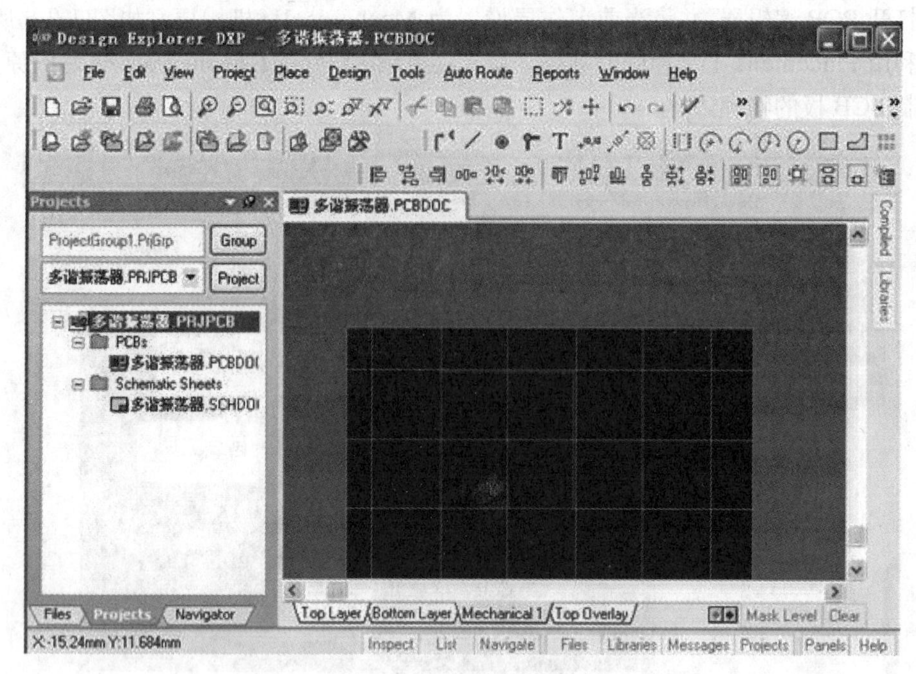

图 1-2-8　规划好的物理边界

2. 规划电气边界

PCB 板的电气边界用于设置元件和导线的放置范围，绘制电气边界时将 PCB 编辑器的当前工作层设置为 Keep-Out Layer（禁止布线层），绘制方法与设置物理边界类似，项目中将电气边界设置为 4.8cm×4.8cm，规划好的电气边界如图 1-2-9 所示。

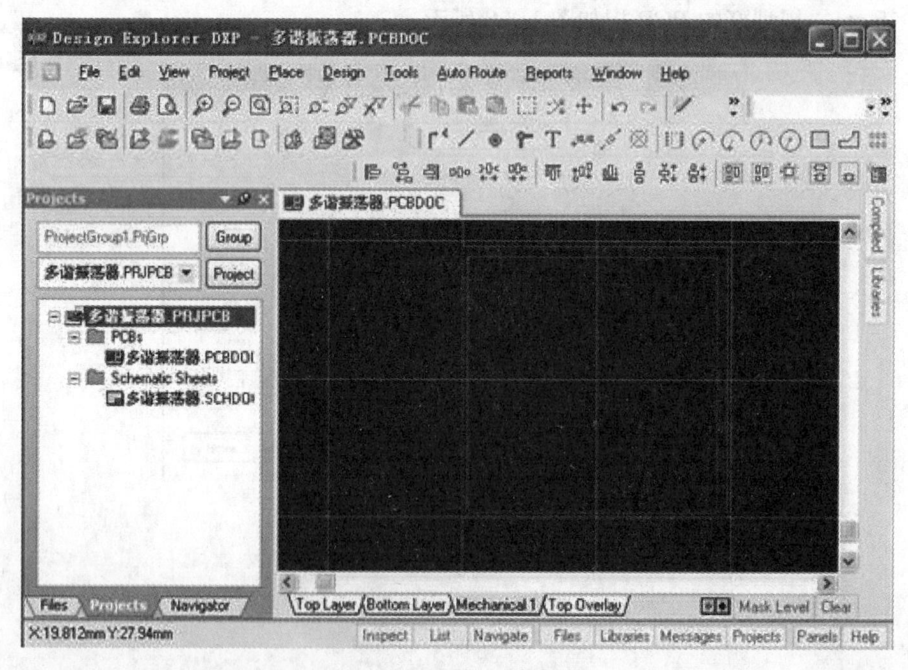

图 1-2-9　规划好的 PCB 板

说明：在 Protel DXP 中机械层和禁止布线层默认的颜色相同，内层为电气边界，外层为物理边界。

1.2.3　设置单面板布线规则

根据电路板的结构，印制电路板大致可以分为单面板、双面板和多层板三种。

在 Protel DXP 中，系统默认的为双面板。项目中，元件数目不多，要求不高，因此将电路板设置为单面板，具体设置方法如下：

● 执行菜单命令【Design】/【Rules ...】打开 PCB 设计规则与约束编辑对话框如图 1-2-10 所示。

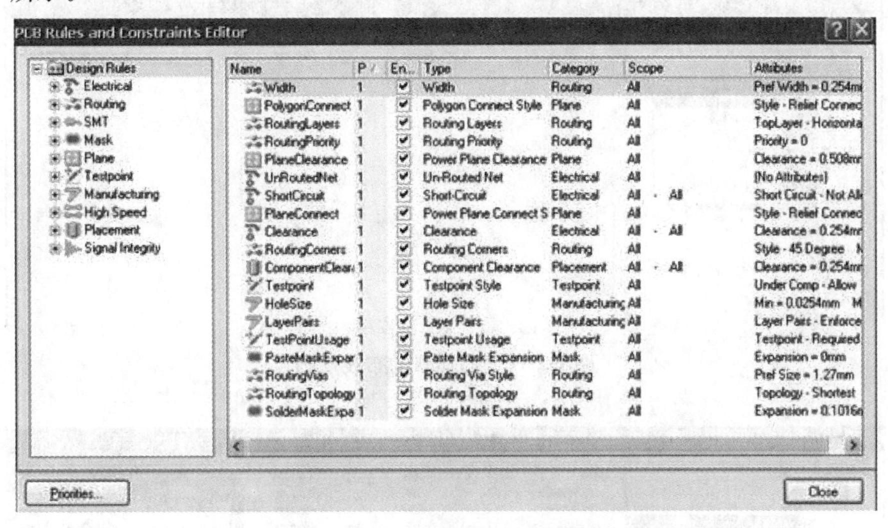

Name	P	En...	Type	Category	Scope	Attributes
Width	1	✔	Width	Routing	All	Pref Width = 0.254m
PolygonConnect	1	✔	Polygon Connect Style	Plane	All	Style - Relief Connec
RoutingLayers	1	✔	Routing Layers	Routing	All	TopLayer - Horizonta
RoutingPriority	1	✔	Routing Priority	Routing	All	Priority = 0
PlaneClearance	1	✔	Power Plane Clearance	Plane	All	Clearance = 0.508mr
UnRoutedNet	1	✔	Un-Routed Net	Electrical	All	(No Attributes)
ShortCircuit	1	✔	Short-Circuit	Electrical	All - All	Short Circuit - Not All
PlaneConnect	1	✔	Power Plane Connect S	Plane	All	Style - Relief Connec
Clearance	1	✔	Clearance	Electrical	All - All	Clearance = 0.254mr
RoutingCorners	1	✔	Routing Corners	Routing	All	Style - 45 Degree M
ComponentClear	1	✔	Component Clearance	Placement	All - All	Clearance = 0.254mr
Testpoint	1	✔	Testpoint Style	Testpoint	All	Under Comp - Allow
HoleSize	1	✔	Hole Size	Manufacturing	All	Min = 0.0254mm M
LayerPairs	1	✔	Layer Pairs	Manufacturing	All	Layer Pairs - Enforce
TestPointUsage	1	✔	Testpoint Usage	Testpoint	All	Testpoint - Required
PasteMaskExpar	1	✔	Paste Mask Expansion	Mask	All	Expansion = 0mm
RoutingVias	1	✔	Routing Via Style	Routing	All	Pref Size = 1.27mm
RoutingTopology	1	✔	Routing Topology	Routing	All	Topology - Shortest
SolderMaskExpa	1	✔	Solder Mask Expansion	Mask	All	Expansion = 0.1016

图 1-2-10　PCB 设计规则与约束编辑对话框

● 点击设计规则中的 Routing(布线相关设计规则)，如图 1-2-11 所示。项目中对布线规则中的 Width(导线宽度)和 Routing Layers(设置布线层面)进行设置。

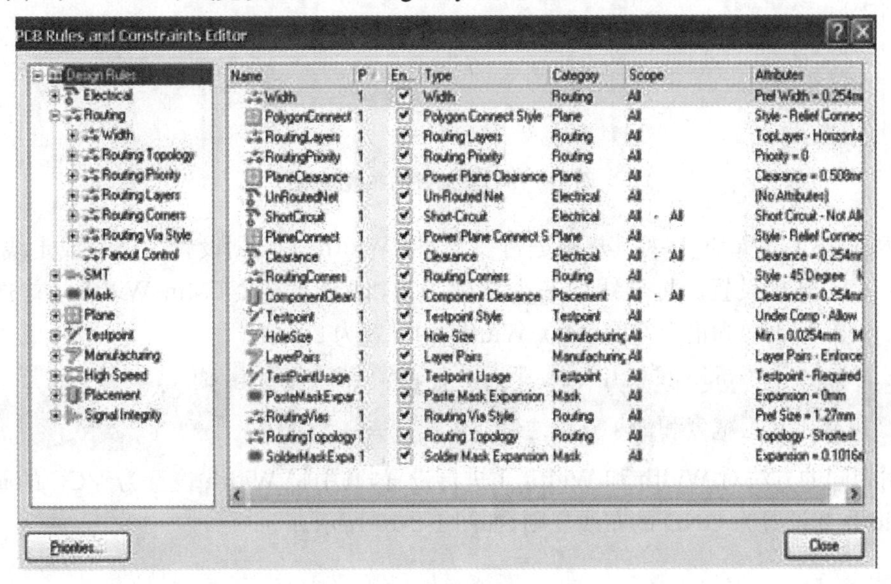

Name	P	En...	Type	Category	Scope	Attributes
Width	1	✔	Width	Routing	All	Pref Width = 0.254m
PolygonConnect	1	✔	Polygon Connect Style	Plane	All	Style - Relief Connec
RoutingLayers	1	✔	Routing Layers	Routing	All	TopLayer - Horizonta
RoutingPriority	1	✔	Routing Priority	Routing	All	Priority = 0
PlaneClearance	1	✔	Power Plane Clearance	Plane	All	Clearance = 0.508mr
UnRoutedNet	1	✔	Un-Routed Net	Electrical	All	(No Attributes)
ShortCircuit	1	✔	Short-Circuit	Electrical	All - All	Short Circuit - Not All
PlaneConnect	1	✔	Power Plane Connect S	Plane	All	Style - Relief Connec
Clearance	1	✔	Clearance	Electrical	All - All	Clearance = 0.254mr
RoutingCorners	1	✔	Routing Corners	Routing	All	Style - 45 Degree M
ComponentClear	1	✔	Component Clearance	Placement	All - All	Clearance = 0.254mr
Testpoint	1	✔	Testpoint Style	Testpoint	All	Under Comp - Allow
HoleSize	1	✔	Hole Size	Manufacturing	All	Min = 0.0254mm M
LayerPairs	1	✔	Layer Pairs	Manufacturing	All	Layer Pairs - Enforce
TestPointUsage	1	✔	Testpoint Usage	Testpoint	All	Testpoint - Required
PasteMaskExpar	1	✔	Paste Mask Expansion	Mask	All	Expansion = 0mm
RoutingVias	1	✔	Routing Via Style	Routing	All	Pref Size = 1.27mm
RoutingTopology	1	✔	Routing Topology	Routing	All	Topology - Shortest
SolderMaskExpa	1	✔	Solder Mask Expansion	Mask	All	Expansion = 0.1016

图 1-2-11　布线相关设计规则

(1) 设置导线宽度。

项目中,布线宽度为两种规则,信号线走线宽度为 20 mil;电源和地线走线宽度为 40 mil。

密尔(mil):英制单位中为毫英寸
与公制单位的转换关系为:1 mil = 0.025 4 mm

右键单击图 1-2-11 中的 Width,右键菜单中选择 New Rule ...,如图 1-2-12 所示。点击 Width 前面的加号展开,在 Width 目录下会出现两种布线规则,Width 和 Width_1,相同的方法再添加一种规则为 Width_2,如图 1-2-13 所示。

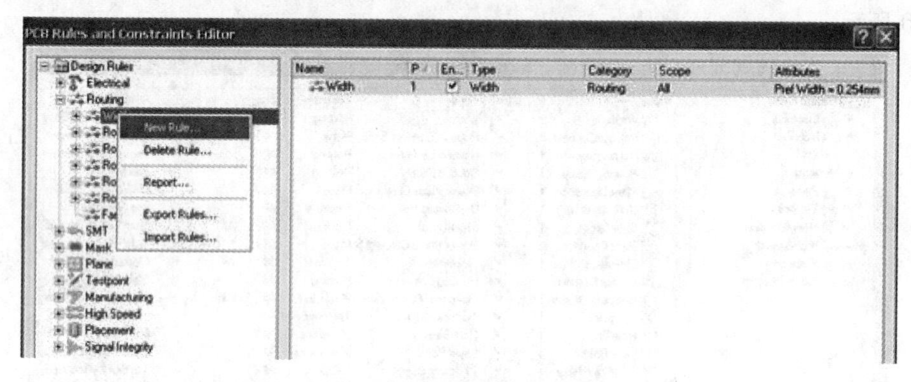

图 1-2-12　添加新的布线规则

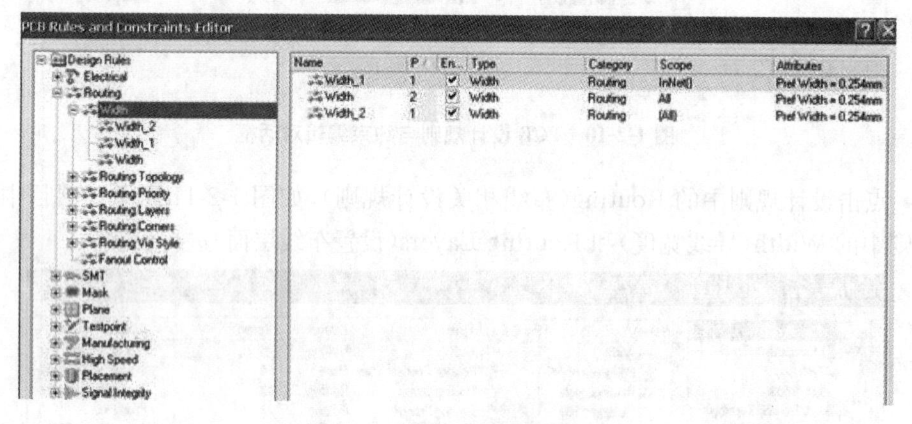

图 1-2-13　添加好的布线规则

然后,单击 Width_1,对其规则进行设置,将 Width_1 规则设置为信号线走线规则,如图 1-2-14 进行设置。将导线的三个宽度约束,即最小宽度(Min Width)、首选宽度(Preferred Width)和最大宽度(Max Width)均设置为 20mil。

三个宽度约束可以设置为不一样,但要求最小宽度不能大于最大宽度,输入的首选宽度必须介于最大宽度和最小宽度之间。

用相同的方法对 Width 和 Width_1 进行设置,其中将 Width 设置为 VCC 的布线规则,Width_2 设置为 GND 的布线规则,如图 1-2-15 所示。

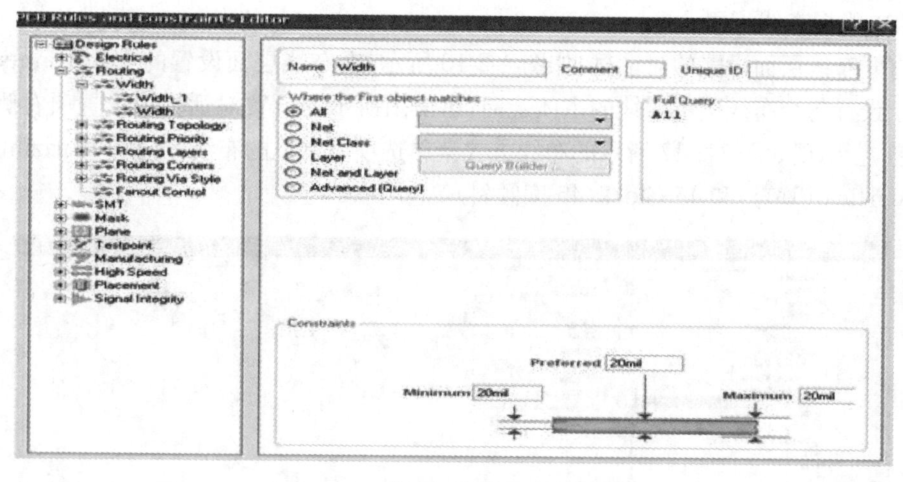

图 1-2-14　设置好的信号线布线规则

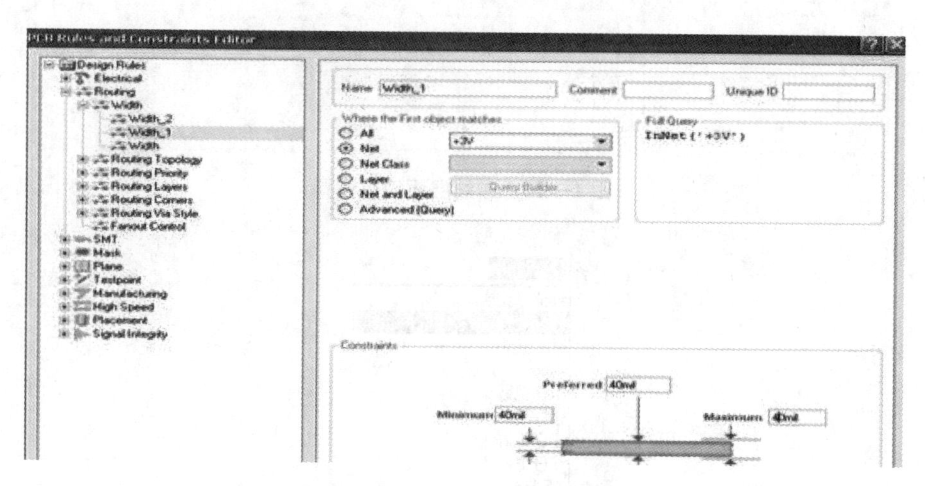

图 1-2-15(a)　VCC 布线规则设置

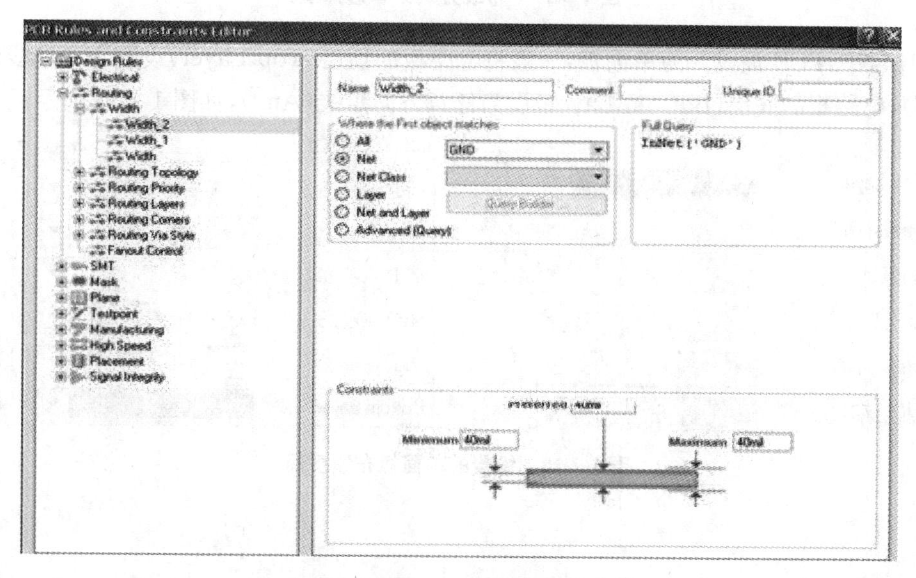

图 1-2-15(b)　GND 布线规则设置

(2) 设置布线层面。

打开布线层面设置的对话框，如图 1-2-16 所示，在布线层面设置的 Constraints 单元中用于设置每个布线层上导线的主体走向，单击图所示的设置对话框中设置项右侧的下拉按钮，会出现如图 1-2-17 所示的布线方式菜单选项。常见的布线方向有 Horizintal(水平)、Vertical(垂直)和 45″Clock(45 度倾斜)等。

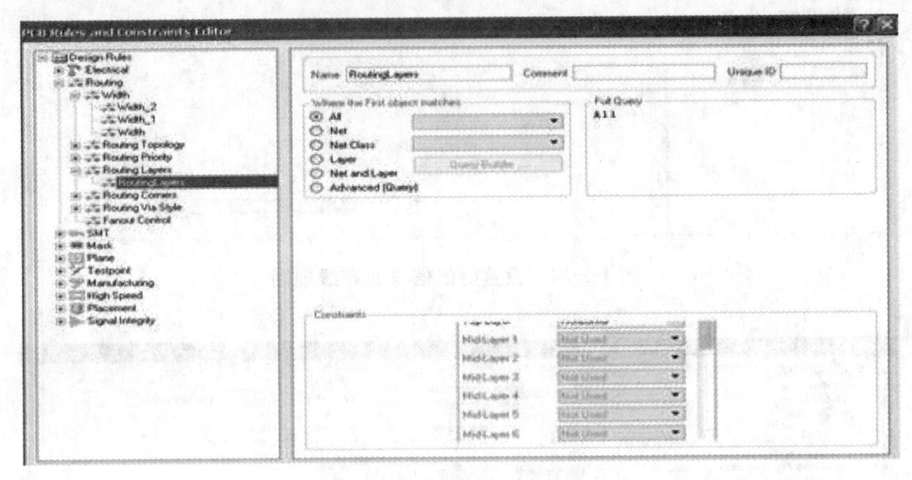

图 1-2-16　布线层面约束设置

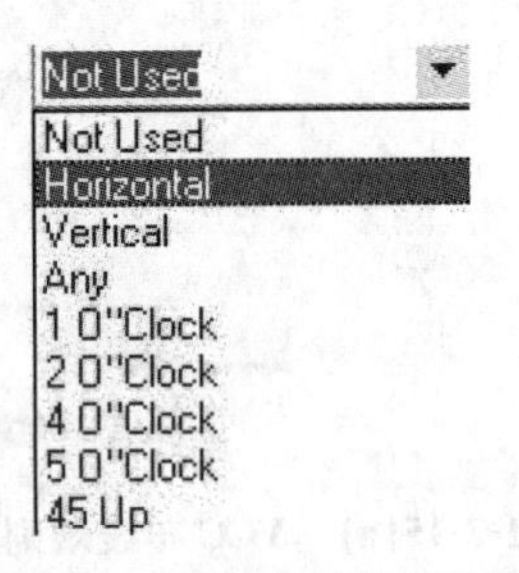

图 1-2-17　布线方式菜单选择项

项目中，PCB 板设计为单面板，一般将电路板的顶层(Top Layer)设置为不走线(Not Used)，电路板的底层(Bottom Layer)设为任意方向走线(Any)，如图 1-2-18 所示。

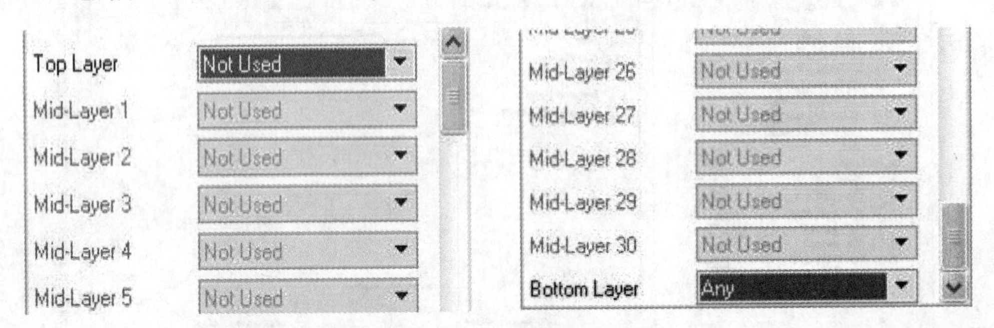

图 1-2-18　设置的单面板布线层面

1.2.4　装载网络报表

在任务 1 中，我们已经为项目生成了网络报表文件，下面我们将已经生成的网络报表文件导入 PCB 文件。装载网络报表实际上就是将原理图中的数据装入到 PCB 的设计系统中，在 PCB 编辑环境下，执行命令 Design/Import Change From [多谐振荡器.PRJPCB]，如图 1-2-19 所示，执行后将弹出 Engineering Change Order 对话框，如图 1-2-20 所示。

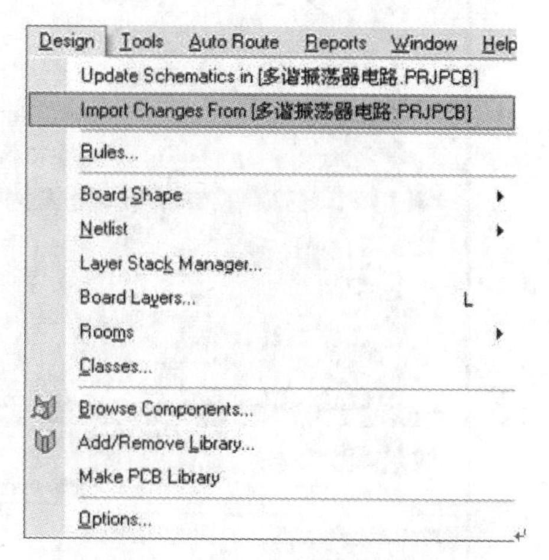

图 1-2-19　加载网络表的菜单命令

在原理图设计环境下，执行 Design/Update PCB 多谐振荡器.PCBDoc，也可加载网络报表。

Engineering Change Order

Action	Affected Object		Affected Document	Check	Done
Add Components(11)					
Add	C1	To	多谐振荡器.PCBDOC		
Add	C2	To	多谐振荡器.PCBDOC		
Add	DS1	To	多谐振荡器.PCBDOC		
Add	DS2	To	多谐振荡器.PCBDOC		
Add	JP1	To	多谐振荡器.PCBDOC		
Add	Q1	To	多谐振荡器.PCBDOC		
Add	Q2	To	多谐振荡器.PCBDOC		
Add	R1	To	多谐振荡器.PCBDOC		
Add	R2	To	多谐振荡器.PCBDOC		
Add	R3	To	多谐振荡器.PCBDOC		
Add	R4	To	多谐振荡器.PCBDOC		
Add Nets(8)					
Add	+9V	To	多谐振荡器.PCBDOC		
Add	GND	To	多谐振荡器.PCBDOC		
Add	NetC1_1	To	多谐振荡器.PCBDOC		
Add	NetC1_2	To	多谐振荡器.PCBDOC		
Add	NetC2_1	To	多谐振荡器.PCBDOC		
Add	NetC2_2	To	多谐振荡器.PCBDOC		
Add	NetDS1_2	To	多谐振荡器.PCBDOC		
Add	NetDS2_2	To	多谐振荡器.PCBDOC		

Validate Changes　Execute Changes　Report Changes...　Close

图 1-2-20　更改命令管理对话框

在对话框中显示出对电路的修改内容，包括左边的修改列表(Modifications)和后边的状态显示(Status)。单击 Validate Changes 按钮，系统将检查所有的更改是否有效。如果相应的更改有效，其对应的右边的 Check 状态栏打钩；否则，Check 状态栏显示红色错误标志。如有错误则回到原理图检查，直到所有的更新都正确位置。

单击 Execute Changes 按钮，系统将执行所有的更改操作。若操作成功，Status 下的 Done 列表栏将被打钩，执行结果如图 1-2-21 所示。

Engineering Change Order

Action	Affected Object		Affected Document	Check	Done
Add	DS2	To	多谐振荡器.PCBDOC		
Add	JP1	To	多谐振荡器.PCBDOC		
Add	Q1	To	多谐振荡器.PCBDOC		
Add	Q2	To	多谐振荡器.PCBDOC		
Add	R1	To	多谐振荡器.PCBDOC		
Add	R2	To	多谐振荡器.PCBDOC		
Add	R3	To	多谐振荡器.PCBDOC		
Add	R4	To	多谐振荡器.PCBDOC		
Add Nets(8)					
Add	+9V	To	多谐振荡器.PCBDOC		
Add	GND	To	多谐振荡器.PCBDOC		
Add	NetC1_1	To	多谐振荡器.PCBDOC		
Add	NetC1_2	To	多谐振荡器.PCBDOC		
Add	NetC2_1	To	多谐振荡器.PCBDOC		
Add	NetC2_2	To	多谐振荡器.PCBDOC		
Add	NetDS1_2	To	多谐振荡器.PCBDOC		
Add	NetDS2_2	To	多谐振荡器.PCBDOC		
Add Component Classes(1)					
Add	多谐振荡器电路	To	多谐振荡器.PCBDOC		
Add Rooms(1)					
Add	Room 多谐振荡器电路 (Scope=InCom	To	多谐振荡器.PCBDOC		

Validate Changes　Execute Changes　Report Changes...　Close

图 1-2-21　器件状态对话框

单击 Close 按钮，完成操作。加载后的 PCB 板如图 1-2-22 所示。

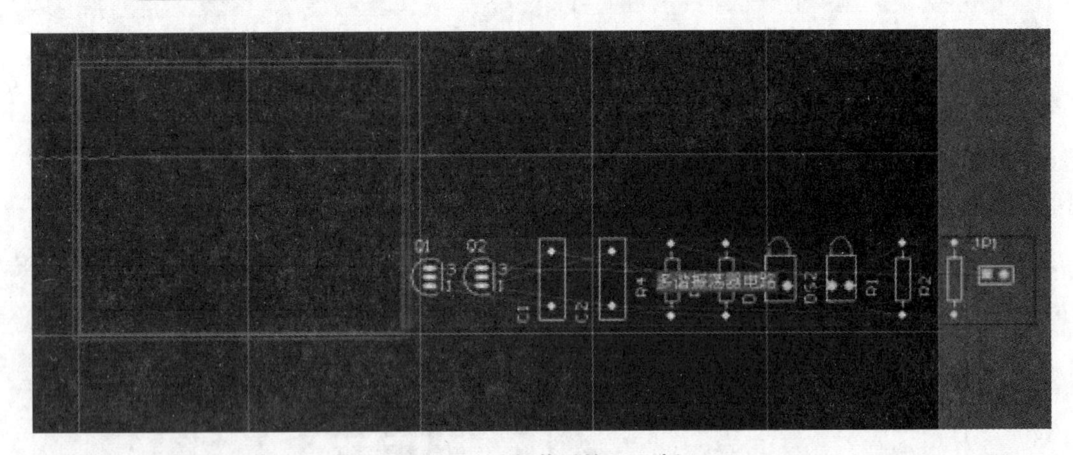

图 1-2-22　加载后的 PCB 板

1.2.5　元件布局

导入网络表后，所有元件已经更新到 PCB 板上，但是元件布局不合理，甚至出现重叠。在 Protel DXP 系统中提供了两种元件布局方法：自动布局和手动布局。

1. 自动布局

在 PCB 编辑环境下，执行菜单命令【Tools】/【Auto Placement】/【Auto Placer】，系统会弹出自动布局对话框，如图 1-2-23 所示。

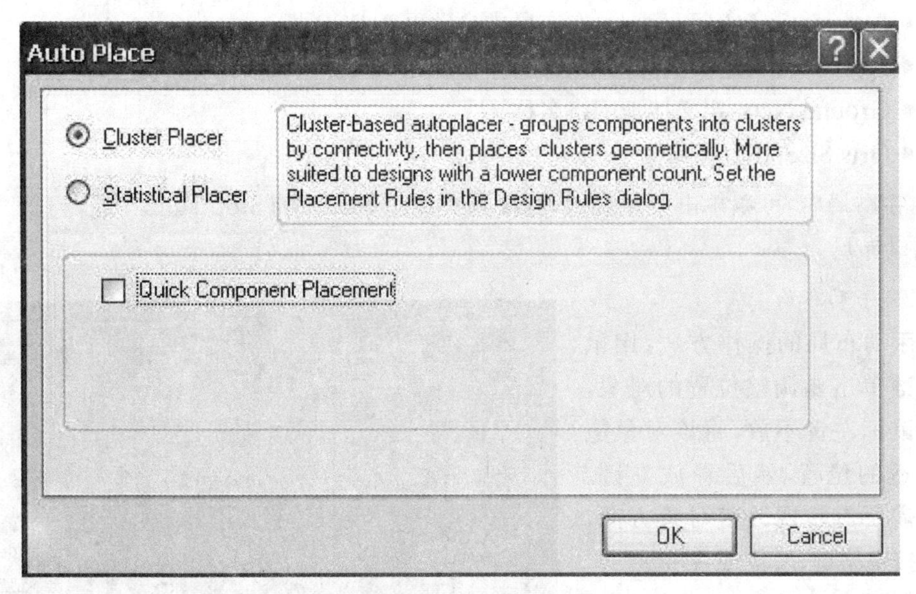

图 1-2-23　自动布局对话框

自动布局有以下两种规则：

(1) Cluster Placer：集群方法布局。系统将根据元件之间的连接关系，将元件划分成一个个的集群，并以布局面积最小为基准进行布局，这种布局方式适合于元件数量较少的电路。

(2) Statistical Placer：统计方法布局。系统将以元件之间连接长度最短为标准进行布局。这种布局适合于元件数目比较多的电路板。其布局对话框如图 1-2-24 所示。

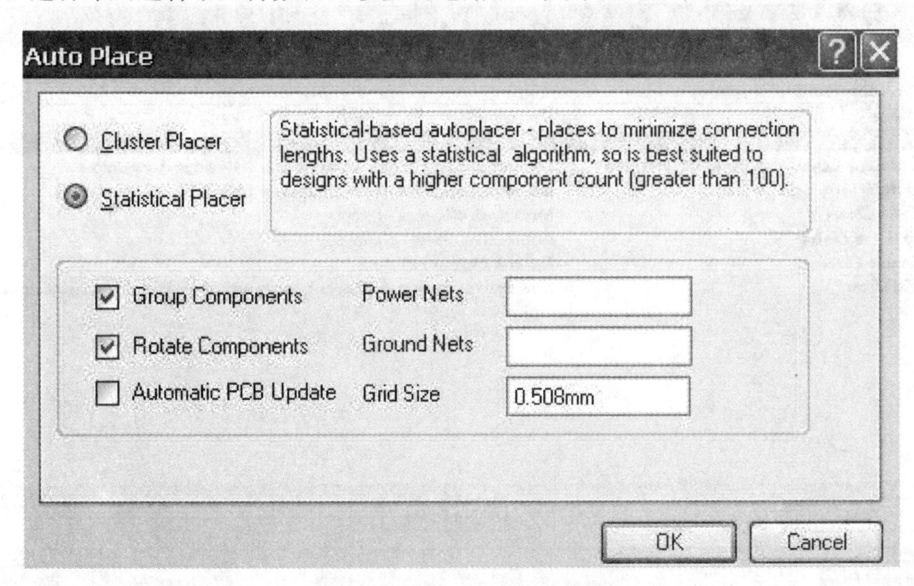

图 1-2-24　统计方法布局对话框

- Group Components：将当前布局中连接密切的元件组成一组。
- Rotate Components：布局时可对元件进行旋转调整。

● Automatic PCB Upclate:在布局中自动更新 PCB 板。

● Power Nets:定义电源网络名称。

● Ground Nets:定义接地网络名称。

● Gris Size:设置栅格大小。

在布局中,可以单击菜单【Tools】/【Auto Placement】/【Stop Auto Placer】,即可终止自动布局。

2. 手动布局

手动布局的操作方法:用鼠标左键单击要调整位置的对象,按住鼠标左键不放,将该对象拖到合适的位置,然后释放左键。如果需要旋转或改变对象方向,可以按空格键、X 键或 Y 键。

布局完成后的 PCB 板如图 1-2-25 所示。

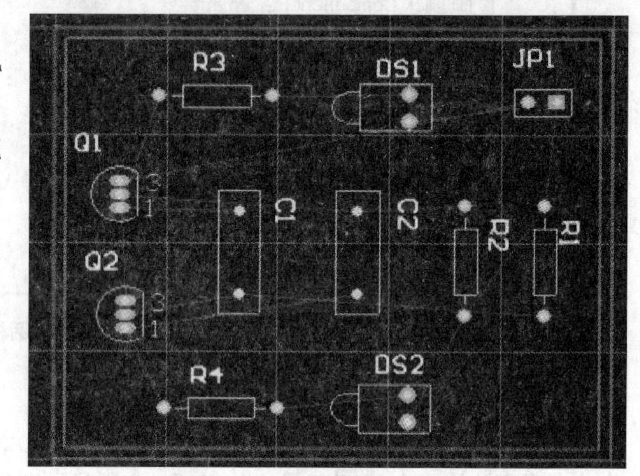

图 1-2-25 布局完成后的 PCB 图

1.2.6 布线

Protel DXP 系统提供了有效的、功能较为完善的自动布线功能。执行菜单命令【Auto Route】/【All】,系统会弹出布线菜单,要求用户选择布线方式,如图 1-2-26 所示。

Situs Routing Strategies

Available Routing Strategies

Name	Description
Default 2 Layer Board	Default strategy for routing two-layer boards
Default 2 Layer With Edge Connectors	Default strategy for two-layer boards with edge connectors
Default Multi Layer Board	Default strategy for routing multilayer boards
Extra Clean	Mutli-pass cleanup strategy
Extreme Clean	Aggressive clean up strategy
Simple Cleanup	Default cleanup strategy
Via Miser	Strategy for routing multilayer boards with aggressive via minimization

Add　Remove　Edit　Duplicate

Routing Rules...　Route All　Cancel

图 1-2-26 自动布线策略设置对话框

对话框中的 Available Routing Strategies 为有效布线策略，一般情况下采用系统默认值，即选择第一种布线策略 Default 2 Layer Board。单击 Route All 按钮，系统会弹出自动布线信息窗口，如图 1-2-27 所示。

Messages

Class	Document	Source	Message	Time	Date	N..
Situs ...	CLK.PCB...	Situs	Starting Completion	05:45:5...	2004-3-...	13
Routi...	CLK.PCB...	Situs	Calculating Board Density	05:45:5...	2004-3-...	14
Situs ...	CLK.PCB...	Situs	Completed Completion in 1 Second	05:45:5...	2004-3-...	15
Situs ...	CLK.PCB...	Situs	Starting Straighten	05:45:5...	2004-3-...	16
Routi...	CLK.PCB...	Situs	32 of 32 connections routed (100.00%...	05:45:5...	2004-3-...	17

图 1-2-27　自动布线信息窗口

自动布线完成后如有不满意，可以手工进行调整。布线完成后的 PCB 板如图 1-2-28 所示。

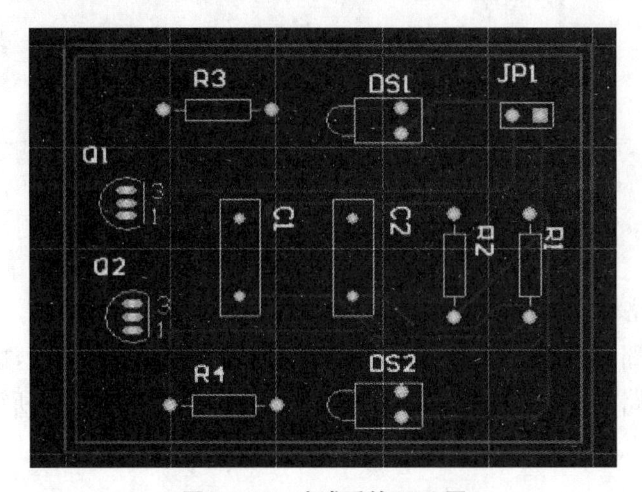

图 1-2-28　完成后的 PCB 图

如果在自动布线过程中想终止布线，可单击菜单【Auto Route】/【Stop】。

如果在自动布线过程中想暂停布线，可单击菜单【Auto Route】/【Pause】。

如果想重新自动布线，可单击菜单【Auto Route】/【Restart】。

1.2.7　DRC 检查

为了验证所布线的电路板是否符合设计规则，可以运行设计规则检查，执行菜单命令【Tools】/【Design Rule Check】，系统会弹出 DRC 检查对话框，如图 1-2-29 所示。通常可保留所有选项为默认值，点击 Run Design Rule Check... 按钮进行 DRC 检查。检查完成后，系统将根据检查结果自动后缀为“.DRC”的报表文件并在工作窗口自动打开。根据检查结果修改电路板的布线。

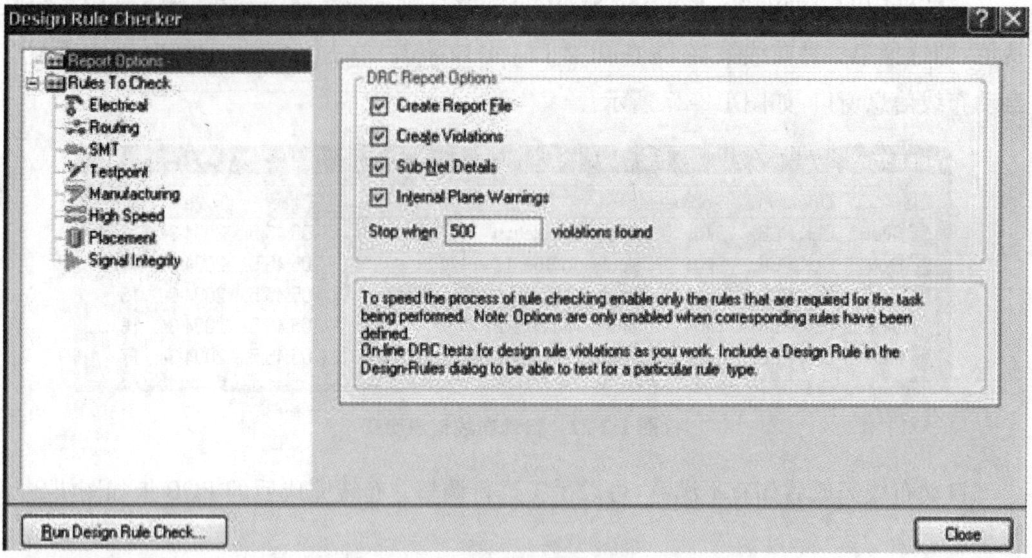

Design Rule Checker

Report Options
Rules To Check
Electrical
Routing
SMT
Testpoint
Manufacturing
High Speed
Placement
Signal Integrity

DRC Report Options
Create Report File
Create Violations
Sub-Net Details
Internal Plane Warnings
Stop when 500 violations found

To speed the process of rule checking enable only the rules that are required for the task being performed. Note: Options are only enabled when corresponding rules have been defined.
On-line DRC tests for design rule violations as you work. Include a Design Rule in the Design-Rules dialog to be able to test for a particular rule type.

Run Design Rule Check...　Close

图 1-2-29　DRC 检查对话框

☆知识链接 1:印制电路板设计基础☆

1. 基本概念

(1) 印制电路板(PCB)。

也称印制线路板(Printed Circuit Board)。它是指在绝缘基材上,按预先设计,制成的一定尺寸的电路板,在其上面至少有一个导电图形或印制元件以及所设计好的孔,以实现元件之间的电气连接。

(2) 飞线。

系统根据用户绘制的电路原理图自动生成的,它只是形式上表示出各个焊点间的连接关系,没有物理的电气连接意义。

(3) 导线。

导线是根据飞线指示的焊点间的连接关系而布置的具有电气连接意义的物理连接线路,是印制电路板中实现电路连接最重要的部分。

(4) 封装。

● 概念。

元件的封装是在印制电路板上根据安装元器件在印制板上的投影留出的位置,用于保证元器件的管脚和印制电路板的焊点一致以便于元器件的焊接。

● 分类。

元件封装基本上可以分为两类:针脚式和表贴式。

针脚式封装:此类元件在使用时要将管脚插入焊盘的导孔,然后在另一面进行焊接。

表贴式封装:此类元件的引脚是一个平面的焊盘,元件封装的焊点只限于表面板层。

● 元器件封装的编号。

一般是:元件类型+焊点距离(焊点数)+元件外形尺寸。如:DIP-16表示双排插式的元件封装,两排各为8个引脚;AXIAL-0.4表示轴状类元件封装(如电阻),引脚间距为400mil;RB.2/.4表示极性电容性元件封装,引脚间距为200 mil,零件直径为400 mil。

● 常用元件的封装。

电阻:有针脚式和贴片式两种,如图1-2-30所示。印制板电阻常用的针脚式管脚封装为AXIAL系列。

(a) 针脚式　　(b) 表贴式

图1-2-30　电阻常用的封装形式

电容:常用的管脚封装为RAD(扁平包装)和RB(筒状包装)系列,如图1-2-31所示。RAD系列从RAD-0.1到RAD-0.4,RB系列从RB5-10.5到RB7.6-15。RAD后面的数值表示两个焊点间的距离,如RAD-0.2表示两焊点间距离为0.2英寸,RB5-10.5表示两焊点间距为5 mm,而圆筒的外径为10.5 mm。后缀数值越大表示形状越大,相应的电容容量也越大。

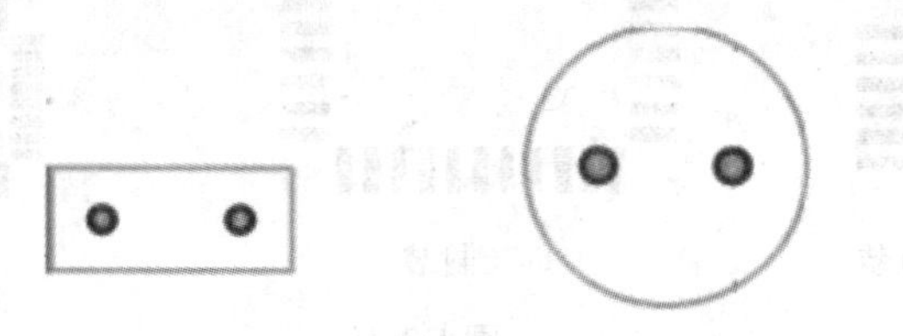

图1-2-31　电容常用的封装形式

二极管:二极管常用封装为DIODE系列,主要有DIODE-0.4和DIODE-0.7,如图1-2-32所示。

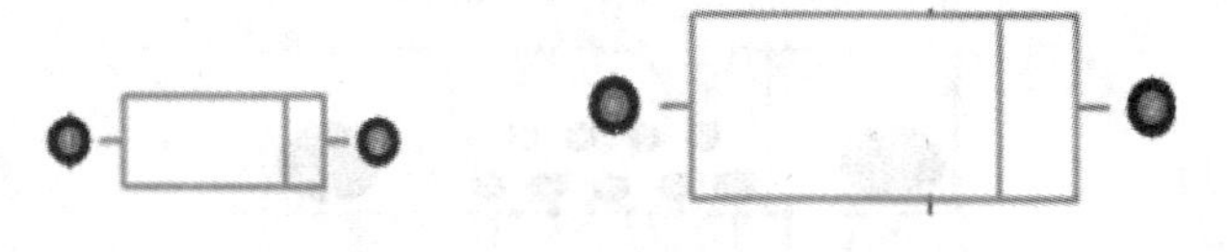

图1-2-32　二极管常用封装形式

三极管:三极管常用封装有BCY-W3系列及CAN-3系列,对于功率较大的三极管可用SFM-T3系列封装,如图1-2-33所示。

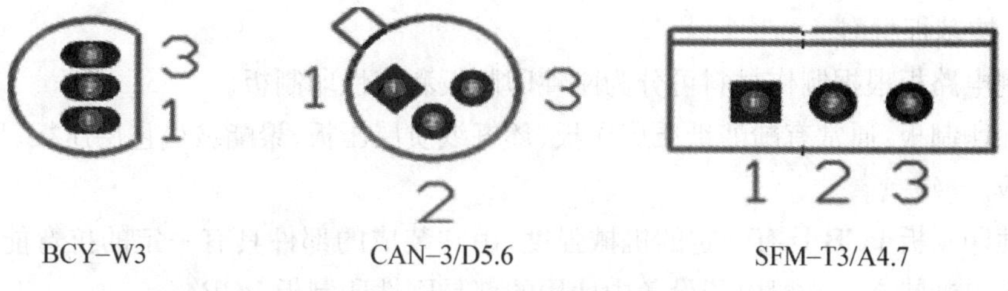

图1-2-33　三极管常用封装形式

集成电路:集成电路的封装分为针脚式和表面粘着式。

针脚式封装有双列直插封装(Dual In-line Package,简称 DIP)、球栅阵列封装(PGA)等,如图 1-2-34 所示。

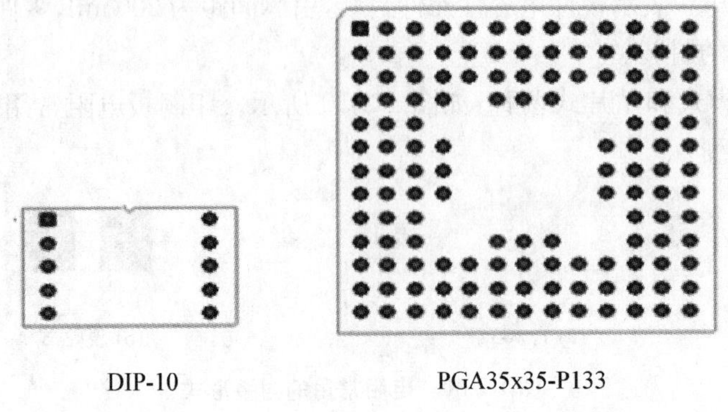

图 1-2-34

表面粘贴式包括:SOP 封装、QCC 封装、QFP 封装等,如图 1-2-35 所示。

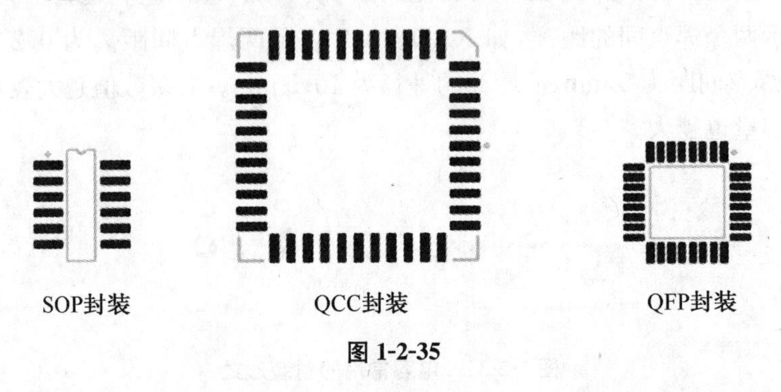

图 1-2-35

接插件封装:Protel DXP 接插件元件封装库提供了多种封装形式,如图 1-2-36 所示。

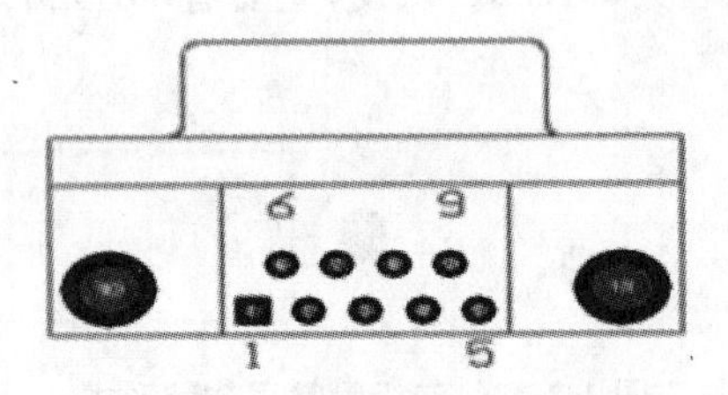

图 1-2-36　接插件封装示例

2. 印制电路板的种类

(1) 按基板材料。

印制电路板根据制作材料可分为刚性印制板和挠性印制板。

刚性印制板:通常有酚醛纸质层压板、环氧纸质层压板、聚酯玻璃毡层压板、环氧玻璃布层压板。

刚性印制板 PCB 具有一定的机械强度,用它装成的部件具有一定的抗弯能力,在使用时处于平展状态。一般电子设备中使用的都是刚性印制板 PCB。

挠性印制板：聚酯薄膜、聚酰亚胺薄膜、氟化乙丙烯(FEP)薄膜。

挠性印制板又称软性印刷电路板即 FPC，是以聚酰亚胺或聚酯薄膜为基材制成的一种具有高可靠性和较高曲挠性的印刷电路板。该类电路板散热性好，既可弯曲、折叠、卷绕，又可在三维空间随意移动和伸缩。用 FPC 可缩小体积，实现轻量化、小型化、薄型化，从而实现元件装置和导线连接一体化。

(2) 按 PCB 板层划分。

按板层通常分为：单面板、双面板和多层板。

单面板——绝缘基板上仅一面具有导电图形的印制电路板 PCB。它通常采用层压纸板和玻璃布板加工制成。单面板的导电图形比较简单，大多采用丝网漏印法制成。

双面板——绝缘基板的两面都有导电图形的印制电路板 PCB。它通常采用环氧纸板和玻璃布板加工制成。由于两面都有导电图形，所以一般采用金属化孔使两面的导电图形连接起来。双面板一般采用丝印法或感光法制成。

多层板——有三层或三层以上导电图形的印制电路板 PCB。多层板内层导电图形与绝缘粘结片叠合压制而成，外层为敷箔板，经压制成为一个整体。为了将夹在绝缘基板中间的印制导线引出，多层板上安装元件的孔需经金属化孔处理，使之与夹在绝缘基板中的印制导线连接。其导电图形的制作以感光法为主。

3. PCB 板的基本组件

(1) 焊盘。

焊盘的作用是放置焊锡，连接导线和元件引脚，它有圆形、方形等多种形状。选择元件的焊盘类型要综合考虑该元件的形状、大小、布置形式、振动和受热情况、受力方向等因素。

焊盘与元器件一样，可分为针脚式及表面贴片式两大类，其中针脚式焊盘必须钻孔，而表面贴片式焊盘无须钻孔。图 1-2-37 所示为焊盘示意图。

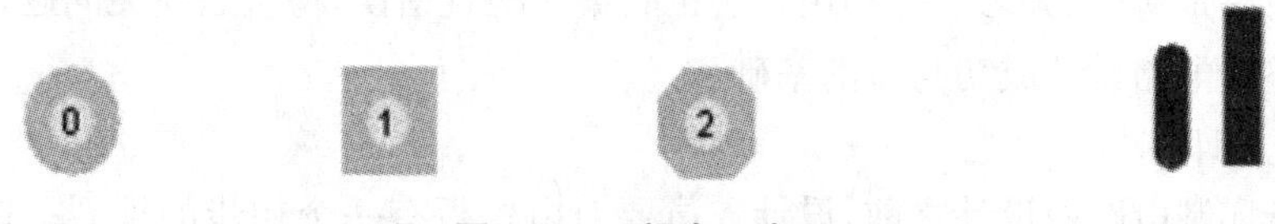

图 1-2-37　焊盘示意图

(2) 铜膜导线。

铜膜导线也称铜膜走线，简称导线，与原理图中的导线(Wire)相对应，用于连接各个元件的焊盘，完成电气连接，是有宽度、有位置方向(起点和终点)和有形状(直线或弧线)的线条。铜膜导线是印制电路板最重要的部分，印制电路板的设计就是围绕如何布线来进行的。

(3) 过孔。

为连通各层之间的线路，在各层需要连通的导线的交汇处钻上一个公共孔，这就是过孔。过孔有三种，即从顶层贯通到底层的穿透式过孔、从顶层通到内层或从内层通到底层的盲过孔以及内层间的隐藏过孔。

过孔从上面看上去有两个尺寸，即通孔直径（Hole Size）和过孔直径（Diameter），如图1-2-38所示。通孔和过孔之间的孔壁由与导线相同的材料构成，用于连接不同层的导线。

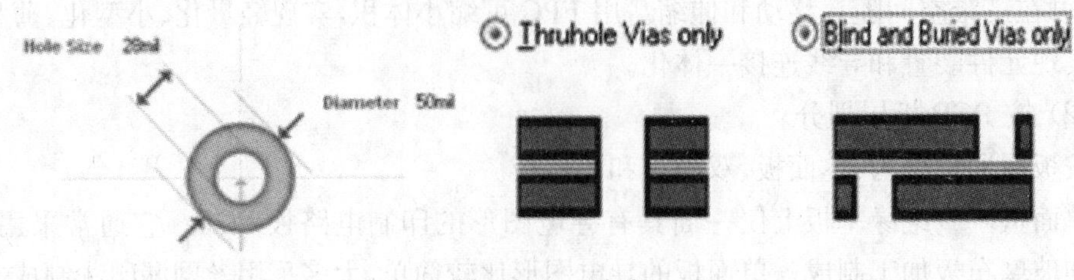

图 1-2-38 过孔

（4）板层。

印制线路板可以由许多层面构成。板层分为敷铜层和非敷铜层。敷铜层一般包括顶层、底层、中间层、电源层和地线层等。非敷铜层包括印记层（又称丝网层、丝印层）、机械层、禁止布线层、阻焊层及助焊层、钻孔层等。

一般在敷铜层上放置焊盘、铜膜导线等完成电气连接。在非敷铜层上放置元器件描述字符或注释图形等；还有一些层面（如禁止布线层）用来放置一些特殊的图形来完成一些特殊的功能或指导生产。

平常所说的几层板是指敷铜层的层面数。如单面板是指只有顶层或底层的电路板；而双面板是指包括顶层和底层的电路板；多层板是指除了含顶层和底层外，中间至少还有一层中间层或电源层的电路板。

4. 印制电路板设计的基本流程

（1）绘制电路原理图。

绘制电路原理图是进行印制电路板设计的前期工作。电路原理图设计完成后应确认元器件的封装是所需的形式，并利用系统工具编译检查错误，检查后应无问题。一张好的原理图是整个电路设计成功与否的基础。

（2）规划印制板。

在进行印制电路板设计之前，设计人员要对电路板有一个初步的规划。这个规划主要包括电路板的物理尺寸、各元器件的封装形式及安装位置、采用几层的电路板等等。这是一项极其重要的工作，是确定印制电路板设计的框架，是决定最终电路板设计成败关键因素之一。

（3）印制板参数设置。

参数设置包括元件的布置参数、板层参数、布线参数等。一般说来，有些参数可用默认参数，有些参数设置后几乎无需修改。

（4）载入元器件封装库及网络表。

网络表是电路板自动布线的灵魂，是电路原理图设计系统与印制电路板设计系统的接口。因此，加载网络表是一个非常重要的环节，只有正确加载网络表，才能保证电路板布线的顺利进行。

(5) 元件布局。

Protel DXP 有自动布局功能和手动布局功能。当电路图加载网络表后，各元件封装也相应载入，并堆叠在一起，利用系统的自动布局功能可以将元件自动布置在电路板内。但自动布局的结果，绝大部分不会使我们满意，需要我们手工加以调整，直到满意为止。

(6) 自动布线。

Protel DXP 采用了 Altium 公司最先进的 Situs 布线技术，只要合理设置有关参数和布局元件，自动布线的成功率几乎是 100%。

自动布线结束后，还会存在许多令人不满意之处，需要手动加以调整。

(7) 设计规则检查(DRC)。

电路板布线完成后，还需要进行 DRC 检查，对存在问题进行分析、修改。

(8) 保存及输出电路板。

电路板设计完成后，保存完成的 PCB 文档。

5. 印制板的制作

(1) 加工方法。

制造印制线路板最初的一道基本工序是将底图或照相底片上的图形转印到敷铜箔层压板上。最简单的一种方法是印制——蚀刻法，或称为铜箔腐蚀法。即用防护性抗蚀材料在敷铜箔层压板上形成正性的图形，那些没有被抗蚀材料防护起来的不需要的铜箔随后经化学蚀刻而被去掉，蚀刻后将抗蚀层除去，就留下由铜箔构成的所需的图形。目前已基本定型的工艺如下：

- 减成法工艺。即通过有选择性地除去不需要的铜箔部分来获得导电图形的方法。
- 加成法工艺。即在未敷铜箔的层压板基材上，有选择性地淀积导电金属而形成导电图形的方法。

一般印制板的制作要经过 EDA 辅助设计、照相底版制作、图像转移、化学镀、电镀、蚀刻和机械加工等过程。

(2) 工艺过程。

- 单面印制电路板工艺流程：

下料—丝网漏印—腐蚀—去除印料—孔加工—丝印标记—涂阻焊剂—成品。

- 多层印制电路板工艺流程：

内层材料处理—定位孔加工—表面清洁处理—印制内层铜膜走线及图形—腐蚀—层压前处理—内外层材料层压—孔加工—孔金属化—制外层图形—镀耐腐蚀可焊金属—去除感光胶—腐蚀插头镀金—外形加工—热熔—丝印标记—涂阻焊剂—成品。

(3) 新工艺动向。

在当前的印制电路制造技术中，采用干膜光致抗蚀剂(简称干膜)或液态光致抗蚀剂(简称湿膜)工艺，都离不开照相底片。从 20 世纪 80 年代开始，在 PCB 制造技术中实现了以光绘机或激光光绘机替代传统的绘图/照相工艺。这一革命性变革简化了烦琐的 PCB 黑白原稿制作技术，提高了 PCB 制作质量，缩短了制造周期，因而深受 PCB 业界的广泛欢迎。但是，在计算机/光绘机对照相制版软件进行光扫描之后，仍然需要银盐基的照相制版软件(SO 或 CR 制版软件);在从照相制版软件片到光成像(精密曝光机曝光)这一工艺过程中仍然存在着对 PCB 制造精度的破坏性因素。

新的工艺过程有以下几个动向:

● 电子工程 CAD。

目前,PCB 业界已广泛使用 CAD/激光光绘系统,即在计算机上利用商品化的电子 CAD/CAM 软件来辅助设计、辅助生产 PCB。由原始的手工贴图到计算机绘图,又由计算机自动布线到带有智能性的模拟仿真自动布线。所谓"光绘图",是光绘机向高精度和高速度发展,采用激光绘图系统作业,以色列 Orbotech 公司的光绘系统是其中的代表。过去需十多个小时绘成的照相底片,现在只要 10 min 左右即可完成,而且精度可高达 0.003 mm。在新的电子 CAD 中,光绘机或者激光光绘机已被喷绘系统所取代。

● 喷绘系统。

a) 喷绘系统是指 CAD 驱动一个喷绘装置(该装置上有一个非常精密的压电喷头)向已预涂了感光抗蚀材料的覆铜箔板上喷绘我们所需要的印制图形。它的分辨率可高达 1 000～2 000 dpi 或以上,所喷绘的图形精度高,图形边缘陡直、挺括。这也叫作计算机直接制板技术。

在丝网印刷业界,已有瑞士 Luschev 公司等多家公司的计算机直接制板系统投入实际应用。从喷绘系统的精密压电喷头中所喷出的涂料,有的是热蜡,有的是特制的涂料(油墨)。就 PCB 制造技术而言,我们只是要求喷绘出的涂料能有效地覆盖上要求遮蔽的感光抗蚀材料即可。故从生产成本考虑,并不希望 PCB 计算机直接制板系统选择昂贵的喷绘涂料。

b) 因为涂料直接覆盖在感光抗蚀材料上,所以,其曝光时无需使用抽真空夹具,只要选择适宜的曝光光源即可。PCB 工作者也不用担心这种曝光过程可能会产生侧射、衍射等弊端。

6. 印制电路板设计的基本原则

(1) 布局原则。

一个好的布局,首先要满足电路的设计性能,其次要满足安装空间的限制,在没有尺寸限制时,要使布局尽量紧凑,尽量减小 PCB 设计的尺寸,减少生产成本。

为了设计出质量好、造价低、加工周期短的印制板,印制板布局应遵循下列的一般原则:

● 元件排列的一般性原则。

a) 为便于自动焊接,每边要留出 3.5 mm 的传送边。如不够,可考虑加工工艺传送边。

b) 在通常情况下,所有的元器件均应布置在印制板的顶层上。当顶层元件过密时,可考虑将一些高度有限并且发热量小的器件,如电阻、贴片电容等放在底层。

c) 元器件在整个面板上应紧凑的分布,尽量缩短元件间的布线长度。

d) 将可调元件布置在易调节的位置。

e) 某些元器件或导线之间可能存在较高的电位差,应加大它们之间的距离,以免放电击穿引起意外短路。

f) 带高压的元器件应尽量布置在调试时手不易触及的地方。

g）在保证电气性能的前提下，元器件在整个板面上应均匀、整齐排列、疏密一致，以求美观。

● 元件排列其他原则。

a）按照信号的流向排放电路各个功能单元的位置。

b）元件的布局应便于信号流通，使信号尽可能保持一致的方向。

（2）布线原则。

布线和布局是密切相关的两项工作，布局的好坏直接影响着布线的布通率。布线受布局、板层、电路结构和电性能要求等多种因素影响，布线结果又直接影响电路板性能。进行布线时只有综合考虑各种因素，才能设计出高质量的印制电路板。

● 印制电路板布线的一般原则。

a）输入和输出线应尽量避免相邻平行，不能避免时，应加大二者间距或在二者中间添加地线，以免发生反馈耦合。

b）同方向信号线应尽量减小平行走线距离。

c）印制电路板相邻两个信号层的导线应互相垂直、斜交或弯曲走线，应避免平行，以减少发生耦合。

d）印制导线的宽度尽量一致，有利于阻抗匹配。

e）印制导线的拐弯一般选择45度斜角，或采用圆弧拐角。直角和锐角在高频电路和布线密度高的情况下会影响电气性能。

f）印制导线的最小宽度主要由导线与绝缘基板间的粘附强度和流过它们的电流值决定。

g）印制导线的间距主要由最坏情况下的线间绝缘电阻和击穿电压决定。导线越短，间距越大，绝缘电阻就越大。

h）信号线高、低电平悬殊时，还要加大导线的间距；在布线密度比较低时，可加粗导线，信号线的间距也可适当加大。

i）印制导线如果需要进行屏蔽，在要求不高时，可采用印制屏蔽线，即包地处理。

● 印制电路板布线的其他原则。

a）电源、地线的布设。

即使电路板布线完成得很好，但由于电源、地线考虑不周，也会使产品性能下降，甚至不能使用。所以对电源、地线的布设应认真对待。

尽量加宽电源和地线，而且最好地线宽度大于电源宽度。电源、地线宽度应为1.2～2.5 mm以上。

在印制电路板上应尽可能多地保留铜箔做地线，这样传输特性和屏蔽作用将得到改善，并且起到减少分布电容的作用。

b）数字电路和模拟电路的布线。

现在很多电路板都是由数字电路和模拟电路混合构成的，因此在布线时需要考虑二者之间的相互干扰问题。

模拟电路与数字电路的电源地应分开排布，在电源入口处单点汇集，这样可以减少模拟电路与数字电路之间的相互影响与干扰。

☆知识链接 2:PCB 编辑器介绍☆

1. PCB 板设计界面

PCB 的设计是在 PCB 编辑器中完成,其设计界面如图 1-2-39 所示,该窗口主要由标题栏、菜单栏、工具栏、导航栏、PCB 编辑器区和面板标签组成。

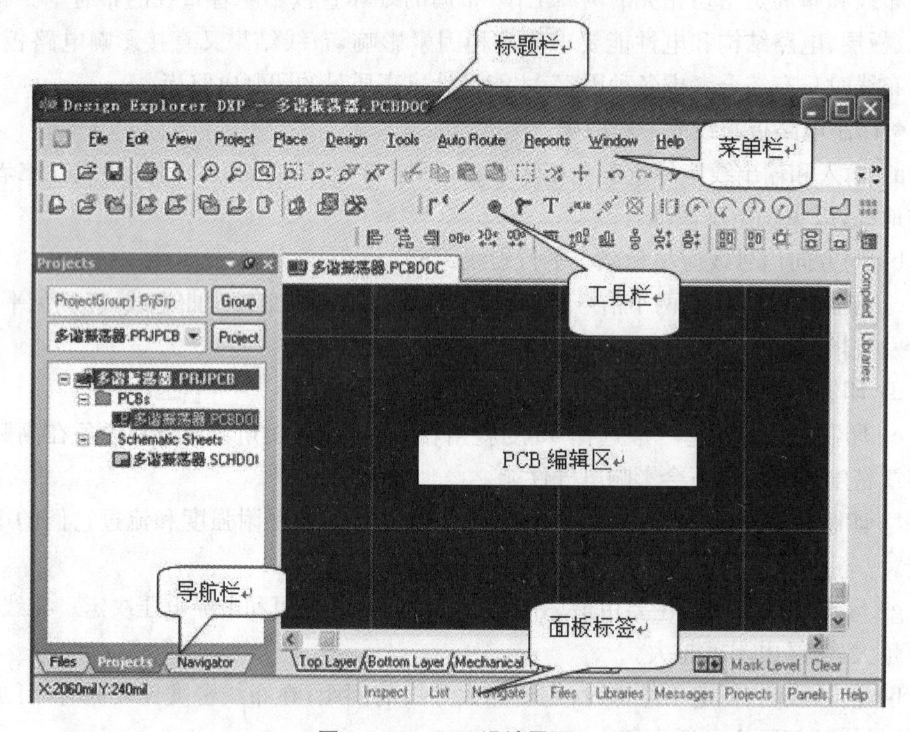

图 1-2-39 PCB 设计界面

(1) 主菜单。

PCB 编辑器的下拉菜单如图 1-2-40 所示,涵盖了 PCB 设计系统的全部功能,包括文档操作、编辑、界面缩放、项目管理、放置工具、设计参数设置、规则设置、板层设置、自动布线、报表操作、窗口操作和帮助文件等。

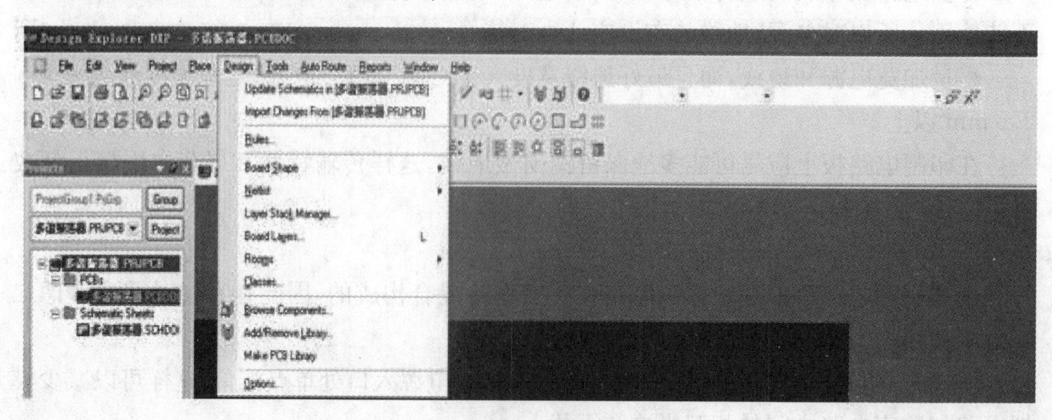

图 1-2-40 主菜单

(2) 工具栏。

主工具栏：如图 1-2-41 所示，提供了图形缩放、对象选取、剪贴操作等命令。

图 1-2-41　主工具栏

放置工具栏：如图 1-2-42 所示，该工具栏提供了绘制图形及布线命令。

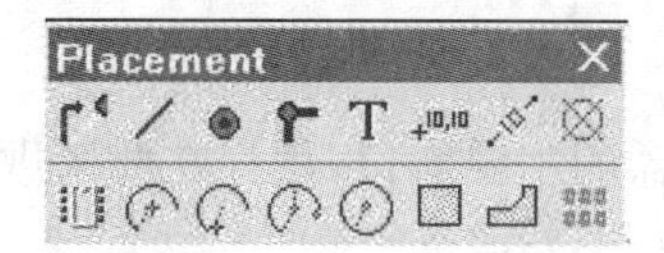

图 1-2-42　放置工具栏

元件位置调整工具栏：如图 1-2-43 所示，该工具栏元件排列及对齐命令。

图 1-2-43　元件位置调整工具栏

Protel DXP 还提供了查找选择工具栏、尺寸标注工具栏、信号完整性分析工具栏。

工具栏打开方法：【View】/【Toolbars】，在该菜单下用鼠标单击要选择的工具栏，前面的标记为"√"表示工具栏已打开，如图 1-2-44 所示。

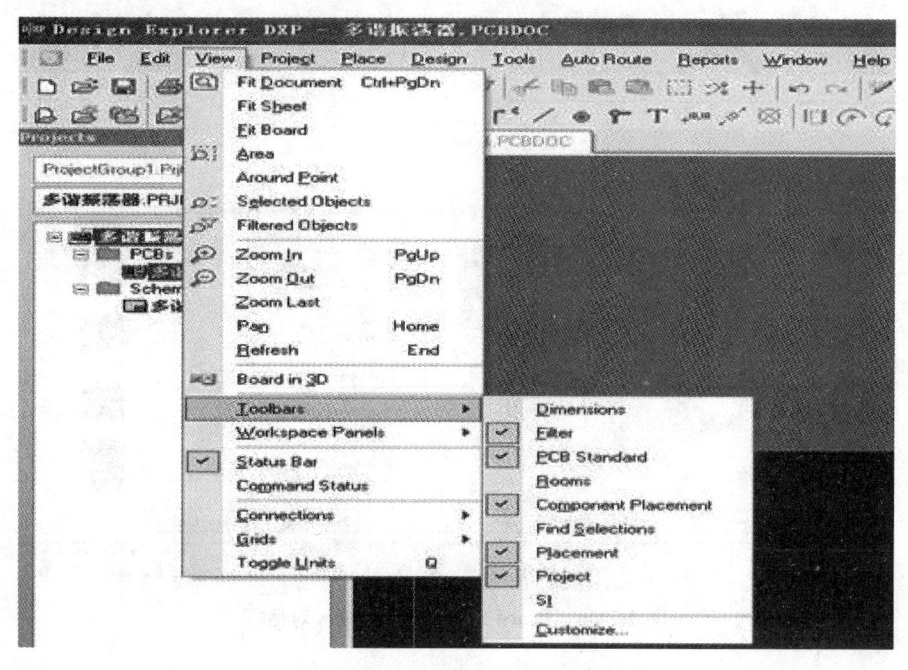

图 1-2-44　工具栏打开路径

(3) 面板标签。

PCB 编辑器的面板标签如图 1-2-45 所示，其中常见的工作面板有：Projects（项目管理）、Files（文件操作）、Navigate（导航）、Libraries（元件封装库）等，可以通过单击状态栏中选项卡来切换工作面板的显示。

图 1-2-45　PCB 面板标签

(4) PCB 编辑区。

PCB 编辑区是 PCB 编辑器的主要窗口，用户在此区进行 PCB 图的绘制。

2. PCB 图纸的设置

(1) 工作层面设置。

Protel DXP 为多层印制电路板设计提供了多种不同类型的工作层面，包括 32 个信号层，16 个内层电源/接地层，16 个机械层和 10 个辅助图层。

PCB 编辑器是一个多层环境，而大多数编辑工作都将在一个特殊层上，在 PCB 工作区，工作层以标签形式放在工作区的底部。使用工作层设置“Board Layers”对话框（菜单【Design】/【Board Layers ...】）来显示和设置工作层的颜色，如图 1-2-46 所示。如果设计更复杂些，可以在板层管理器“Layer Stack Manager”（菜单【Design】/【Layer Stack Manager】）中添加更多的板层，当然也可以删除板层，如图 1-2-47 所示。

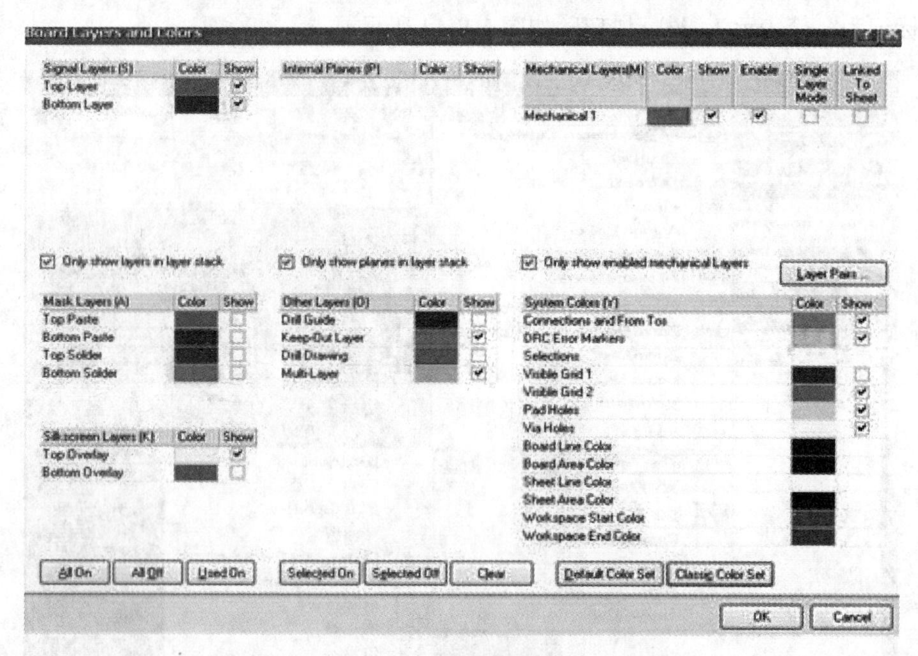

图 1-2-46　Board Layers and Colors 对话框

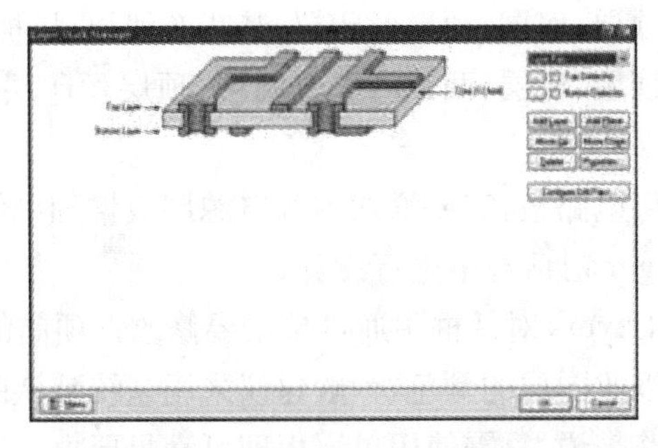

图 1-2-47　Layer Stack Manager 对话框

在 PCB 编辑器中有三种类型的层，共 74 层：

● 电气层(48 层)——包括 32 个信号层【Signal Layers】和 16 个内部平面层【Internal Planes】。

信号层用于放置铜膜走线，其中顶层（Top Layer）和底层（Bottom）可以放置元件和铜膜导线。

内平面层主要用于放置电源或地线的铜膜走线，通常是一块完整的铜箔。

● 机械层(Mechanical)。

有 16 个用途的机械层，用来定义板轮廓、放置厚度，包括制造说明或其他设计需要的机械说明。这些层在打印和底片文件的产生时都是可选择的。在 Board Layers 对话框你可以添加、移除和命名机械层。

● 特殊层。

包括顶层和底层丝印层、阻焊和助焊层、钻孔层、禁止布线层、多层、连接层、DRC 错误层、栅格层和孔层等。在 Board Layers 对话框中控制这些层的显示。

【Keep-Out Layer】：禁止布线层 1 层，用于定义印制板的电气边界。自动布线时必须在禁布层画出一个区域，否则系统不能确定布线的范围，如图 7.10 所示紫色亮线区域。

【Multi-Layer】：复合层 1 层，包括焊盘和过孔这些在每一层都可见的电气符号放置在这一层。

【Top (or Bottom) Overlay】：丝印层 2 层为方便电路的安装和维修，在印制板的上下两表面印上所需要的标志图案和文字代号等，例如：元件标号和参数、元件轮廓形状和厂家标志、生产日期等，这被称为丝印层(Silkscreen Overlay)。

【Mask Layers】：Protel DXP 提供的阻焊层和助焊层（Top Paste）、底层助焊层（Bottom Paste）、顶层阻焊层（Top Solder）、底层阻焊层（Bottom Solder）。

(2) 工作层的设置。

板层的概念是指电路板所含导电图层的多少。而电路板的工作层中，只有信号层和内部平面层属于导电图层。

在实际的 PCB 设计中，不可能用到所有图层，用户需要自己进行工作层的设置。工作层的设置通常是由 Board Layers 对话框和 Layer Stack Manager 对话框结合来完成的。一般情况下：

单面板设计应打开底层、顶层丝印层、禁止布线层、机械 1 层。

双面板设计应打开顶层、底层、顶层丝印层、禁止布线层、机械 1 层和复合层。

四层板设计应打开顶层、底层、两个内部电源层、顶层丝印层、禁止布线层、机械 1 层和复合层。

用户要手工规划多层电路板，需要增加内部电源层或增加中间信号层，而这项工作需要在 Layer Stack Manager 对话框中进行设置。

用户可以在 Board Layers 对话框中通过单击要修改选项前的复选框，来打开或关闭实际存在的图层。也可以改图层的颜色，一般建议采用系统默认的颜色。

而对于多谐振荡电路来说，只需使用单层板即可满足要求。这里将顶层关闭，其他保留系统默认设置。

(3) 图纸的栅格及测量单位设置。

执行菜单命令【Design】/【Options】，系统将会出现如图 1-2-48 所示的 Board Options 对话框。

在 Board Options 对话框中，有以下几种选项：

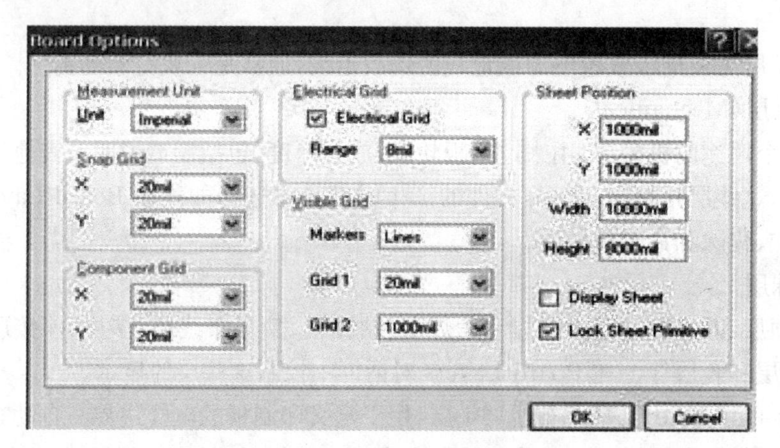

图 1-2-48　Board Options 对话框

- Measurement Units：设置度量单位。系统度量单位有英制（Imperial）和公制（Metric），默认单位是英制。
- Snap Grid：设置捕捉栅格。用来控制光标移动的最小距离，包括 X 和 Y 两个方向的移动栅格设置。
- Component Grid：设置元件移动的间距。包括 X 和 Y 两个方向的移动栅格设置。
- Electrical Grid：设置电气栅格属性。其意义与电路原理图电气栅格相同。选中 Electrical Grid 前的复选框，表示具有自动捕捉焊盘的功能。
- Visible Grid：设置可视栅格的类型和栅距。系统提供了两种栅格类型，即 Lines（线状）和 Dots（点状），可以在 Marks 列表中选择；在 Grid1、Grid2 设置两组可视栅格的大小。
- Sheet Position：设置图纸。该选项用于设置图纸的大小和位置，如果选中 Display Sheet 复选框，则显示图纸，否则只显示 PCB 部分。

对于多谐振荡电路来说，为绘制电路板边框，我们先选择公制单位，可视格点间距选为 1 mm/10 mm，捕捉栅格 X 和 Y 均设为 1mm。其他暂保留系统默认设置。

☆知识链接 3：PCB 编辑器常见的编辑操作☆

1．PCB 基本绘图操作

Placement（放置）工具栏提供的工具主要用于绘制 PCB 中的各种图素，除了使用该工具栏以外，在系统的菜单栏中也有相应的菜单命令，其为 Place 的下拉菜单。

（1）画线命令（Place Line）。

执行菜单命令【Place】/【Place Line】或者放置工具栏图标 ⁄ ，启动画线命令后光标变成十字形，将光标移到所需绘制导线的起始位置，单击鼠标左键确定导线的起点，遇到转折的位置，单击鼠标左键，完成导线的绘制后单击鼠标右键或按键盘的"Esc"键，即可完成一段导线的绘制。重复以上步骤可以绘制多条导线，若要退出画线命令，单击鼠标右键或按键盘的"Esc"键，即可退出画线命令。

由于使用画线命令绘制的导线不具有电气特性，在使用中通常用来绘制印制板的物理边界及电气边界，而有电气特性的导线通常都使用布线（Interactively Routing）命令。其绘制方法同画线命令。

在导线绘制中按下键盘的"Shift"+"Space"组合键，可实现任意角度的走线。
在导线绘制中按下小键盘的"+"或"-"键，可实现不同布线层的快速切换。

（2）放置焊盘（Place Pad）。

执行菜单命令【Place】/【Pad】或者放置工具栏图标 。

放置时，按下 Tab 键，弹出"设置焊盘属性"对话框，如图 1-2-49 所示。

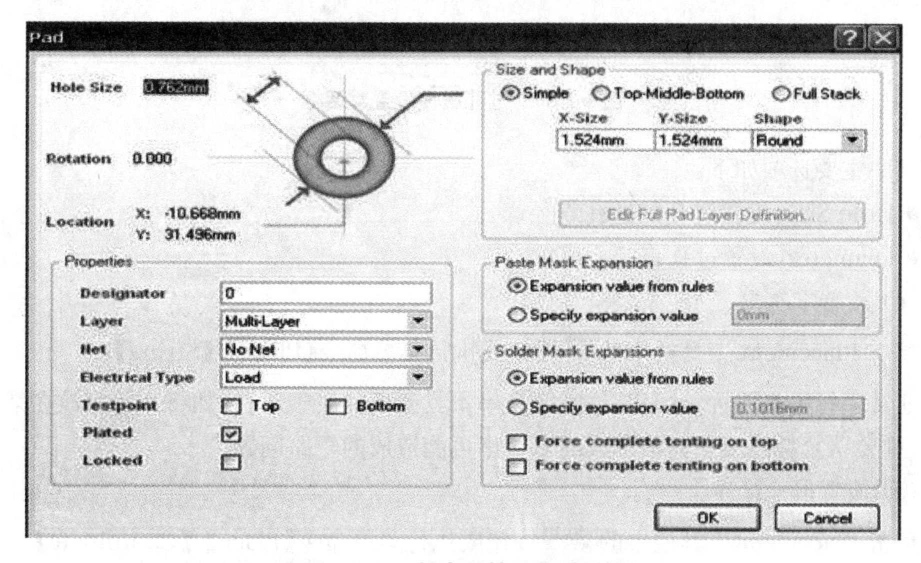

图 1-2-49　焊盘属性设置对话框

其中主要选项如下：

- Hole Size：设置焊盘通孔直径。
- Size and Shape：设置焊盘的大小和形状，形状包括 Round（圆形）、Rectangle（矩形）和 Octagonal（八角形）。
- Properties 选项组
- Designator：设置焊盘序号。
- Layer：设置焊盘所在层面。
- Net：设置焊盘所属网络。

（3）放置过孔（Place Via）。

单击 Placement 工具栏中的按钮或执行菜单命令【Place】/【Via】。

放置时，按下 Tab 键，弹出“设置过孔属性”对话框，如图 1-2-50 所示。

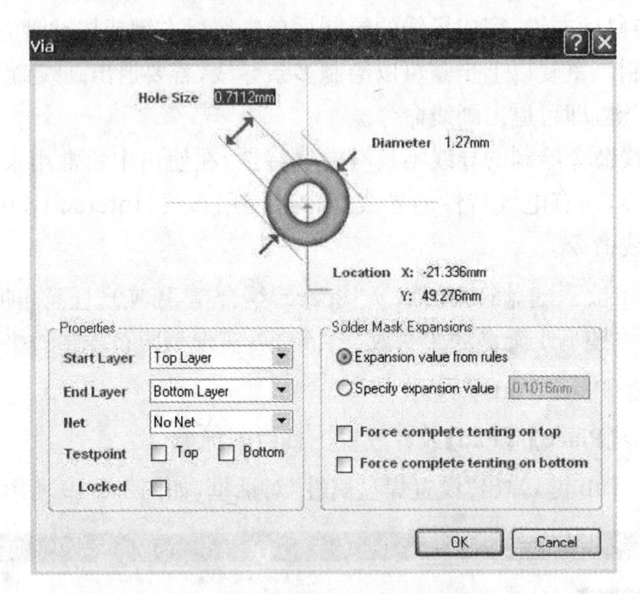

图 1-2-50 过孔属性设置对话框

其中主要选项如下：

- Hole Size：设置过孔的通孔直径。
- Diameter：设置过孔直径。

（4）放置字符串。

单击 Placement 工具栏中的 T 按钮或执行菜单命令【Place】/【String】。

通常字符串都放置丝印层，这时字符串不具有任何电气属性，如将字符串放在某个信号层，则要认真考虑由于铜箔形成的字符串可能造成的短路问题。

（5）放置尺寸标注。

单击 Placement 工具栏中的按钮或执行菜单命令【Place】/【Coordinate】。

（6）放置坐标。

单击 Placement 工具栏中的按钮或执行菜单命令【Place】/【Dimension】。

(7) 放置坐标原点。

在印制电路板设计过程中，为便于了解元件放置的具体位置，需要重新设置坐标原点。单击 Placement 工具栏中的按钮或执行菜单命令【Edit】/【Origin】/【Set】。

(8) 绘制圆弧命令。

PCB 编辑器提供了四种绘制圆弧的方法：

中心圆弧法：菜单命令【Place】/【Arc Center】

弧长夹角圆弧法：菜单命令【Place】/【Arc Any Angle】

任意角圆弧法：菜单命令【Place】/【Arc Edge】

整园法：菜单命令【Place】/【Full Circle】。

命令启动后，光标变成十字形状，在选定的位置单击鼠标左键确定中心，单击左键确定半径，单击左键确定起点和终点即可完成绘制。

2. PCB 图件的基本操作

PCB 编辑器为用户提供了丰富的图件编辑功能，包括对图件进行选择、删除、移动以及快速查找等功能。

(1) 图件的选择。

执行菜单命令【Edit】/【Select】，系统会弹出选择方式子菜单，如图 1-2-51 所示，常见的选项有以下几种：

● InsideArea：选取拖动矩形区域内的所有元件。

● OutsideArea：选取拖动矩形区域外的所有元件。

● All：选取所有元件。

● Board：选取电路板中的所有对象。

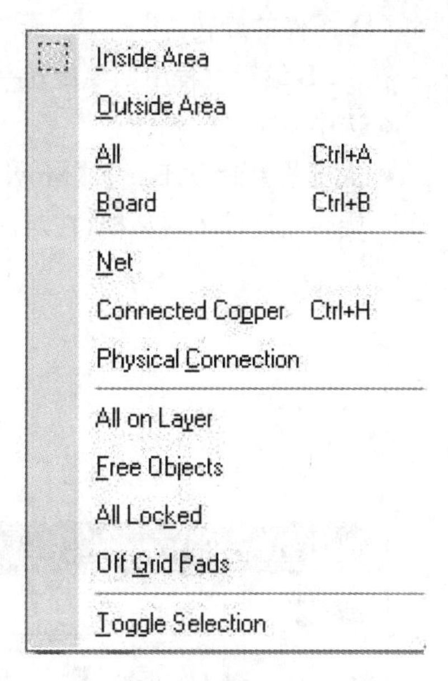

图 1-2-51 选择方式子菜单

(2) 图件的撤销。

直接释放：用鼠标单击 PCB 页面的空白处。

利用菜单命令：执行菜单命令【Edit】/【Deselect】系统会弹出如图 1-2-52 所示的快捷菜单。

(3) 图件的移动。

执行菜单命令【Edit】/【Move】弹出移动命令级联菜单，如图 1-2-53 所示。

常见选项：

● Move：移到单个图件。

● Move Select：移到将选中的多个对象。

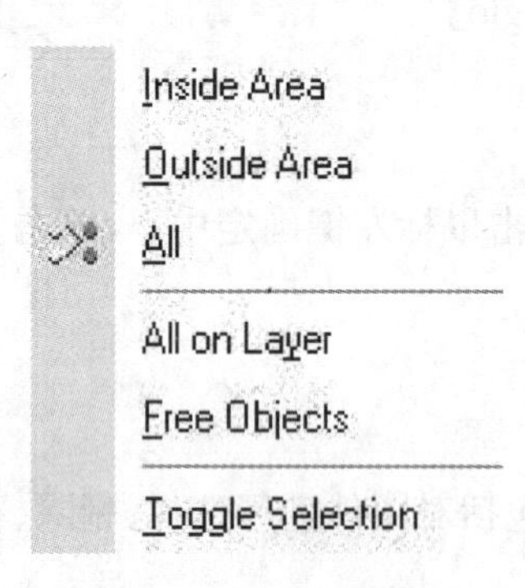

图 1-2-52　删除右键子菜单

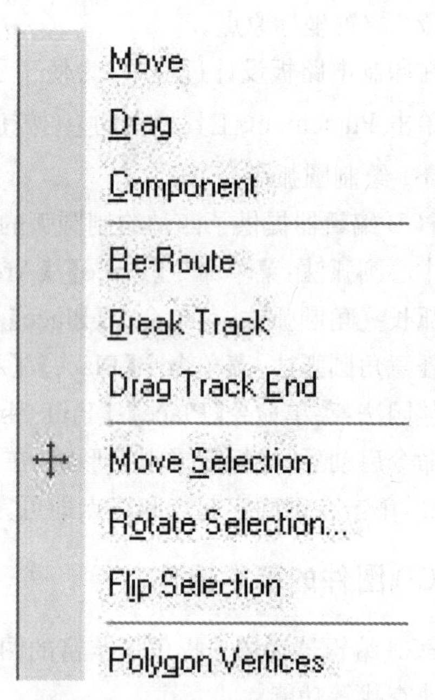

图 1-2-53　Move 级联子菜单

(4) 图件的旋转。

在 PCB 编辑过程中如要旋转一组图件，操作方法为：

- 选中要旋转的图件。
- 执行菜单命令【Edit】/【Move】/【Rotate Selection】，系统会弹出如图 1-2-54 所示的旋转角度输入对话框，在对话框中输入要旋转的角度，但后单击 OK 即可。

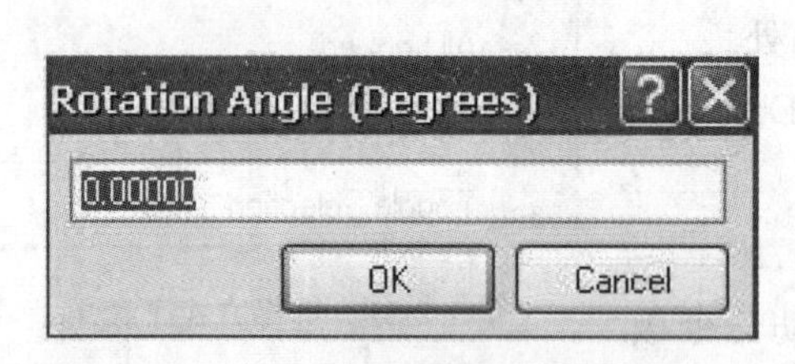

图 1-2-54　旋转角度输入对话框

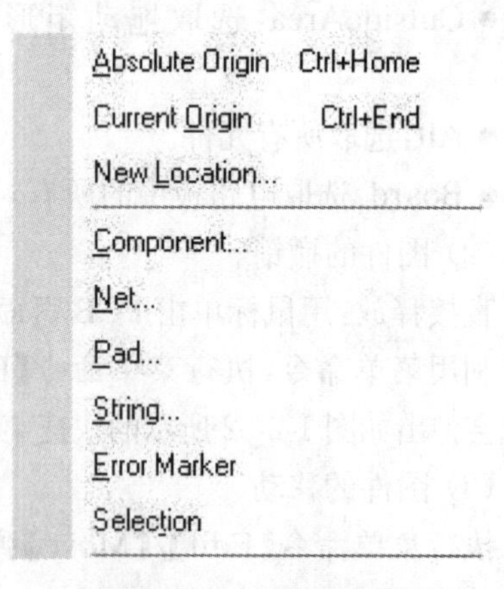

图 1-2-55　跳转子菜单

(5) 图件的快速查找。

在设计过程中，为了快速方便地进行 PCB 的设计，往往需要快速定位某个特定的位置或元件。PCB 编辑器的跳转功能即可实现以上功能。

执行菜单命令【Edit】/【Jump】会弹出跳转子菜单，如图 1-2-55 所示。

常见的选项说明如下：

● Absolute Origin：跳转到系统坐标系的原点。

● Current Origin：跳转到用户设置的当前原点。

● Error Marker：跳转到错误标志处。

● New Location：跳转到指定位置。

此命令会出现如图 1-2-56 所示的对话框，在对话框的坐标输入栏中输入相应的坐标值，点击 OK 即可。

● Component：跳转到指定元件。

执行此命令会出现如图 1-2-57 所示的对话框，在输入栏中输入要跳转到的元件序号，点击 OK 即可。

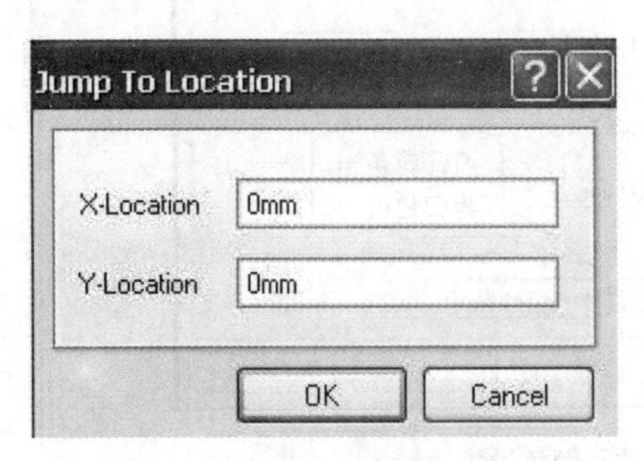

图 1-2-56　跳转位置输入对话框

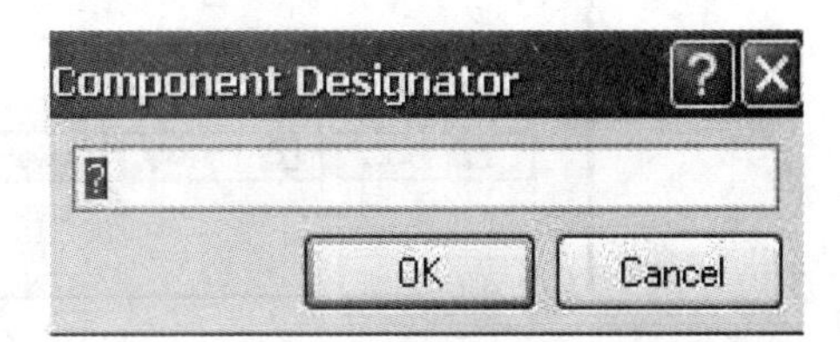

图 1-2-57　元件指定对话框

任务 3——印制电路板的制作

整个电路设计完成 PCB 图的设计后，下一步将要完成印制电路板的制作，考虑到整个电路结构简单，我们采用化学腐蚀法将其制作为单面板。制作完成的印制板如图 1-3-1 所示。

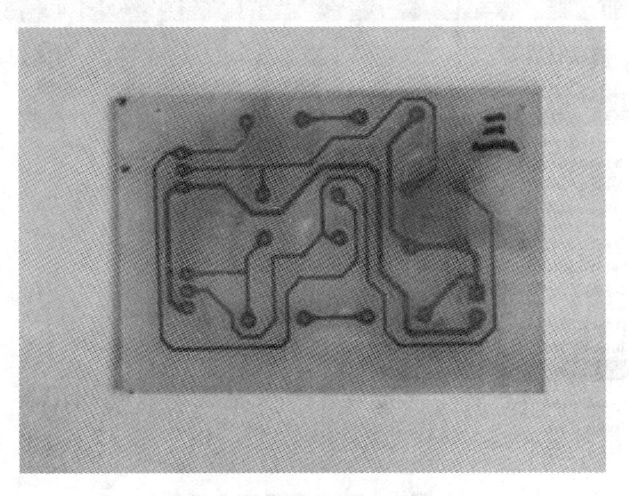

图 1-3-1　制作完成的 PCB 板

1.3.1 打印 PCB 图

在 PCB 编辑器环境下，执行菜单命令【File】/【Page Setup】，在对话框中进行打印尺寸及颜色设置，如图 1-3-2 所示。

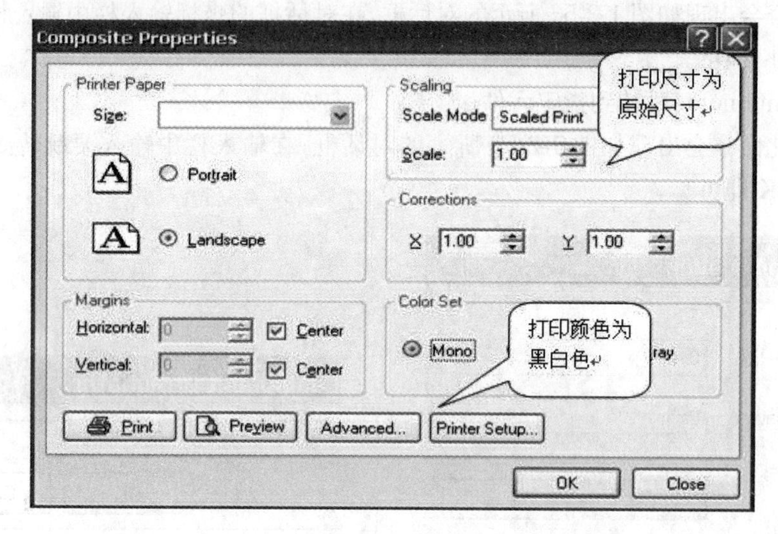

图 1-3-2 打印尺寸及颜色设置

点击图 1-3-2 中的 Advanced... 按钮，打开对话框进行打印层面设置。由于项目中设计的为单层板，只有底层有信号线，因此打印中只选择底层和复合层打印。将其余的层删除，操作方法是：首先选择要删除的层，单击鼠标右键，选择 Delete 即可删除该层，如图 1-3-3 所示。

设置好后的层面设置为如图 1-3-4 所示，效果如图 1-3-5 所示。

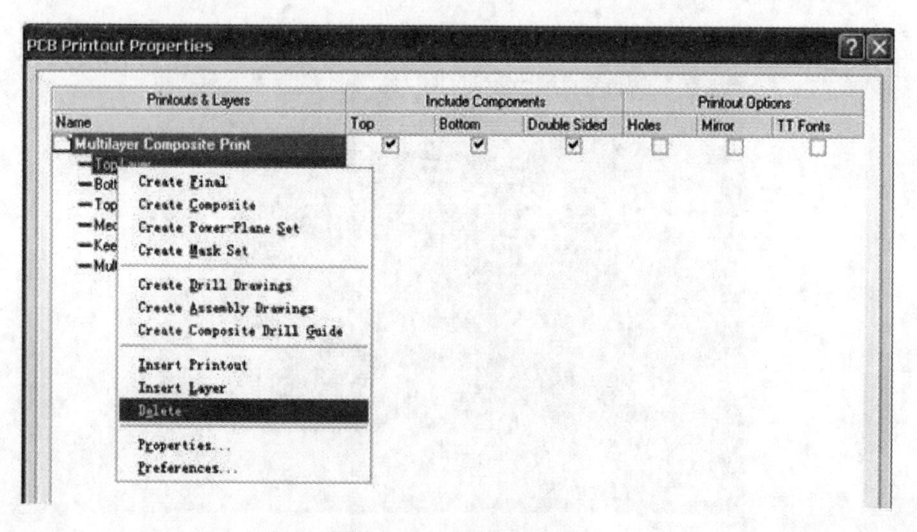

图 1-3-3 打印层面设置

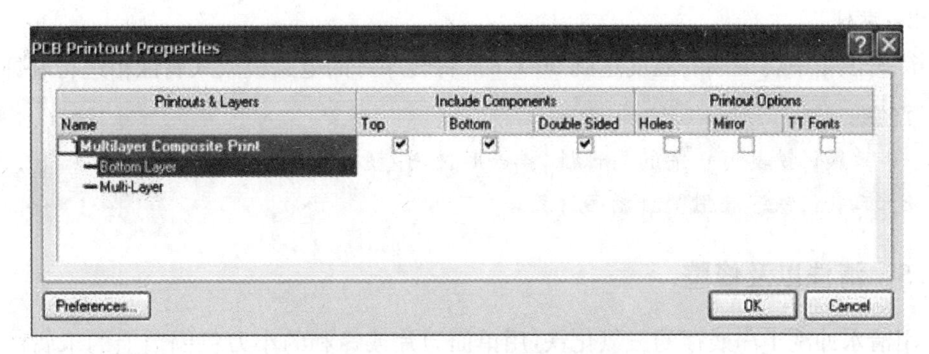

图 1-3-4　设置好的打印层面

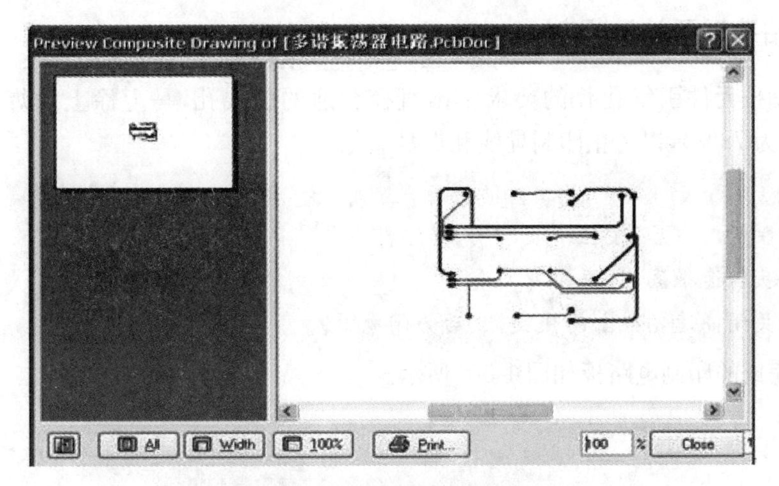

图 1-3-5　打印预览效果图

注意:打印时将图形打印到转印纸的亚光面。

1.3.2　裁板

将空白电路板按照 PCB 图设计的尺寸进行剪裁,项目中裁剪出 6 cm×6 cm 大小的空白电路板。

1.3.3　转印

首先将打印好的图纸有图形的一面正对空白板的覆铜面用透明胶固定好,待转印机的温度达到 150 ℃时,将电路板送入转印机。

1.3.4　腐蚀

1. 准备腐蚀液

项目中采用三氯化铁溶液进行腐蚀。

三氯化铁溶液:三氯化铁占 35%,水占 65%。

配好的三氯化铁溶液倒入腐蚀箱中并进行加热。

2. 腐蚀

待腐蚀箱中腐蚀液的温度达到 90 ℃时，将转印好的电路板放入腐蚀箱进行腐蚀。

注意：

1. 三氯化铁具有一定的腐蚀性，接触时使用塑胶手套。
2. 三氯化铁溶液用塑料制品存放。

1.3.5 清洗以及修整

用清水冲洗干净残存的三氯化铁，用单面刀片或锋利的小刀将铜箔上的未腐蚀部分和有毛刺的地方修整整齐。修整好后用细砂纸打磨。

1.3.6 钻孔以及涂助焊剂

用台钻按元件引线孔径的要求钻出直径合适的引线孔，马上涂上助焊剂（松香为22%，酒精为78%），以防止印制导线和焊盘氧化。

注意：

1. 印制板对准后，按住不放，以免损坏钻头。
2. 钻头转速很高，注意人身安全。
3. 先关闭高速钻机上的快关，然后关闭电源。

制作完成的印制电路板如图 1-3-6 所示。

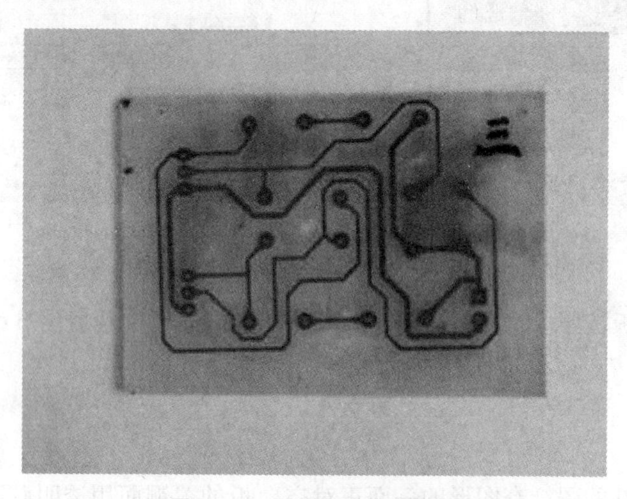

图 1-3-6　制作完成的印制板

☆知识链接1:系统组成及功能☆

1. 构成

电脑、激光打印机、腐蚀箱、转印机、视频高速台钻等。

2. 各部件的功能

电脑:设计PCB图;

激光打印机:将电脑中的PCB图打印在转印纸上;

转印机:将转印纸上的电路板图形转印到敷铜板上;

腐蚀箱:腐蚀(溶解掉)敷铜板上不需要的铜箔;

视频高速台钻:打过孔。

☆知识链接2:各部件使用说明☆

1. 快速转印机

(1) 主要技术指标。

- 电源:220 V±5%、50 Hz(使用接地可靠的电源插座)
- 额定功率:1 000 W
- 整机尺寸:500×350×130 mm^3
- 输入PCB板最大宽度:310 mm
- 输入PCB板最小纵向长度:80 mm
- 输入PCB板厚度范围:0.5～2 mm
- 转印图形最小线宽:0.2mm

(2) 安装。

- 接地指导。

本设备必须可靠接地,在任何情况下,都不能切断或拆除接地线,可避免被电击。本设备所附带的电源插头有接地极,使用时应将其插在可靠接地的插座上。

- 设备安装。

切勿将本设备安置于潮湿、高温、易沾水的地方。勿弄湿电线和插头,不可使电线靠近高温地方。为本设备所配电源插座应符合规格,并接地。不可将此设备安装在室外使用。

(3) 调试。

- 转印机出厂时制板参数SP值与定影系数分别设定为20和150。
- 第一次使用转印机时如果转印效果正常,则转印机不需要调整。
- 若效果不好,在确认铜箔板表面是清洁干净的情况下,可通过面板上"SETA"、

"SETB"、"▲"和"▼"键对转速与定影系数做如下调整：

速度调整：按下 SETB+▲，SP 值增加；按下 SETB+▼，SP 值减低。调节 SP 值大小，可以调节速度的快慢。常用在 SP 为 15～25 之间。速度快慢与敷铜板厚度、大小有关。

定影系数：按下 SETA+▲，定影值增加；按下 SETA+▼，定影值减低。定影系数常设定在 150 左右。定影值的大小与板材有关。

若转印图形质量有问题，在确认铜箔板表面是干净的情况下，可通过按键调整。若揭膜后介质图像呈深红色，则按 SETA+▼将定影系数值降低（或按 SETB+将速度值调小 1 到 2 个数值）。如果介质图像呈白色，且有较多残留物，则按 SETA+▲键将定影系数值调高（或按 SETB+▲将速度值调大）。

参数存储：调整好参数后，同时按下▲、▼键，或 2 秒后自动存储调定值，下次使用时自动调用存储值。

前导轮间隙设置：根据制板用的铜箔板厚度设置前导轮间隙。方法：旋转左前侧摇把，在前导轮张开的状态下将板放入前导轮上下轮之间，然后将摇把向闭合方向缓缓旋转，使刚刚压住板，且板还能在后导轮之间挪动，但不能抽出，保持此时的摇把位置。

后导轮间隙设置：根据铜箔板厚度设置后导轮间隙。方法：旋转左后侧摇把，在后导轮张开的状态下将板放入后导轮之间，然后将摇把向闭合方向缓缓旋转，当刚刚压住板，且此板还能在后导轮之间挪动，但不能抽出，再略向闭合方向旋转压紧一些，保持此时的摇把位置。

注意：一般制板时可不设后导轮间隙，只要将后导轮完全闭合即可。只有在制板要求精度较高，或使用的铜箔板较厚时才需设置间隙。

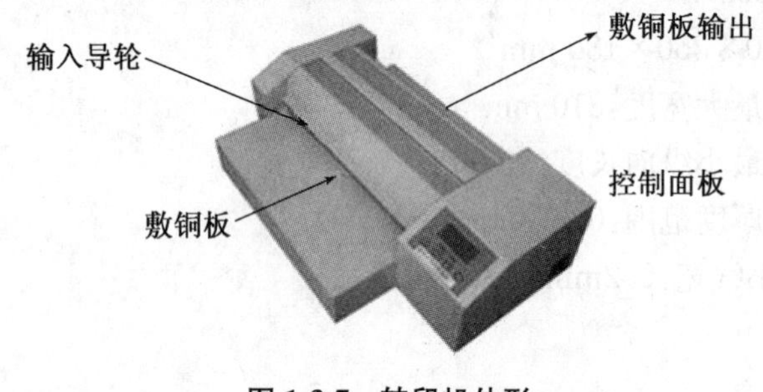

图 1-3-7　转印机外形

(4) 注意事项。

- 转印机内部有高压，非专业人士切勿拆装。请不要将手指、衣襟、头发等贴近转印机导轮，以保证人身安全！
- 使用接地不好的插头和插座会导致被电击。

2．视频高速钻机

(1) 主要技术指标。

- 电源：220 V±5%、50 Hz
- 功率：60 W

- 钻孔孔径：∅0.6～2 mm
- 钻头：标准的PH、RH、RD硬质合金钻头
- 转速：20 000转/分
- 最大印制板厚度：1.5 mm
- 最大加工尺寸：300 mm×500 mm

(2) 安装。

- 连线。

数据线连接，将底座接出的视频线(浅绿色接头)与显示器的video in插座连接，(红色接头)与显示器接出的插头相连。底座接出的黑色电源插头与显示器的DC-12V-IN连接。如上图形式将显示器放在底座上，用两侧的螺钉将显示器与底座固定在一起。完成安装过程。

- 更换钻头。

取出随机配件——圆杆，旋入前面板中部的长孔，然后按动圆杆外端使主轴电机缓缓上推，当该主轴上的弹簧夹头碰到工作台面时，稍加力向上，使弹簧夹头松开，这样就可以从工作台面上将原钻头取出，将新钻头装入。

注意：

除更换钻头外，此杆不能旋装在这个换钻头的部位，更不能用此杆操作打孔。

在换装钻头时要清洁好台面，不能使异物落入钻夹中。钻头必须装到钻夹底部，使电机复位时钻头不露出工作台面。

- 调整中心坐标。

如发现荧光屏中心坐标与钻头中心偏离，需要重新调整。方法：分别松开摄像头的紧固螺丝，调整摄像头的位置和倾角使荧光屏坐标中心与钻头对准。然后再将上述螺丝锁紧。

(3) 调试与操作。

- 开启钻机后侧电源，这时荧光屏点亮。
- 按触钻机右侧中部电键，启动运转。

注意：为减少空转对电机的磨损，当超过十秒不钻孔时，该高速电机会自动停止，要继续钻孔，需重复上一步。

- 将印制电路板放到工作台上，将有印制图形的一面向上，左手用力按住电路板，防止钻孔时，板被顶起而使钻头折断。右手轻按侧边电键，钻头自下而上，将孔钻成。

(4) 注意事项。

- 该机钻头安装在工作台板的下面，工作时由下往上运动钻孔，在放入印制板前，请先检查钻头是否露出工作台平面，若露出会在移动板件时碰断合金钻头。请重新安装钻头。
- 工作前，打开电源后请先检查钻头是否处于荧屏坐标中心，如发现偏离请重新调整。
- 必须在主轴电机停转后再切断钻机电源，否则钻头不能复位。

☆知识链接 3:TPE－FSJ 电路板快速腐蚀机使用说明书☆

图 1-3-8　快速腐蚀箱

1. 概述

“电路板快速腐蚀机”采用恒温、恒压气泡爆炸原理，通过均匀喷射腐蚀方法，在三氯化铁溶液中将敷铜板上已转印的未保护铜箔部分快速腐蚀掉。该机采用了全塑隔离成型机构、全耐腐蚀无磨损部件、石英管双路加热方法及漏电保护装置，具有操作简单、腐蚀面积大、速度快、精度高、使用寿命长、安全可靠等优点。与“印板图形转印机”配套工作十几分钟即可制出专业级线路板。主要适用于大中专院校电子实验室、科研院所、线路板厂、企业新品开发与试制及电子爱好者。

2. 技术参数

- 工作电压:220 V±10%　AC
- 功率:650 W
- 漏电保护动作电流:10 mA
- 腐蚀温度:50±2 ℃
- 腐蚀最大面积:300 mm×250 mm(可同时腐蚀两块或多块小面积线路板)
- 腐蚀最细线条:0.15 mm
- 腐蚀速度:5～10 分钟(视铜箔厚度)
- 体积:$400\times350\times60(\text{mm})^3$
- 重量:4.2 kg

3. 安装与准备

(1) 把两根支脚用自带的螺丝固定在箱底对应孔位上。

(2) 将气管连至气泵与腐蚀机进气嘴上。

(3) 将气泵电源插头插至“控制器”插孔。

(4) 把三氯化铁与水按比例在其他塑料容器里配好冷却后，再倒入腐蚀机。切勿直

接在腐蚀机中配制，因配制过程中产生高温，易损坏腐蚀机。

(5) 将连接的漏电保护插头插入 220 V 交流电源，进行预热。此时，控制器上加热指示灯亮，同时腐蚀液产生气泡。(无气泡产生时，不允许继续加热，应该查气泵及气泵电源是否插好。)

4. 腐蚀方法

(1) 把通过转印机转印好的敷铜板卡在腐蚀机上盖线路板吊架上，并用橡皮筋固定。

(2) 当控制器恒温，恒温指示灯亮并听到提示音后，把固定好的电路板放入腐蚀机腐蚀液中，并把上盖盖好，约 5～10 分钟左右(腐蚀速度与腐蚀液浓度、温度、水流速度有关)即可腐蚀完毕(腐蚀过程中注意查看腐蚀情况)。取出电路板用清水冲洗干净即可打孔。

5. 注意事项

(1) 使用完毕，应拔掉漏电保护插头，盖好腐蚀机上盖。

(2) 定期倒出腐蚀液，把腐蚀机底部的沉积物用水冲洗后再倒入，并保证机底气孔畅通。

(3) 使用过程中应该轻拿轻放，以防箱体玻璃破碎。

(4) 操作工程中应该戴橡胶手套。

☆知识链接 4：雕刻法制作电路板☆

通常是把设计好的 PCB 文件送到专业的线路板厂直接制作，这种过程要经过三天到一周的时间。一个产品开发过程中少则经过三五次，多则十几次的修改使开发人员无法忍耐过多时间线路板制作的等待，于是在实验环境下开发人员通过各种各样的方法实现快速制作线路板，主要有物理方法和化学方法两种。

(1) 物理方法主要是：按照设计要求先在空白覆铜板上画好线路图，然后通过各种刀具及电动工具等，手工把不需要的铜箔挖掉。这种方法比较费力，而且精度低，只有相对简单、要求不高的线路板才能使用。物理方法由于所有过程都由手工操作，费工费时、效率低，而且由于手工控制因素，很难达到高精度的线路板。另外，整个操作必需小心翼翼，一不小心刻断了不该刻的线条，一切必须重来，存在质量隐患。

(2) 化学方法主要是：先用光绘或照相法制做出底版，底版是曝光时的掩膜，再在金属板两面热压上干膜后曝光显影，固化的干膜把需要保留的部分掩蔽，即通过在空白覆铜板上覆盖保护层，而把需要去除的部分裸露，在腐蚀性溶液里把不需要的铜蚀去，腐蚀后清洗及烘干，其中覆盖保护层的方式多种多样，主要有最传统的手描漆方法、粘贴定制的不干胶方法、胶片感光方法是近年才发展起来的用于热转印打印 PCB 板。对于制作比较复杂的线路板，采用化学腐蚀方法比较可靠，成本较低。但化学方法对于必须将整块板泡在溶液里腐蚀，腐蚀后必须清洗及烘干，线路板经过一冷一热、一干一湿，大大影响覆铜板的附着力，实验调试过程中因需更换不同参数的电子元件引起铜箔脱落。

中月电子线路板雕刻机 ZY3220 设备是一种小型数控钻铣床，在计算机软件的控制下，三个动作单元(分别为 X、Y、Y 轴的驱动电机)，按程序指令做相应的动作。高速主轴电机带动刀具切削工作，工件加工成型一步到位，机械动作严格按指令执行，操作方便、工序简单，并直接连接个人计算机，无须 CAD 到 CAM 的转化，自动完成 CAD 文件到制作机可执行的运动代码，自动雕刻、钻孔、割边。结构上以电机直接驱动高精丝杆，精度高、传速快、减少维护。配以极佳的自动补偿电路设计，既降低生产生本，又提高了制作精度，比国外同类产品有更好的性价比优势。

1. 线路图 PCB 设计

用户可在 Protel 99/SE/DXP 软件中设计好所需的 PCB 图(单\双面)，并在 Keepout Layer 层(禁止布线层)上设计好所需要的外形边框，最后点击【文件】菜单的【导出】选项，输入文件名后并以 PCB ASCII 2.8 的格式保存，如图 1-3-9 所示。

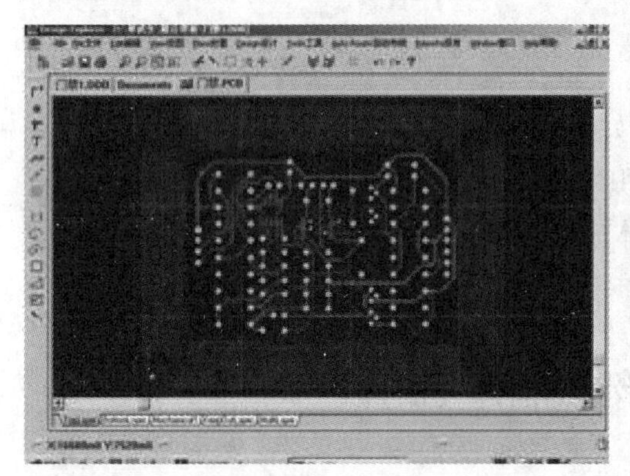
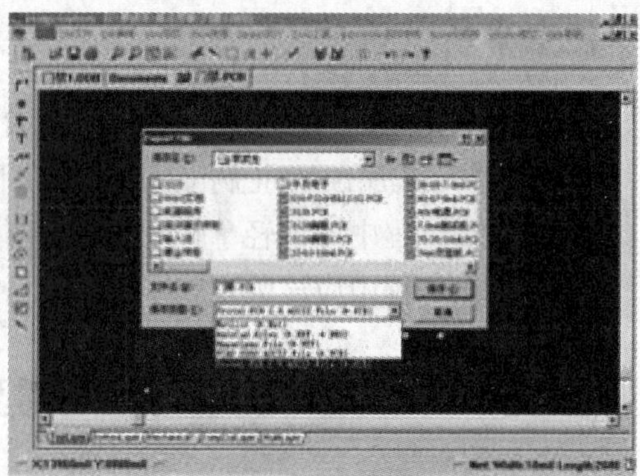

图 1-3-9 PCB 文件的输出

2. 线路板雕刻机操作

单面板制作流程：雕刻—钻孔—割边

双面板制作流程：钻孔—孔化—雕刻—雕刻另一面—割边

整机外形如图 1-3-10 所示。

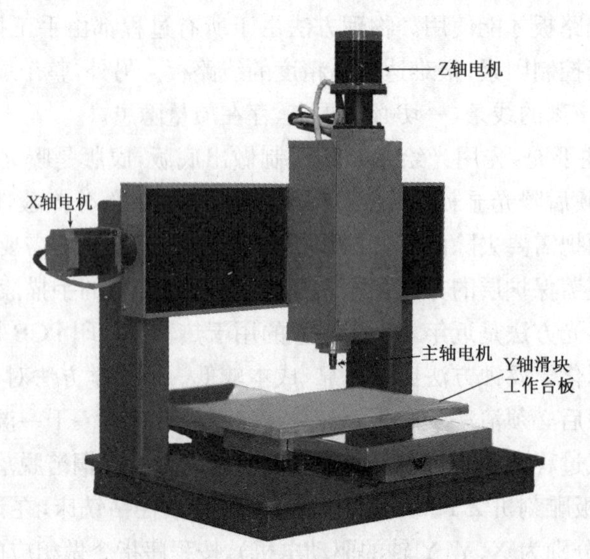

图 1-3-10 整机外形

3. 线路板雕刻机操作步骤

(1) 用双面胶将覆铜板的一面贴住，较平的一面沿着工作台板定位边紧靠贴好、压平，如图 1-3-11 所示。

图 1-3-11　固定覆铜板

(2) 打开雕刻软件，并在【设置】窗口中选择正确的串口号及机器型号，确定后方可打开需雕刻的 PCB 图，并设置好合适的刀尖与板厚。因该 PCB 图的最小线隙为(10 mil 即 0.254 mm)，所以该刀尖可选择可为 0.2～0.24 mm，可装上 0.18 mm 的刀具，如图 1-3-12 所示。

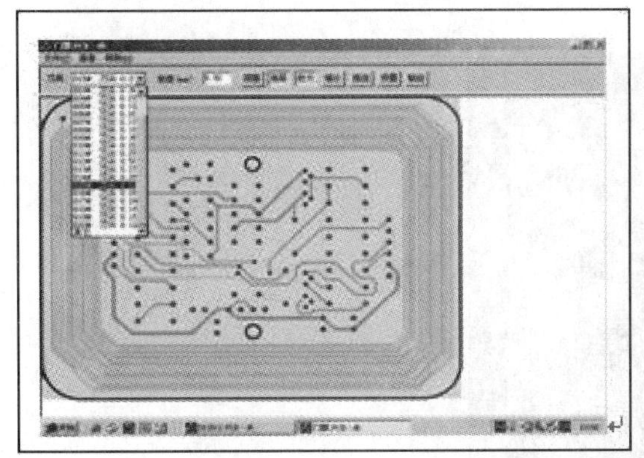

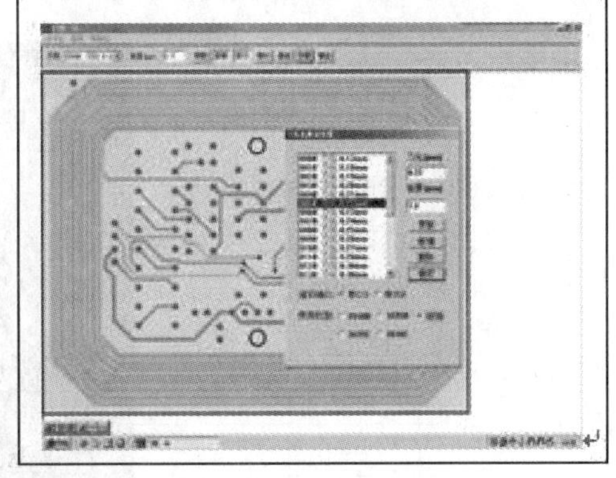

图 1-3-12　选择刀具

(3) 打开机器总电源，在软件上点击〈输出〉按钮，在输出窗口上调整工作速度及在 X(左、右)、Y(前、后)偏移中将 X、Y 轴调至覆铜板的右上角，如图 1-3-13 所示。

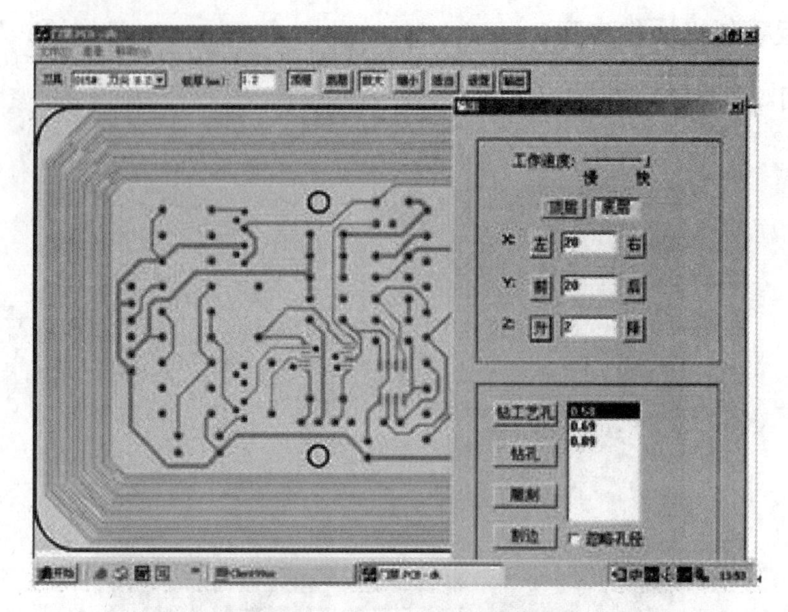

图 1-3-13　调整工作速度及偏移

(4) 在软件输出窗口上将 Z 轴升起来，装上钻头，按下机器面板【试雕】键，机器将在覆铜板上面走一方框(此范围正好是 PCB 图的长度与宽度)，确定此方框不超过覆铜板范围。打开主轴电机启动按钮，在输出窗口上将 Z 轴降下来，注意不能插到覆铜板，改用机器面板上的旋钮将钻头慢慢降下来，直接刚好碰到覆铜板，在软件上点【钻工艺孔】按钮，机器将按 PCB 图最大长度钻两个定位孔，钻完工艺孔成后点击显示框内规格的孔依次钻好，主控面板如图 1-3-14 所示。

图 1-3-14　主控面板

(5) 确认所有孔规格的孔都钻完后，在输出窗口上将 Z 轴升起来，按下主控面板上的关闭主轴电机按钮，将钻头卸下，把覆铜板取出来，并清理背面双面胶以及杂物。

(6) 进行孔化，用细砂纸把钻好孔的板两面打磨一遍，将导电胶涂在覆铜板孔上面，

配合吸尘器在另一面慢慢挪动将导电胶吸过孔内壁，然后在另一面也做同一动作，直至所有孔壁都能粘上导电胶，再稍等两至三分钟，待导电胶完全风干后，用细砂纸将覆铜面将导电胶擦干净。

(7) 覆铜板涂好溶胶后，取出电镀槽内铜条夹具，将待电镀的电路板夹在夹具内，并拧紧螺钉，将夹好的电路板放入电镀槽内，检查电镀液水平面是否达到覆铜板有效孔位置，如果电镀液不够浸透线路板，请再添加电镀液，直至电镀液足够浸透线路板的孔，将标有"＋"极的夹头夹在靠近操作面板的铜板上，将"－"极的夹头夹在中间位置的铜条夹具上，打开电源开关，检查电流表显示的输出电流值，请调节输出电流到3～6 A左右，电路板电镀10～12分钟后，关闭电镀槽电源，如图1-3-15所示。

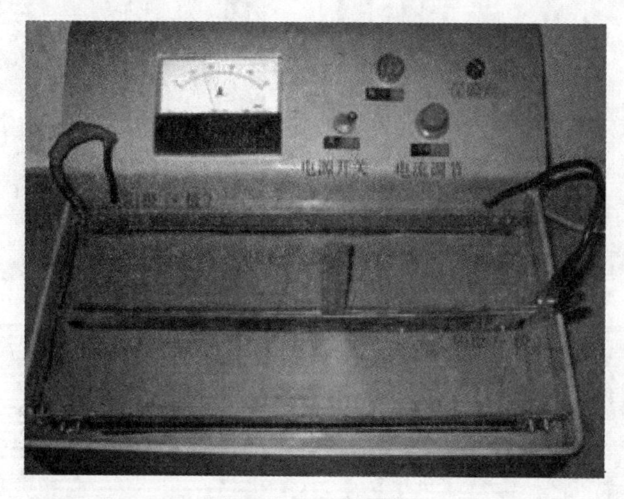

图1-3-15　电镀槽

(8) 取出刚电镀好的板用清水清洗一片，并用细砂纸打磨一片，将覆铜板板的底面均匀贴上双面胶(即正面钻孔的面)，并将线路板紧靠地工作台板平行边上并紧贴在底板平台并压平。

(9) 装上0.18的雕刻刀，打开主轴电机电源，点击操作软件工具栏"顶层"按钮，使线路板顶层处于操作状态。

(10) 点击操作软件工具栏〈输出〉按钮，在X、Y偏移值输入框输入适当的X、Y偏移值，直至刀尖对准右边定位孔。

(11) 选择合适的电机工作速度，主轴电机和底板工作平台位置和方向可分别在X、Y输入窗口直接输入对应的偏移量进行调整，调节雕刀的高度，使雕刀刀尖靠近线路板，检查刀尖是否对准线路板右边定位孔，如果未能对准右边定位孔，需重新输入X、Y偏移值调整雕刀的起始工作位置，重复这一步操作，直到雕刀刀尖正好对准右边定位孔。

(12) 确保定刀尖对准定位孔以后按制作机面板的试雕按钮，雕刀将按线路图禁止层线路走一圈，在雕刀没有接触到覆铜板前，请检查雕刀移动路径是否刚好经过两个定位孔，检验定位是否准确。

(13) 定位准确以后，慢慢地旋转调节旋钮，再试雕，直到刻断整个覆铜面(注：请使用表面平整的覆铜板)；点击"雕刻"按钮，开始顶层线路的雕刻。

(14) 用上面同样方法雕刻另一面。

(15) 雕刻全部完成后将 Z 轴升起来,关闭主轴电机,换上较粗的刻刀,打开主轴电机,将 Z 轴降下来,用旋钮将其调至刚好碰到覆铜板,在软件上点击【割边】按钮。(注:本机以禁止布线层为线路板外形边框,你所需的外形边框只要在该层画边框线,线宽等于刀具直径 3.15 mm。)

(16) 割边完成后,将线路板取出,用细砂纸将其打磨一次,再将工作台板清理干净,便完成一张高精度线路板的制作,如图 1-3-16 所示。

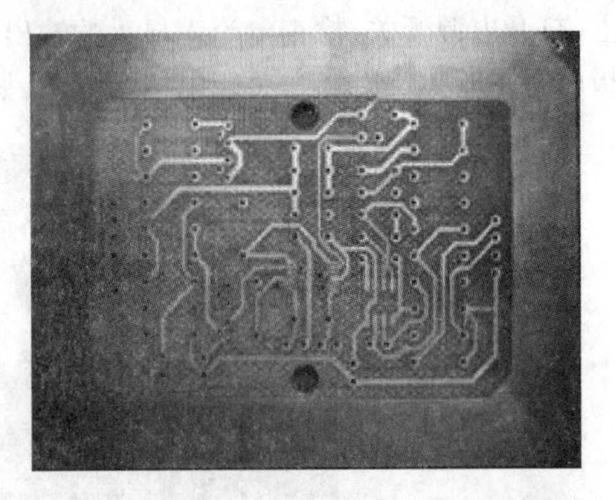
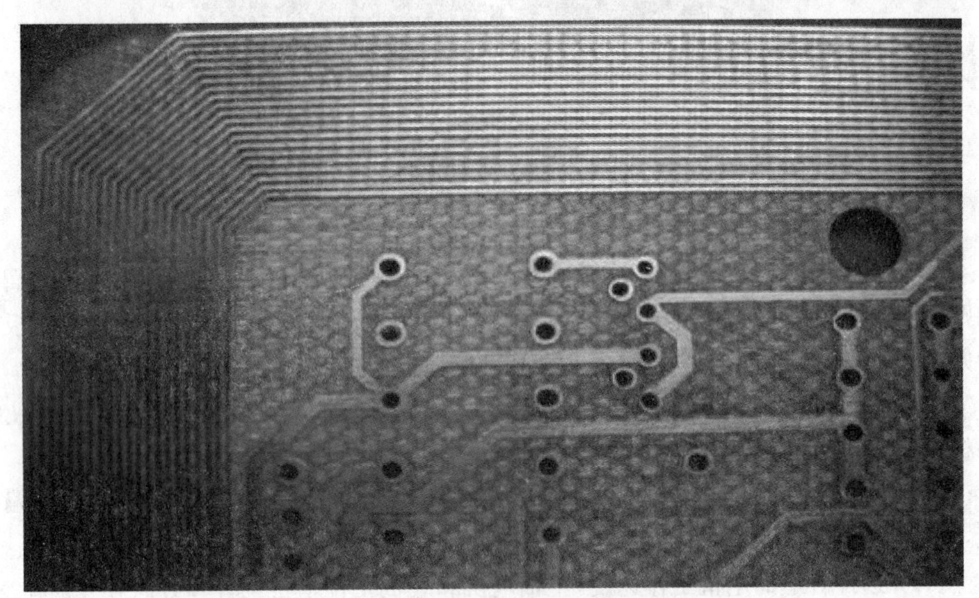

图 1-3-16 制作出的线路板

小 结

本项目通过多谐振荡器的印制电路板的制作,向读者介绍了印制电路板制作的基本步骤和方法。介绍了简单原理图的绘制方法,并结合实际项目介绍了原理图编辑的基本操作和工具的使用方法。根据项目要求介绍了单面印制电路的规划方法以及简单的布线规则的设计，并介绍了 PCB 编辑中常用的操作和工具的使用方法，在此基础上完成了单面印制电路板的设计。

扫一扫可见本项目参考答案

1. 简述原理图绘制的一般步骤。
2. 在原理图中元器件用什么表示？这种表示方法有什么特点？
3. 原理图中使用 Wire 与 Line 工具画线有何区别？
4. 可见栅格、捕捉栅格、电气栅格分别有何作用？
5. 简述印制电路板设计的一般步骤。
6. 在印制电路板的设计中元件的封装起什么作用？
7. 简述印制电路板设计中导线与飞线的区别？
8. 简述单面板的设计方法。
9. 完成如图所示电路的印制电路板设计。

要求：(1) 设计为单面板

(2) 印制板尺寸：4 cm×3 cm

(3) 信号线线宽 20 mil，电源线及地线线宽 40 mil

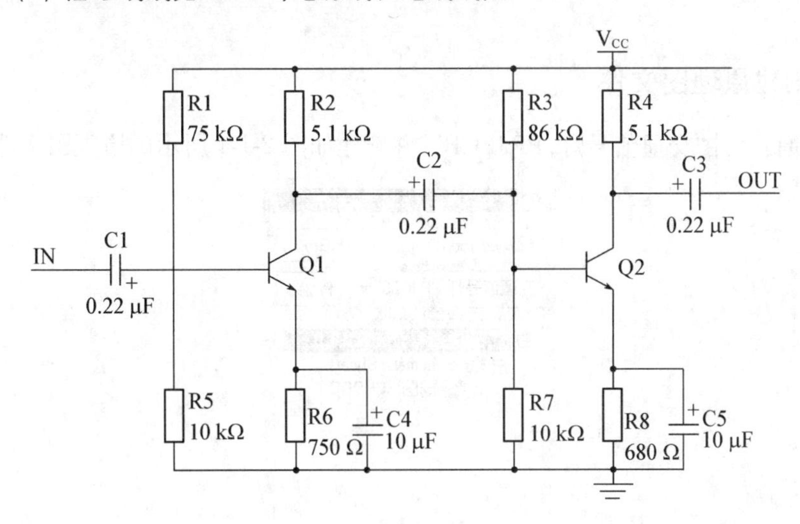

项目 2　交通信号灯电路板的制作

本项目为交通信号灯的制作，按照产品制作的过程，该项目主要包括层次原理图的设计、双面板 PCB 图的设计。该项目涉及原理图元件符号的制作以及层次原理图的绘制方法等知识要点。

能力目标

1. 掌握原理图元件的制作方法。
2. 掌握层次原理图的制作方法。
3. 掌握使用向导制作元件封装的方法。
4. 掌握双面 PCB 板的设计方法。

任务 1——原理图的设计

2.1.1　创建原理图文件

创建项目文件“交通信号灯. PRJPCB”，并新建如图 2-1-1 所示的原理图文件。

图 2-1-1　新建的原理图

2.1.2　设置图纸参数

将图纸参数设置为如图 2-1-2 所示。

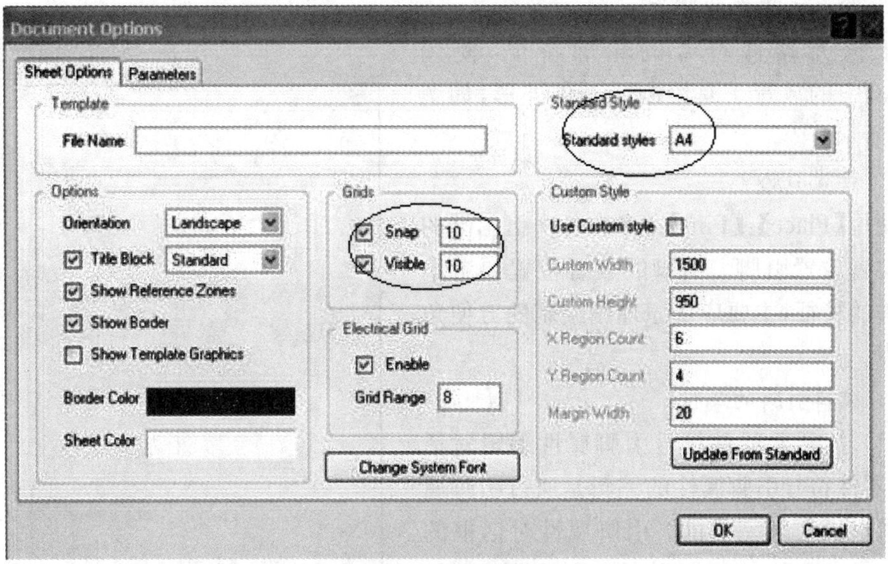

图 2-1-2　图纸参数设置

2.1.3　创建新的元器件

1. 创建新的元器件符号

在元器件符号编辑环境下，单击【Tools】/【New Component】菜单，如图 2-1-3 所示。在系统弹出的对话框内输入创建元器件的名 89C51/89C52，如图 2-1-4 所示，单击 OK 按钮完成创建并将元器件符号编辑器打开。

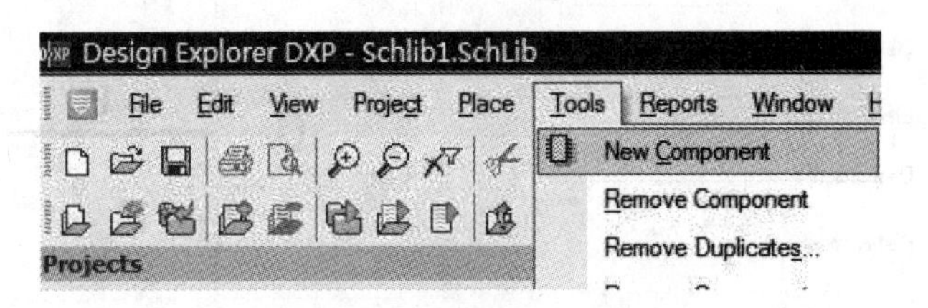

图 2-1-3　新建元件符号

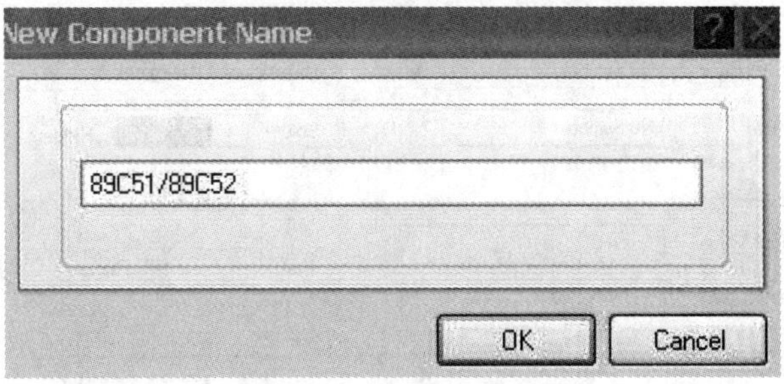

图 2-1-4　新元件符号命名

2. 绘制元器件的符号

根据元器件符号的轮廓特征，使用【Place】中的放置工具绘制元器件外形，如图 2-1-5 所示。

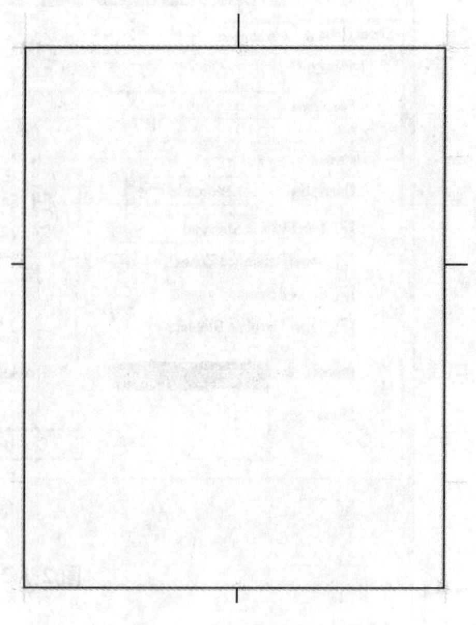

图 2-1-5　绘制元件符号外形

3. 放置引脚

使用【Place】/【Pins】命令在各个引出端的对应位置放置引脚。引脚的放置位置要考虑元器件的特征，主要应从原理图绘制的方便角度考虑。

4. 编辑引脚的属性

(1) 打开元器件符号引脚属性编辑对话框：元器件符号引脚属性的编辑是通过引脚属性编辑对话框来完成的。引脚属性对话框的打开一般有两种方法：一种是正在放置元器件引脚时，按下 Tab 键就可以自动打开引脚属性对话框；另一种方法是在引脚放置完成后，通过鼠标左键双击需编辑属性的元器件引脚打开元器件引脚属性对话框，如图 2-1-6 所示。

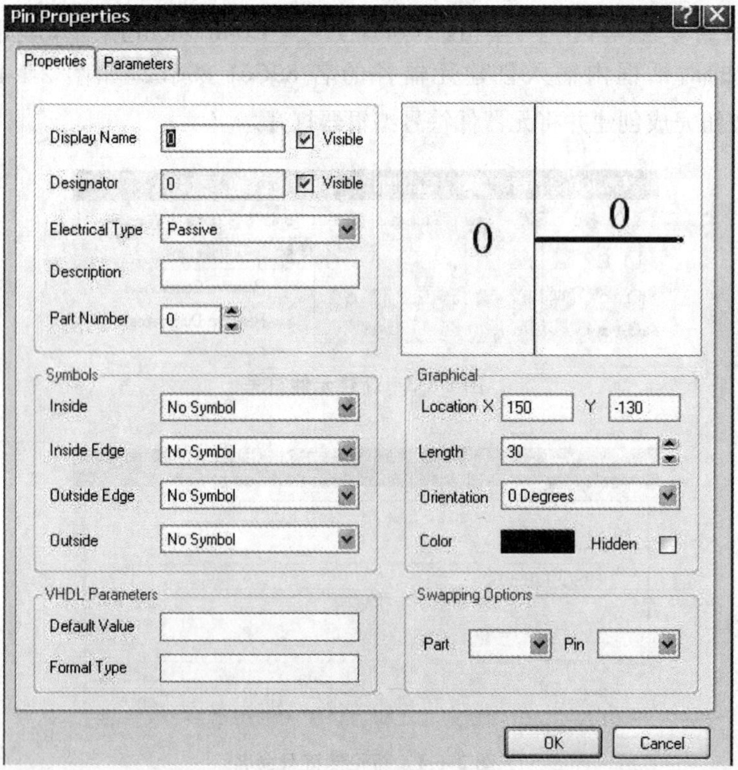

图 2-1-6　引脚属性对话框

（2）基本参数设置：在基本参数设置域下，可以设置引脚的基本参数。

（3）引脚符号的设置域（Symbols）：在引脚符号设置域中，给不同功能的引脚设置不同的符号，以供在电路中能快速地识别引脚的功能及特征，根据一般的原则设置的引脚符号可分别设置在元器件轮廓的内部（Inside），外部（Outside）或元器件轮廓边沿的内侧（Inside Edge）和外侧（Out Edge）。

绘制好的 89C51/89C52 元件符号如图 2-1-7 所示，相同方法绘制 373、6116、2824 等芯片的原理图符号。

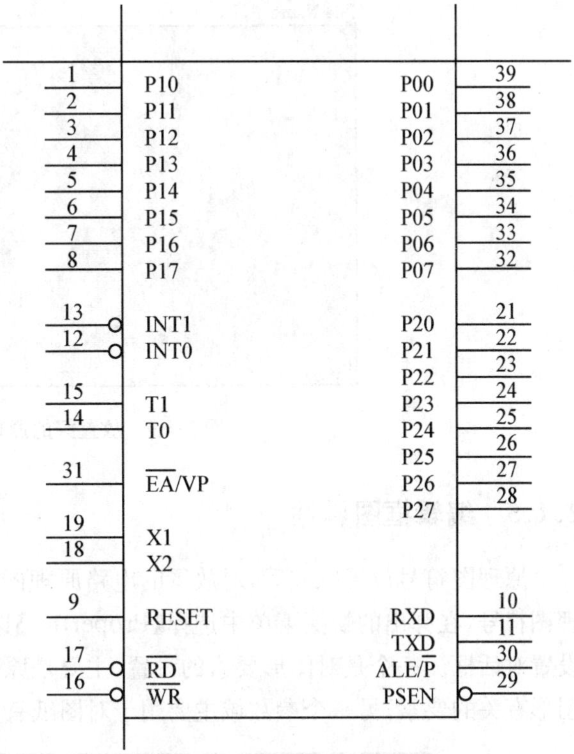

图 2-1-7　绘制好的元件符号

2.1.4　放置原理图符号

使用菜单命令【Place】/【Sheet Symbol】激活原理图符号放置命令，如图 2-1-8 所示，拖动鼠标，将原理图符号移动到欲放置的位置，单击鼠标左键确定原理图符号的一个顶点，然后继续拖动鼠标改变符号另一个顶点的位置，待符号的大小符合要求后，单击鼠标左键，完成一次原理图符号的放置。放置好的原理图符号如图 2-1-9 所示，单击鼠标右键或按下键盘上的 Esc 键退出原理图符号放置状态。

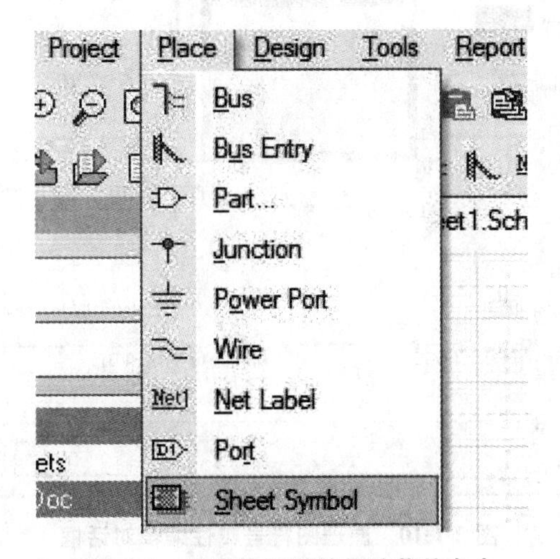

图 2-1-8　放置原理图符号的菜单命令

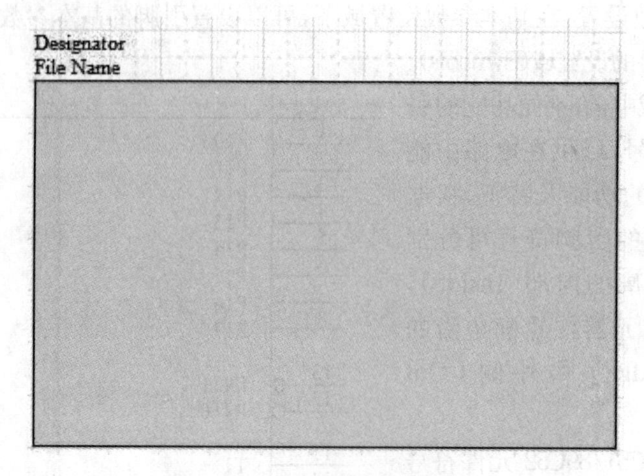

图 2-1-9　放置好的原理图符号

2.1.5　编辑框图属性

原理图符号放置完成后，对放置的电路原理图符号进行属性设置。鼠标右键单击原理图符号，在弹出的快捷菜单中选择【Properties】选项，弹出如图所示的原理图符号属性设置对话框。一个是对图形要素的设置，主要是原理图符号的颜色、线条、尺寸、位置等与图形有关的要素；另一个参数域主要用于对图纸有关的属性进行设置，如图 2-1-10 所示。

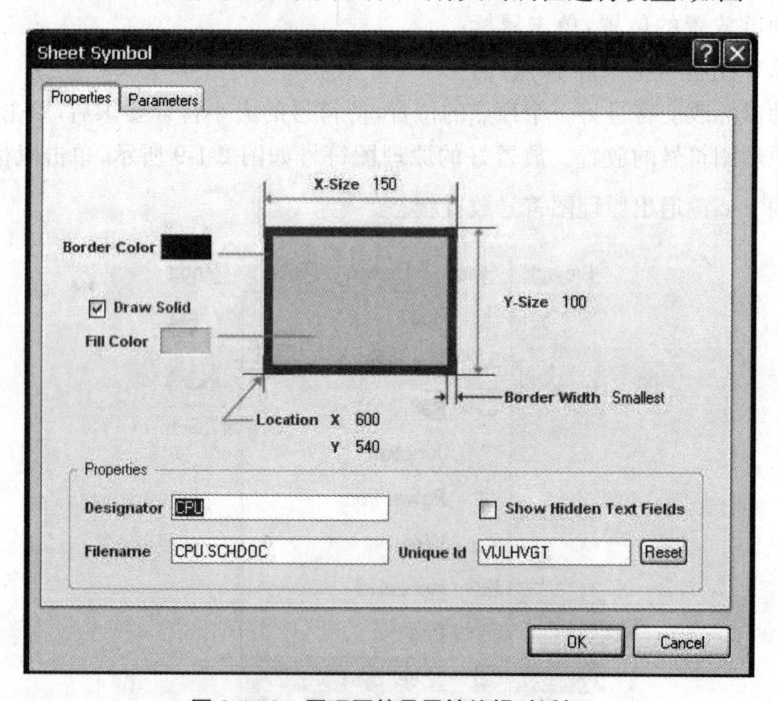

图 2-1-10　原理图符号属性编辑对话框

2.1.6　放置端口并编辑属性

电路框图上的端口是在电路方框图的基础之间进行互相联系的信号在电气上的连接通道。模块的电路原理图中端口用于表现的是本模块电路向外连接的端口，在 Protel DXP 中规定在电路框图上的端口必须放在方框电路图的边缘内侧。根据信号端口的传输方向（I/O Type），使用不同的箭头方向的图像表示端口的类型（Style）。

使用菜单命令【Place】/【Add Sheet Entry】或使用工具按钮按钮进入端口放置状态后，将光标移动到方框电路图内部边沿，这时就有一个电路图端口符号附加到鼠标光标处，并随鼠标光标一起，移动鼠标到电路方框图中放置端口的位置并单击鼠标左键，完成一次端口的放置。双击放置好的端口，打开其属性对话框对其基本属性进行设置，例如端口的名称、端口的输入输出类型。放置好的总体框图如图 2-1-11 所示。

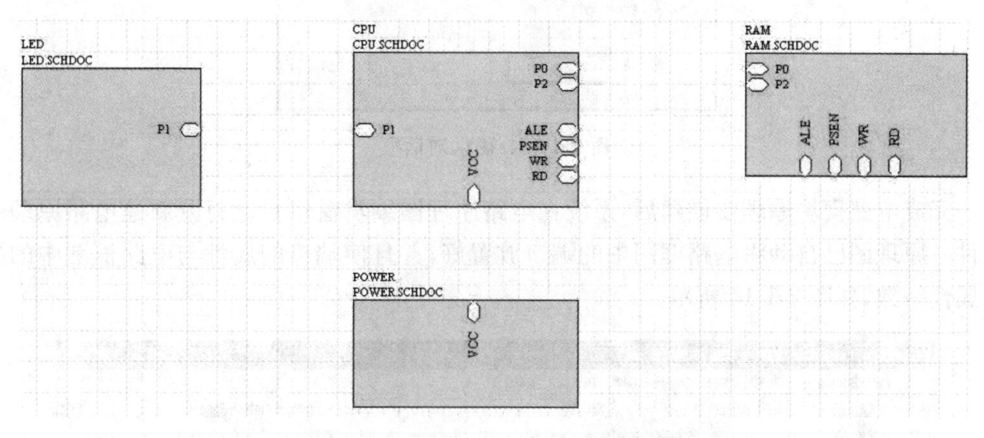

图 2-1-11　放置好的交通信号灯的总体框图

注意：端口的名称的设置与对应的模块电路原理图上对应的端口名称要一致。

2.1.7　电路框图连线

完成电路框图及端口的放置后，使用连线工具（Wire）或总线（Bus）根据电路图设计要求在电路框图的端口之间绘制连线进行电路的电气连接。完成好的电路如图 2-1-12 所示。

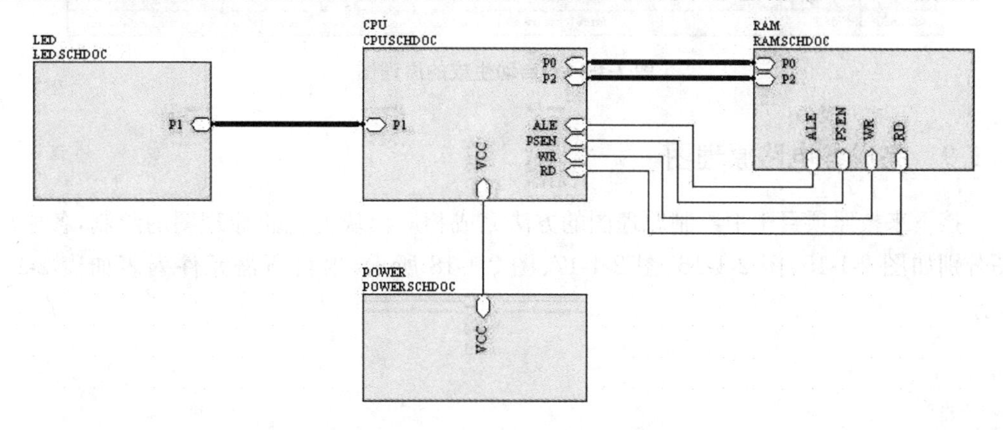

图 2-1-12　交通信号灯总体框图

2.1.8 生成模块电路原理图

在打开的电路框图文件中，执行菜单命令【Design】/【Create Sheet From Symbol】进入由电路框图符号创建电路模块原理图状态，将光标指向待创建电路模块原理图的电路框图符号单击鼠标左键，系统自动创建对应方框图的电路模块原理图文件。

在创建之前系统会弹出端口类型确定对话框，询问是否反转电路端口，单击 Yes 按钮，如图 2-1-13 所示。系统自动创建与电路方框名字相同的电路原理图文件。

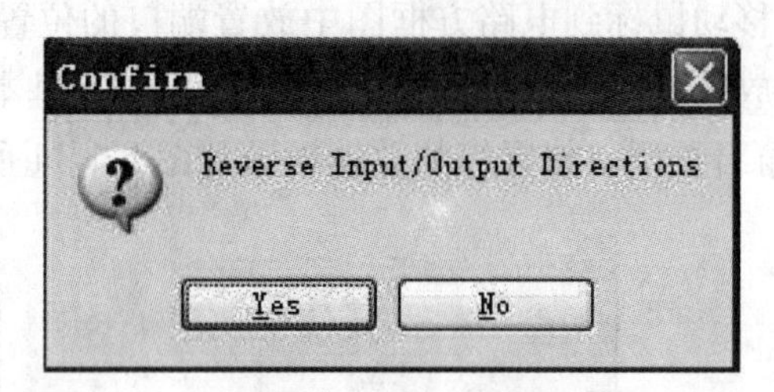

图 2-1-13 确认对话框

完成电路模块原理图创建后，系统在电路原理图编辑窗口自动打开新建电路原理图文件。原理图已自动将电路框图中的端口放置好，并且使端口的属性与电路框图中的端口属性一致，如图 2-1-14 所示。

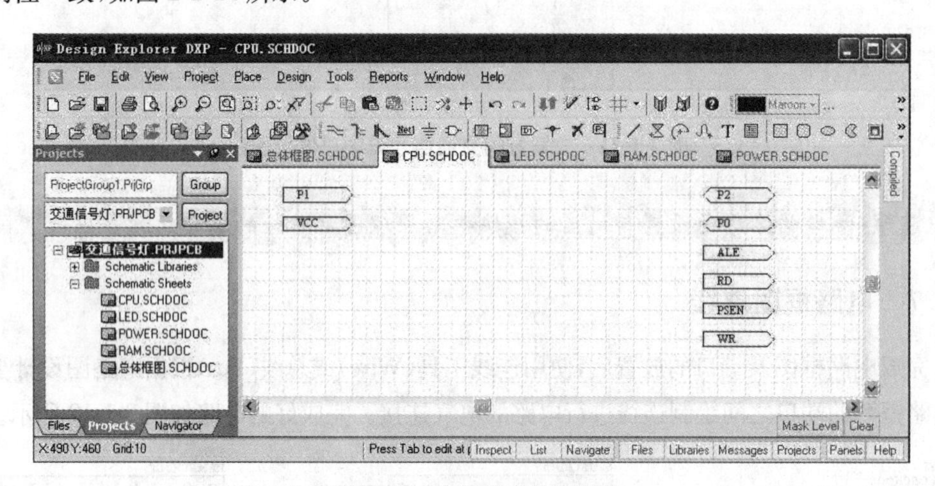

图 2-1-14 自动生成的原理图

2.1.9 完成各电路原理图

接下来按照项目 1 中绘制原理图的方法完成相应模块的电路原理图的绘制，各原理图分别如图 2-1-15、图 2-1-16、图 2-1-17、图 2-1-18 所示，项目所需元件列表如表 2-1-1 所示。

表 2-1-1　交通信号灯元件列表

Designator	LibRef	Footprint	Value
BNC1	BNC	DC2. 1	
C1	Cap	RAD - 0. 2	0. 1 μF/50 V
C2	Cap	RAD - 0. 2	0. 1 μF
C3	Cap	CB2	22 pF
C4	Cap	CB2	22 pF
C5	Cap Pol1	CD10	470 μF/25 V
C6	Cap Pol1	CD10	470 μF/25 V
C7	Cap Pol1	CD5	1 μF/50 V
GRE11	LED	LED3	
GRE12	LED	LED3	
GRE21	LED	LED3	
GRE22	LED	LED3	
JP	Header 3	HDR1X3	
R1	Res2	AXIAL - 0. 4	240 Ω
R2	Res2	AXIAL - 0. 4	10 kΩ
R3	Res2	AXIAL - 0. 4	
RED11	LED	LED3	
RED12	LED	LED3	
RED21	LED	LED3	
RED22	LED	LED3	
RP1	Header 7	HDR1X7	
RP2	Header 7	HDR1X7	
SW1	SW—PB	SW	
U1	L7805CV	TO220 W	
U2	74LS373	DIP—P20	
U3	2764	DIP—28	
U4	6116	DIP—24	
U5	8031	DIP—40	

（续表）

Designator	LibRef	Footprint	Value
XTAL1	XTAL	XTAL1	
YEL11	LED	LED3	
YEL12	LED	LED3	
YEL21	LED	LED3	
YEL22	LED	LED3	

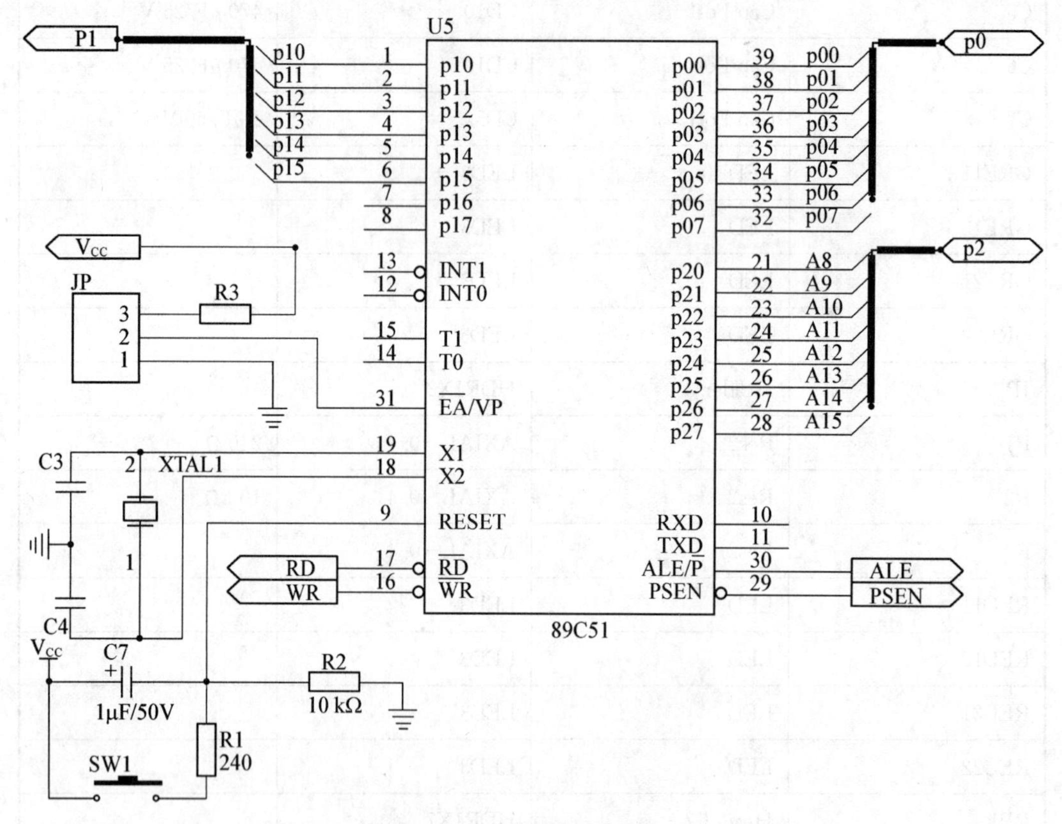

图 2-1-15　CPU 模块电路原理图

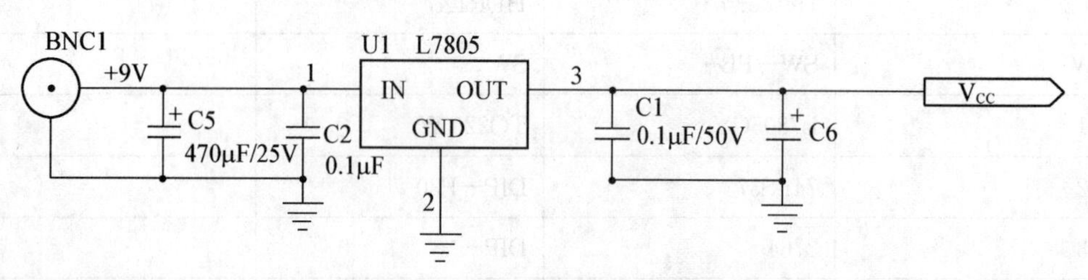

图 2-1-16　电源模块电路原理图

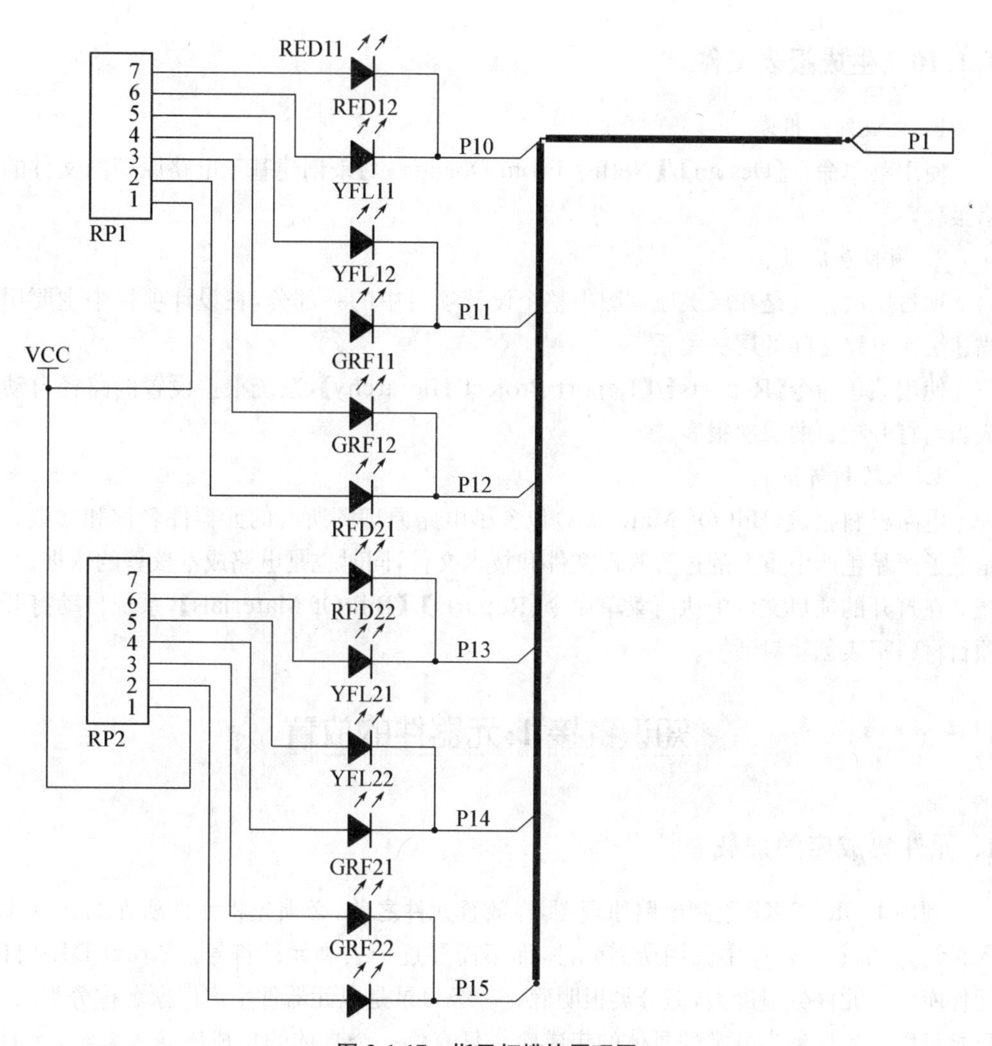

图 2-1-17　指示灯模块原理图

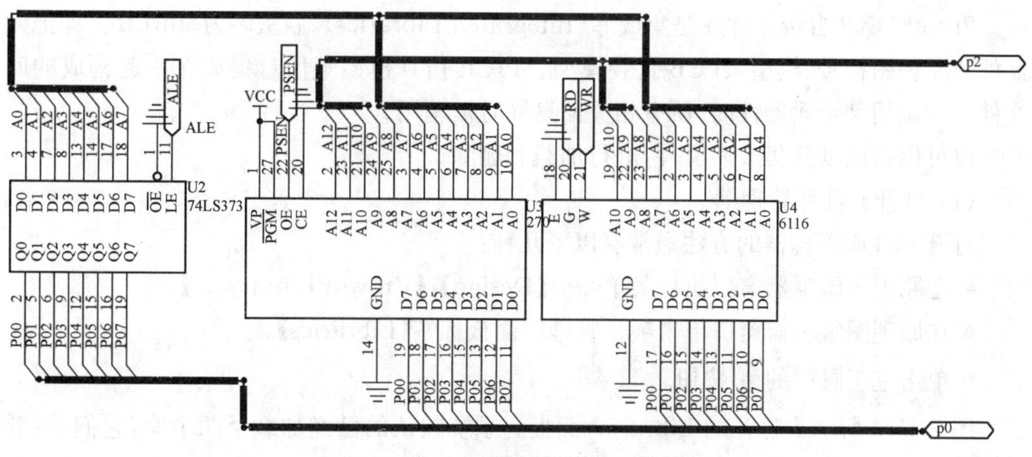

图 2-1-18　存储器扩展模块电路原理图

2.1.10 生成报表文件

1. 生成网络报表

使用菜单命令【Design】/【Netlist From Document】来创建基于电路原理图文件的网络报表。

2. 项目层次报表

项目层次报表是在层次原理图中整个设计项目中的一部分,在设计项目中主要用来描述层次电路之间的层次关系。

使用菜单命令【Reports】/【Report Project Hierarchy】,系统根据设置的路径自动生成当前打开项目的层次报表。

3. 电路材料报表

电路材料报表(Bill Of Materials)包含了电路原理图所有的元器件名称和参数。它是电子产品生产中重要的过程管理文件和技术文件,同时也是电路成本核算的依据。

在打开的项目文件中执行菜单命令【Reports】/【Bill Of Materials】,系统自动打开该项目材料报表创建对话框。

☆知识链接 1:元器件的放置☆

1. 元件集成库的加载

利用 Protel DXP 绘制电路原理图,在放置元件之前,必须先将元件所在的元件库载入系统,只需在元件库中调用所需元件,而不需要逐个去画元件符号。Protel DXP 自带元件库中的元件数量庞大,但分类很明确。一级目录是以元器件生产厂家名称分类,二级目录是以元器件种类分类的具体的集成库。只有将一个具体的集成库载入系统,才能调用该库中的元器件。

Protel DXP 自带元件库是集成库(Integrated Libraries),后缀名为.IntLib。即把元器件的原理图符号(模型)、PCB 封装模型、SPICE 仿真模型等信息集成在一起构成的库文件。在调用某个元器件时,所有相关信息同时被调用。

也可以自已创建集成库文件,进行加载和删除。

(1) 打开元件库管理器。

打开元件库管理器的方法通常有以下几种:

- 在原理图编辑器窗口执行菜单命令【Design】/【Browse Library ...】。
- 在原理图编辑器窗口单击项目管理区面板标签【Libraries】。
- 单击主工具栏的按钮。

图 2-1-19 所示为打开的 Libraries 面板。系统默认的已经加载了两个库,它们是:混杂元件库(Miscellanrous Devices.Intlib),接插件库(Miscellanrous Connectors.Intlib)。

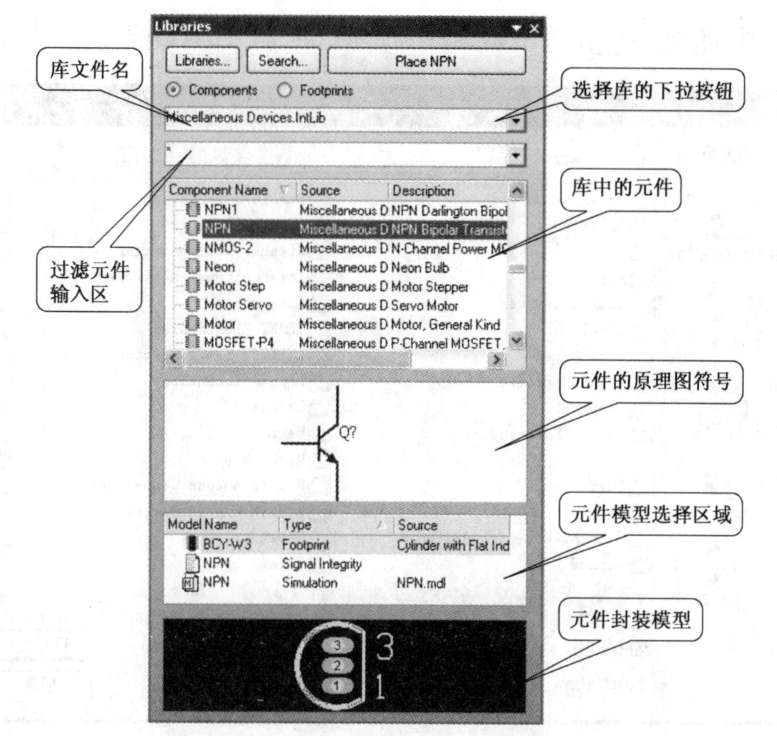

图 2-1-19　Libraries 面板加载和删除元件库

(2) 加载(激活)元件库。

加载元件库的操作步骤如下：

① 执行菜单命令【Design】/【Add/Remove Library】，弹出如图 2-1-20 所示的加载/卸载对话框。或者打开【Libraries】库管理面板，点击面板上方的 Libraries... 按钮，也可以弹出加载/卸载元件库对话框。通常情况下关于元件库的所有操作都是通过库管理面板完成。

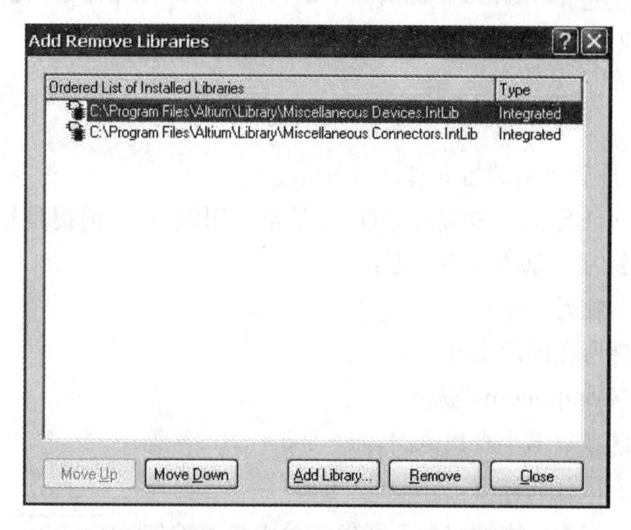

图 2-1-20　Add/Remove Library 对话框

② 单击按钮 Add Library...，弹出如图 2-1-21 所示的“打开”对话框。

图 2-1-21 “打开”对话框

③ 在“查找范围”下拉列表框选择 Library 目录，双击所需要的集成库文件名即可添加到 Add/Remove Library 对话框中，点击按钮关闭对话框，完成加载工作。

(3) 删除元件库。

如果想删除某个库，只需要在图 2-1-20 所示的加载/卸载元件库对话框中选中某个库，然后单击 Remove 按钮即可。此后，该元件库在项目管理器窗口【Libraries】选项中不再显示。绘制原理图时，该库中的元件也不能被调用。

2. 放置元件

(1) 利用元件库管理器放置元件。

利用 Libraries 工作面板放置元器件，是最常使用的方法，前提是知道元器件所在的集成库，该库已被激活。基本步骤如下：

① 加载元件所在元件库；

② 选择元器件所在的库文件；

③ 确认勾选“Components”选项；

④ 输入过滤区参数缩小查找范围，如 *555*、Res* 等；

⑤ 在元件列表区查找并选定元器件(单击)；

⑥ 在库管理面板中双击选定的元器件或单击放置按钮 Place D Zener，元件即处于待放置状态(浮动状态)，在工作区单击，元件即被放置在图纸上。

(2) 使用“放置”菜单命令放置元件。

适应于知道元件名称和电气描述的情况，基本步骤如下：

① 执行菜单命令【Place】\【Part】，弹出 Place Part 对话框，如图 2-1-22 所示。

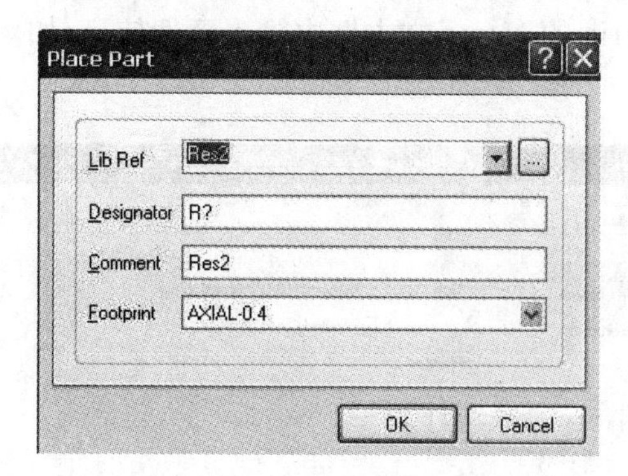

图 2-1-22　Place Part 对话框

② 输入元件在集成库里的名称、标识符号、有关说明和元件封装名称，然后点击 OK，进入元件放置状态。

③ 在相应的位置放置元件。

说明：必须保证元件名称和封装名称正确无误，否则影响印刷电路板的生成。

(3) 使用搜索方法查找并放置元器件。

适应于知道元件名称或者名称的一部分但不知道元件库的情况。基本步骤如下：

① 打开 Libraries 面板，点击 Search... 按钮，打开 Search Libraries 对话框，如图 2-1-23 所示。

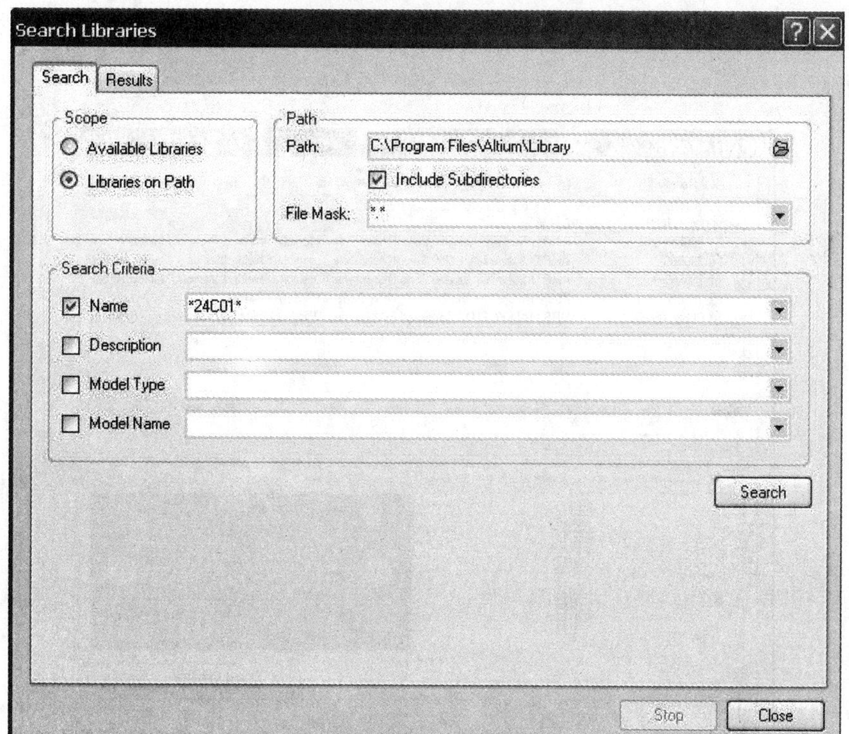

图 2-1-23　Search Libraries 对话框

② 选定 Libraries on Path，输入 Library 的路径，例如 C:\Program Files\Altium\Library，勾选 Include Subdirectories。

③ 在 Search Criteria 的 Name 文本框内输入元件信息，如 *555*、*3904* 等，如图 2-1-24 所示。

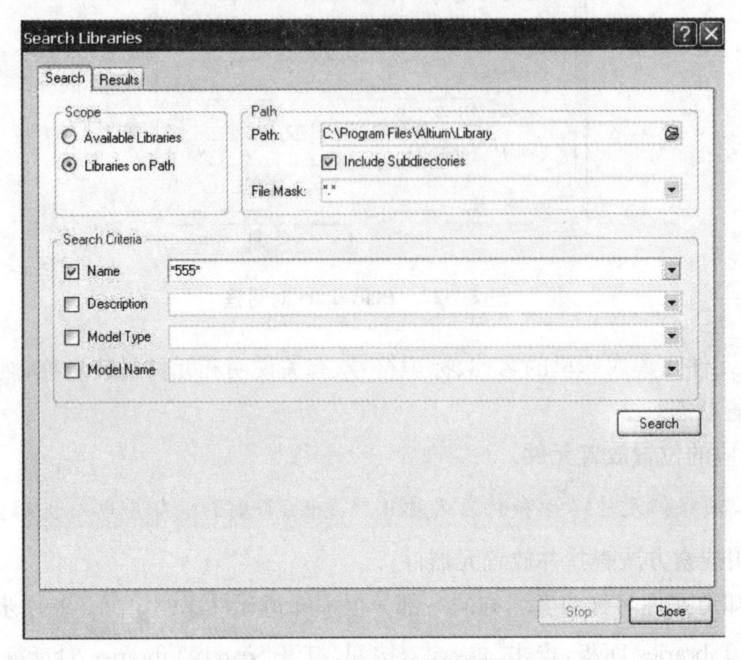

图 2-1-24　Search Libraries 对话框

④ 单击 Search 按钮系统自动开始查找，查找的结果显示在 Results 列表框中，如图 2-1-25 所示。

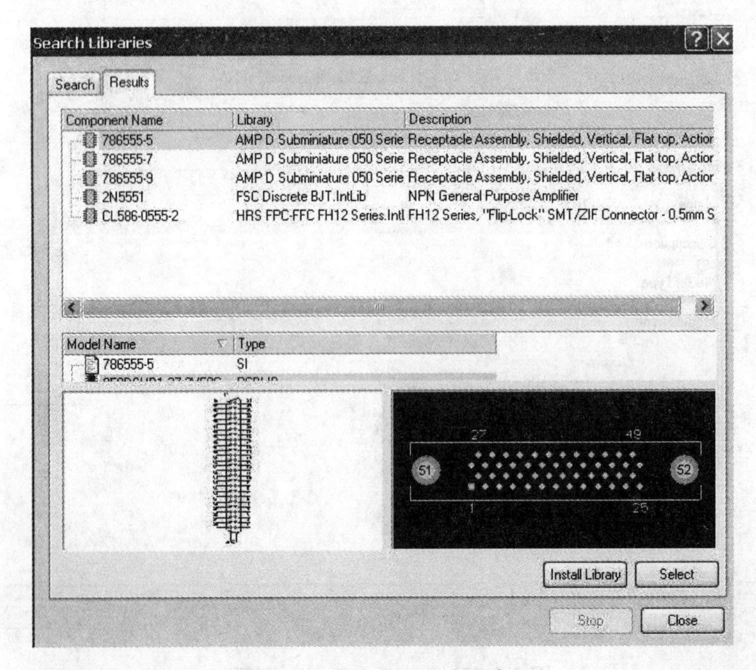

图 2-1-25　Results 选项卡

⑤ 点击 Install Library 按钮，使这个库在你的原理图中可用。

⑥ 单击 Select 按钮，再关闭 Search Libraries 对话框，添加的库将显示在库面板的顶部，即可按方法 1 放置元件。

☆知识链接 2：制作元器件符号☆

1．创建新的元器件符号

在元器件符号编辑环境下，执行菜单命令【Tools】/【New Component】，在系统弹出的对话框内输入待创建元器件的名称，单击 OK 按钮完成创建并在元器件符号编辑器中打开。

2．绘制元器件的符号

根据元器件符号的轮廓特征，使用【Place】中的放置工具绘制元器件外形。

3．放置引脚

使用【Place】/【Pins】命令在各个引出端的对应位置放置引脚。引脚的放置位置需要考虑元器件的特征，但主要应从原理图绘制的方便角度考虑。在引脚放置时应使电气连接点（有□符号端）向外放置。

4．编辑引脚的属性

元器件符号的管脚反映元器件与电路原理图的电气连接点，它的属性在电路原理图中有着重要的意义，因此，在元器件的引脚放置后，要根据元器件的特征对引脚属性进行正确的设置。

(1) 打开元器件符号引脚属性编辑对话框：元器件符号引脚属性的编辑是通过引脚属性编辑对话框来完成的。引脚属性对话框的打开一般有两种方法：一种是正在放置元器件引脚时，按下【Tab】键就可以自动打开引脚属性对话框；另一种方法是在引脚放置完成后，通过鼠标左键双击需编辑属性的元器件引脚打开元器件引脚属性对话框。

在元器件引脚属性对话框的属性（Properties）标签下，共有 5 个参数区域，它们分别设置引脚的属性参数。

(2) 基本参数设置：设置基本参数设置域下，可以设置引脚的下列基本参数。

Display Name：设置引脚的名称，在元器件中某些引脚根据它们的工作特征都有一个名字，用以描述引脚的特征。

Designator：设置引脚编号，为方便管理元器件上的引脚，Protel DXP 对元器件的引脚都给予一个编号。

上述两个属性参数，可以通过右端的 Visible 复选框控制是否在图纸上显示。若不选中相应的显示复选框，该参数的输入值也不会在图纸上显示。所以如果需要显示其中的某个参数，就应该选中参数后面的复选框。

Electrical Type：设置引脚的电气类型，该参数主要用于描述引脚的电气类型供元器件使用者设计电路时参考。打开引脚的电气类型下拉框，共有 8 种类型供设计者选用。在这些引脚的电气类型中它们含义分别是：

- 信号输入的引脚，Input
- 双向传输信号的引脚，IO
- 信号输出的引脚，Output
- 集电极开路的引脚，Opencollector
- 无源的引脚，Passive
- 高阻状态的引脚，Hiz
- 发射极引脚，Emitter
- 电源引脚，Power

Descripption：用户输入时元器件引脚的描述信息。

Part Number：若元器件是由多个部件（Part）组成，该输入编辑框用于设置引脚所在的部件编号。

(3) 引脚符号的设置域（Symbols）：在引脚符号设置域中，给不同功能的引脚设置不同的符号，以供在电路中能快速地识别引脚的功能及特征，根据一般的原则设置的引脚符号可分别设置在元器件轮廓的内部（Inside），外部（Outside）或元器件轮廓边沿的内侧（Inside Edge）和外侧（Out Edge）。具体的意义及符号图如下：

内部（Inside）部分，它们的含义分别是：

- 暂缓性输出符号：Postponed Output
- 集电极开路符号：Open Collector
- 高阻状态的引脚：Hiz
- 施密特触发输入符号：Schmit
- 集电极开路并具有上拉特征符号：Open Collector Pull Up
- 发射极开路符号：Open Emitter
- 发射极开路并具有上拉特征符号：Open Emitter Pull Up
- 移位输出符号：Shift Left
- 开路输出符号：Open Output

元器件轮廓外部边沿（Outside Edge）部分：它们符号及含义分别是：

- 输入低电平有效符号：Active Low Input
- 输出低电平有效符号：Active Low Output

元器件外部（Outside）部分：它们符号及含义分别是：

- 信号输入符号：Fight Left Signal Flow
- 模拟信号输入符号：Analog Signal In
- 非逻辑连接符号：Not Logic Connection
- 数字信号输入符号：Digital Signal Flow
- 信号输出符号：Left Right Signal Flow

● 双向信号传送符号:Bidirectionary Signal Flow

在采用了特定的引脚符号后,在绘制的引脚上就显示出了该符号电路原理图中快速识别该引脚的功能。

(4) 图形参数设置域(Graphical):图形参数设置域主要设置与引脚几何尺寸、放置角度以及颜色有关的参数,具体设置参数有:

● 引脚的位置 Location:分别设置引脚的 X 方向和 Y 方向的坐标位置,该参数一般在元器件引脚的防止时自动确定不需用户设置。

● 引脚的尺寸 Length:根据元器件的尺寸设置元器件引脚的长度。设置时应注意,引脚的长度应设置为栅格尺寸的整倍长度,否则,当元器件放置时,元器件引脚的端点不在栅格点上,给电路原理图的连线带来不便。

● 管脚的长度 Orientation:根据元器件符号的要求设置引脚的放置角度,该参数一般也在引脚放置时确定。

● 引脚的颜色 Color:用于设置元器件引脚采用的颜色,可以通过双击该区域的方法打开调色板进行选择。

● 在该域内有一个隐藏 Hidden:复选框,若选中该复选框,该引脚在元器件上不显示,但是其他电气属性依然存在,设计电路原理图时它会自动地与相同标号的电气网络连接。如一般元器件的 VCC、GND 引脚等。

☆知识链接3:层次原理图基础☆

层次电路设计方法与软件工程中模块化的设计方法非常相似,是一种化整为零、聚零为整的设计方法。对于庞大复杂的电路图,用一张电路原理图来绘制显得比较困难,此时可以采用层次电路来简化电路。

层次电路可将整张大图划分为若干个子图,每个子图还可以再向下细分。在同一项目中,可以包含无限分层深度的无限张原理图。这样做可以使很复杂的电路变成相对简单的几个模块,电路结构清晰明了,非常便于检查和日后修改。

☆知识链接4:层次原理图的设计方法☆

层次原理图的设计方法实际上是一种模块化的设计方法。用户可以将要设计的庞大的电路原理图划分为若干个功能模块,每个功能模块又可再细分为很多的基本功能模块。设计好基本功能模块,并定义好各模块之间的连接关系,就可完成整个设计过程。

在设计过程中,可以从系统开始,逐级向下进行设计,也可以从基本的模块开始,逐级向上进行设计。

1. 自上而下的层次图设计方法

所谓自上而下的设计方法,就是由电路模块图产生原理图。首先要根据系统结构将系统划分为完成不同功能的子模块,建立一张总图,用电路模块代表子模块,然后将总图中各个电路模块对应的子原理图分别绘制。这样逐步细化，最终完成整个系统原理图的设计。

自上而下的层次图设计方法的基本步骤如下：

(1) 新建一个原理图文件，作为总图。

(2) 绘制总图。

(3) 绘制子原理图。

(4) 设置图纸编号。

(5) 文件保存。

其流程图如图 2-1-26 所示。

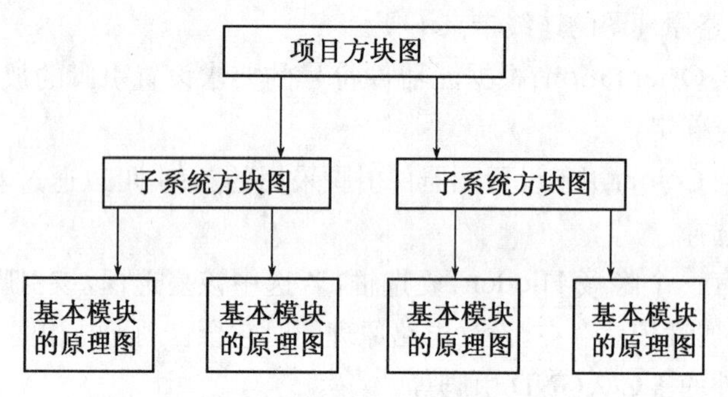

图 2-1-26 自上而下的层次图设计流程图

2. 自下而上的层次图设计方法

所谓自下而上的设计方法，就是由原理图产生电路模块图。在设计层次原理图时，用户有时不清楚每个模块有哪些端口，这时用自上而下的设计方法就很困难。在这种情况下，采用自下而上的方法。即先设计好下层模块的原理图，然后由这些原理图产生电路模块，再将电路模块之间的电气关系连接起来构成总图。

自下而上的层次图设计方法的操作步骤如下：

(1) 新建一个 PCB 工程文件并保存。

(2) 新建各个子电路原理图文件并保存。

(3) 新建一个原理图文件，绘制主电路图。

- 转换子电路图中的 I/O 端口类型和方块电路图，通过菜单命令【Design】/【Create Symbol from Sheet】。
- 重新设置方块电路端口属性。
- 连接各方块电路图，放置外端口。

(4) 设计完成后保存。

其流程图如图 2-1-27 所示。

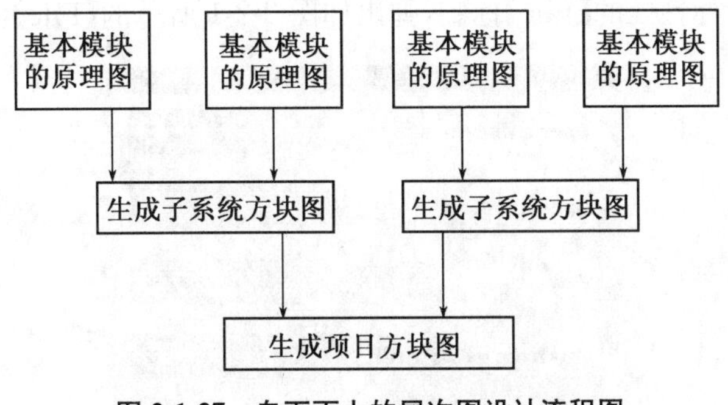

图 2-1-27　自下而上的层次图设计流程图

☆知识链接 5：层次原理图之间的切换☆

在设计较大规模的原理图时，层次原理图的张数很多，需要在多张原理图之间进行切换。例如从总图中的方块电路符号切换到对应的子图，或从某一层原理图切换到其上层原理图。

1. 从总图到子图

(1) 执行菜单命令【Project】/【Compile All Projects】，编译绘制完毕的工程，或者打开导航器面板，单击 Compile 按钮。

(2) 执行菜单命令【Tools】/【Up/Down Hierarchy】或单击主工具栏按钮，鼠标变为十字形。

(3) 单击总图中某个方块电路符号切换到对应的子原理图。

2. 从子图到总图

(1) 在子原理图的窗口，执行菜单命令【Tools】/【Up/Down Hierarchy】或单击主工具栏按钮，鼠标变为十字形。

(2) 用光标单击子原理图中的某一个 I/O 端口，系统会自动切换到总图对应的方块电路上，且光标会停在与刚刚单击的 I/O 端口相对应的方块电路端口上。

(3) 单击鼠标右键可退出切换命令状态。

任务 2——PCB 设计

2.2.1　使用向导创建 PCB 文件

使用 Protel DXP 提供的印制电路板生成向导，简化了设计的操作。具体操作步骤如下：

单击工作面板标签处的【File】标签，弹出如图 2-2-1 所示的【File】面板。

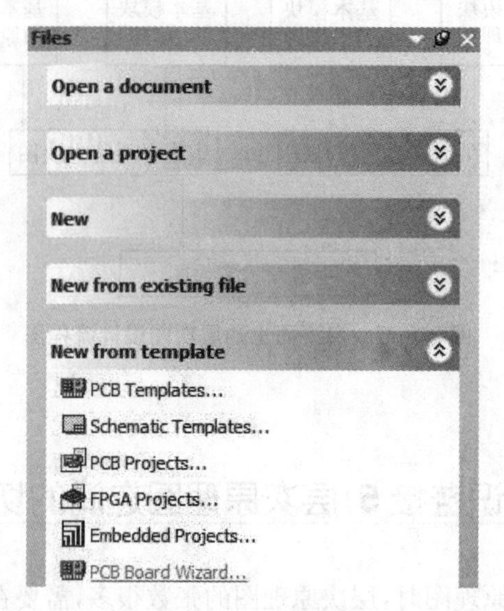

图 2-2-1　File 面板

在【File】面板最下部“New from template”标题栏处，单击“PCB Wizard”选项启动 PCB 文件生成向导对话框，如图 2-2-2 所示。

图 2-2-2　PCB 生成向导启动对话框

单击对话框中的 Next> 按钮，系统自动进入如图 2-2-3 所示的对话框选择印制电路板设计使用的度量单位。在这个对话框中有两个单选项。若选择“Imperial”项，系统设计时将使用英制单位密耳(mill)，若选中“Metric”项，系统使用公制单位毫米(mm)。

此处应选择英制度量单位。

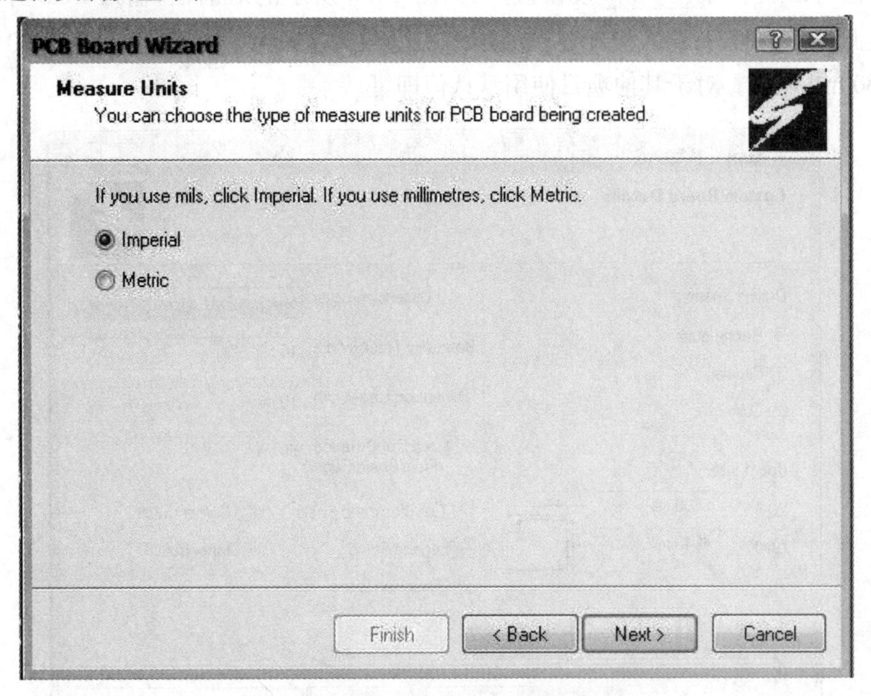

图 2-2-3　选择电路板使用的度量单位

单击对话框的 Next > 按钮，生成如图 2-2-4 所示的对话框。在对话框中，可以从 Protel DXP 提供的标准模板库中为正在创建的文件选择一种标准模板，在这里选择"Custom"，输入自定义的尺寸。

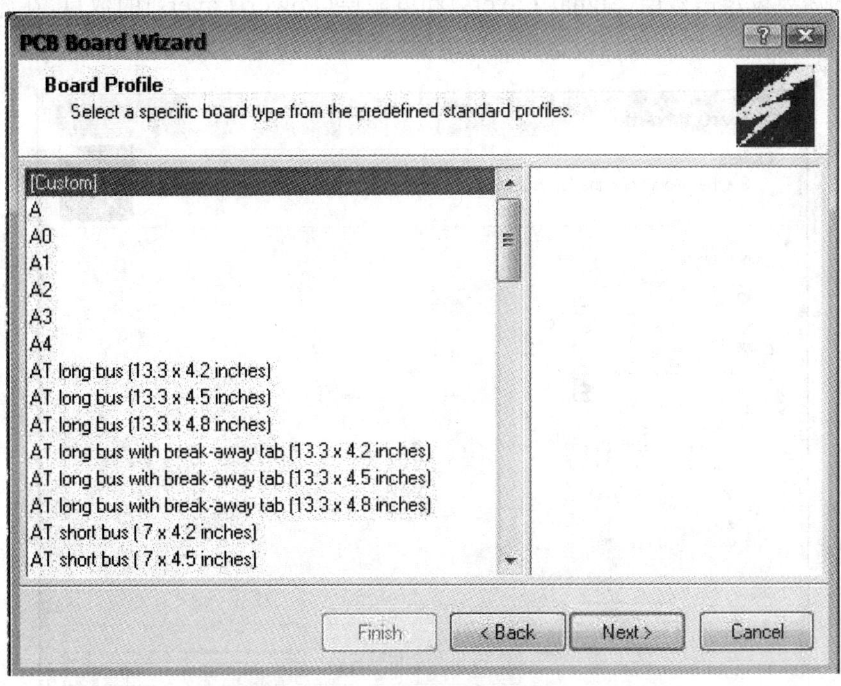

图 2-2-4　选择电路板使用的模板

单击对话框中的 Next > 按钮，进入如图 2-2-5 所示的对话框，输入 PCB 外形和尺寸。在此选择矩形，并输入设计要求的矩形长度和宽度尺寸。在此将长度 6 600 mil，宽度 4 480 mil 输入。对于其他项目使用默认值即可。

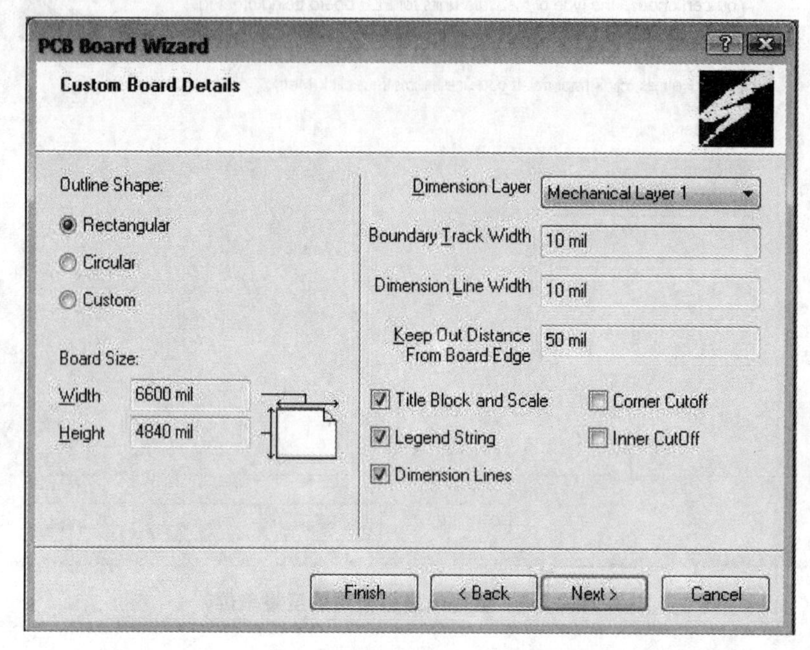

图 2-2-5　设置电路板的外形尺寸

单击对话框中的 Next > 按钮，进入如图 2-2-6 所示的对话框，设置 PCB 的结构，根据设计的需要设定信号层(Signal Layers)和电源层(Power Layers)的数目，在此我们设定为双面板，将信号层的数目设定为“2”，电源层的数目设定为“0”。

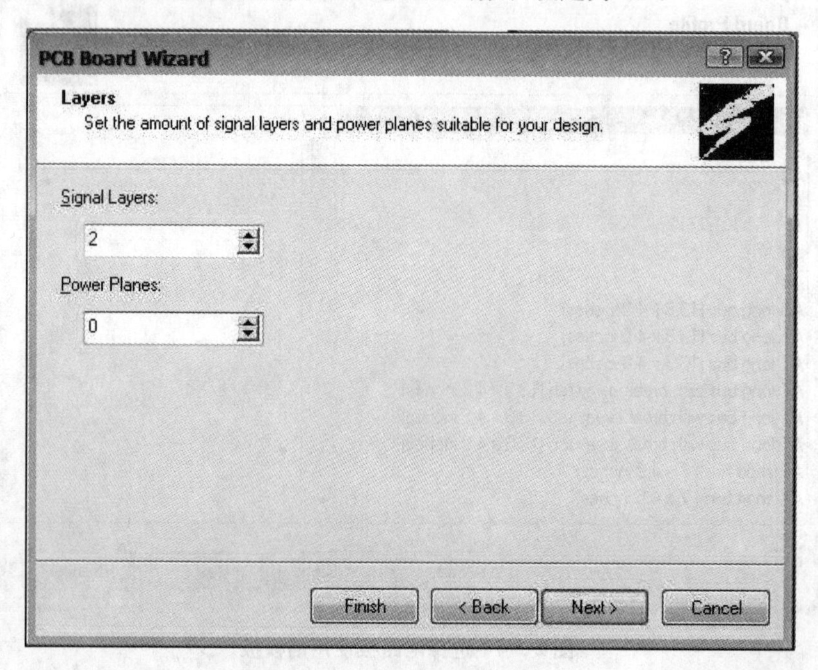

图 2-2-6　设置电路板的板层

单击对话框中的 Next > 按钮，进入如图 2-2-7 所示的对话框，设置过孔的类型。在此我们选择使用通孔(Thruhold Vias only)。

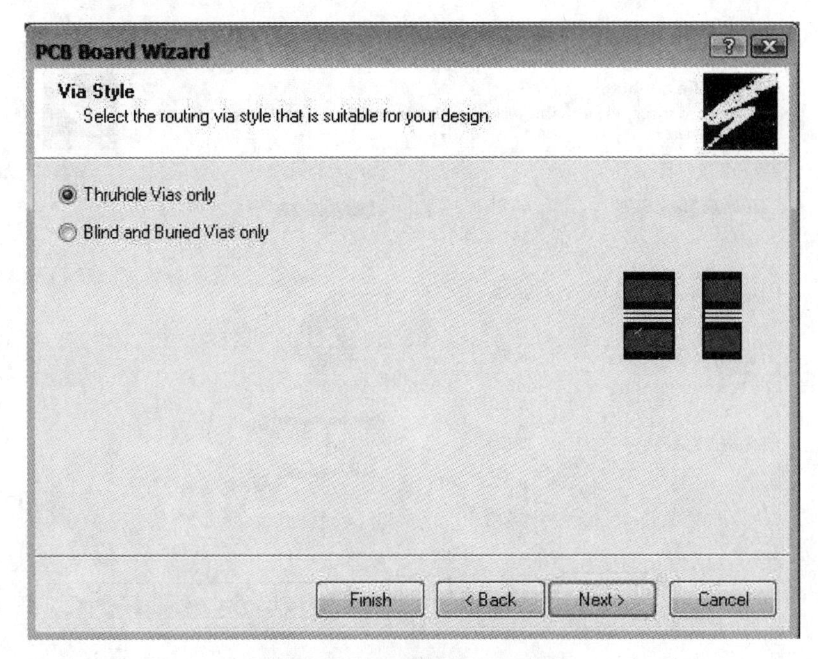

图 2-2-7　设置电路板过孔类型

单击对话框中的 Next > 按钮，进入如图 2-2-8 所示的对话框，设置 PCB 板上元器件放置形式，在此选择采用针式引脚安装的元器件，在相邻焊盘之间设定允许通过一条导线。

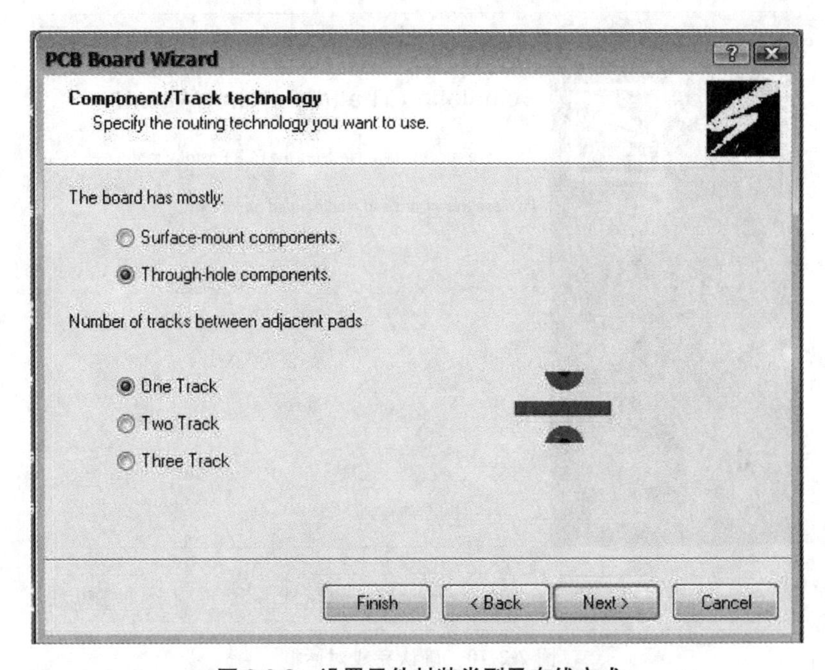

图 2-2-8　设置元件封装类型及布线方式

单击对话框中的 Next > 按钮，进入如图 2-2-9 所示的对话框，设置布线时使用的导线宽度、过孔尺寸以及最小间距，此处我们使用系统的默认值。

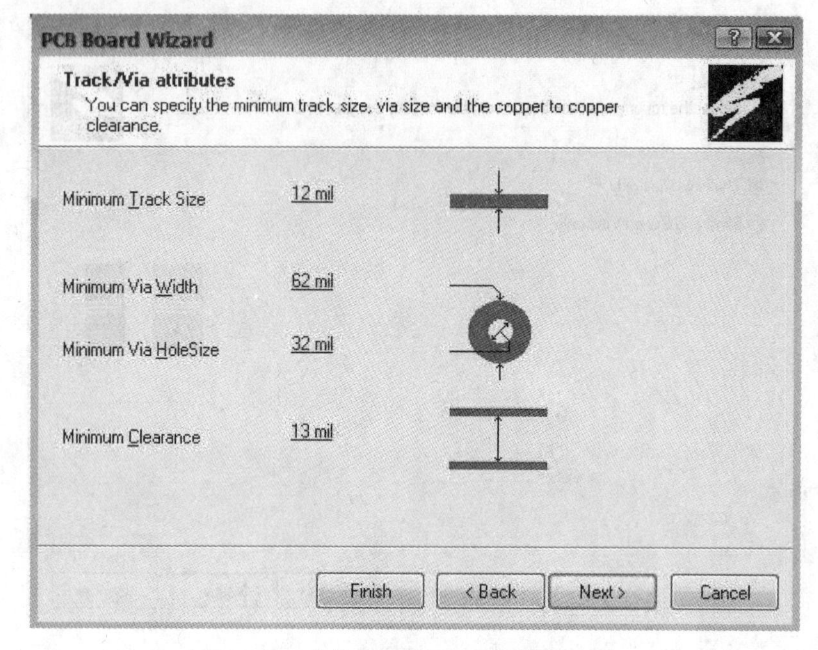

图 2-2-9　布线宽度、过孔尺寸及最小间距

单击对话框中的 Next > 按钮，进入如图 2-2-10 所示的对话框，向导已经准备生成 PCB 文件，请求用户确认。如果对已经设置的参数不满意，可以单击 < Back 按钮返

图 2-2-10　确认完成对话框

回上一步，重新设置参数。在全部参数设置都符合要求后，单击 Finish 按钮，完成 PCB 文件的创建，并启动 PCB 编辑器，同时将当前新建的文件保存并自动地加入到当前的工程文件中，通常新建的文件名为"PCB1.PcDoc"。

执行【File】→【Save as】命令用新的文件名对未见进行重命名，并保存到指定的文件夹，此处将新建文件重命名为"交通信号灯.PCBDOC"。重命名后，工程文件中的相应项目也会自动进行更新，不需要重新进行设置，如图 2-2-11 所示。

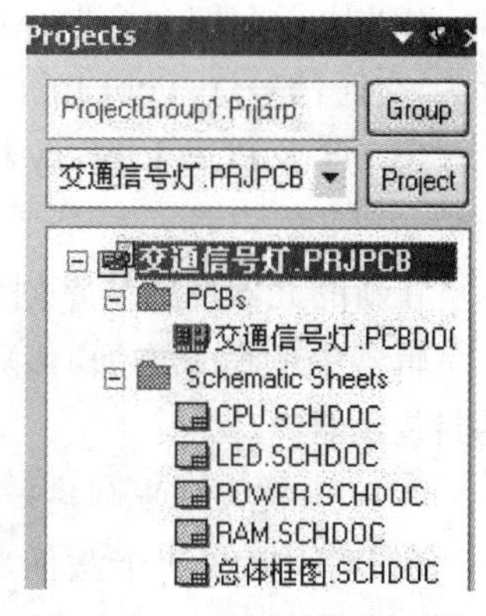

图 2-2-11　完成后的工程文件

2.2.2　设计双面板布线规则

1. 设置布线层面

项目中，PCB 板设计为双面板，系统默认的一般为双面板。即将电路板的顶层(Top Layer)设置为水平走线(Horizontal)，电路板的底层(Bottom Layer)设为垂直走线(Vertical)。设置如图 2-2-12 所示。

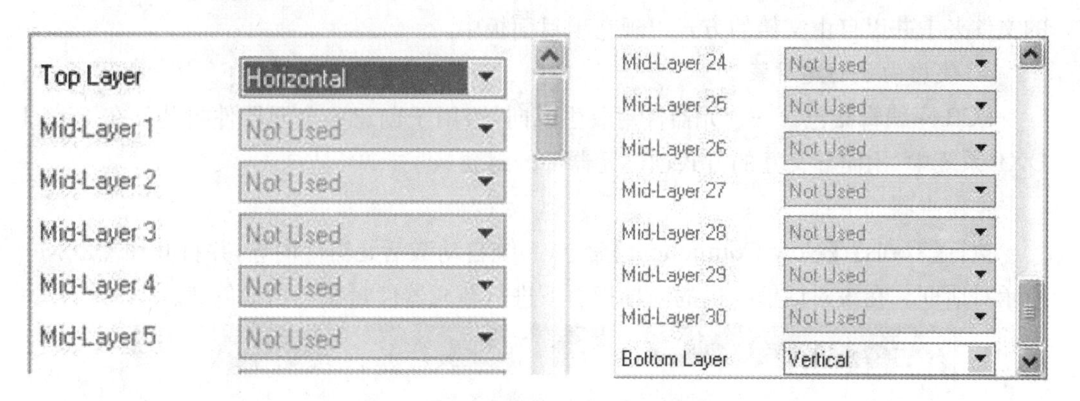

图 2-2-12　设置的双面板布线层面

2. 设置布线规则

项目中，布线宽度为两种规则，信号线走线宽度为 20 mil，电源和地线走线宽度为40 mil。

2.2.3　用向导制作元件封装

随着电子技术的不断进步，新的元器件不断涌现。在印制电路板的设计过程中经常会出现设计需要的元器件封装在 Protel DXP 的封装库找不到的情况。这时设计者就需要根据手中已有的元器件资料在元器件库中创建新的封装。

1. 创建新的元器件封装库

建立新的空白 PCB 库：

(1) 执行【File】/【New】/【PCB Library】命令。在设计窗口中显示一个新的名为"PcbLib. PcbLib"的库文件和一个名为"PCBComponent_1"的空白元器件图纸。

(2) 执行存储命令“Save As”,将库文件更名另存为“交通信号灯.PcbLib”。

(3) 点击 PCB Library 标签打开 PCB 库编辑器面板如图 2-2-13 所示。

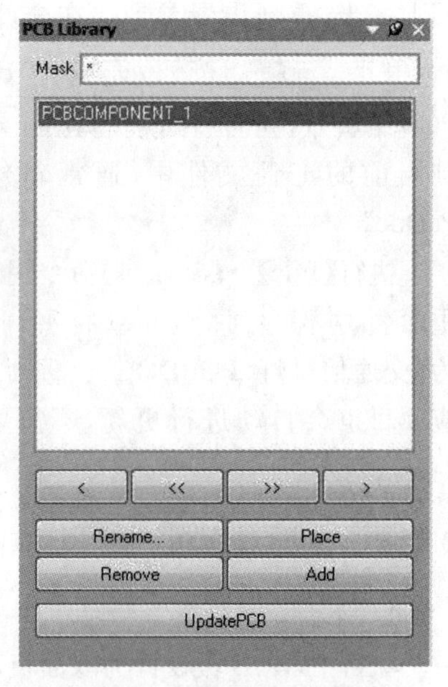

图 2-2-13 PCB 库浏览面板

在新的元器件封装库创建完成后可以使用 PCB 库编辑器中的命令添加,移除或者编辑新 PCB 库中的封装元器件。

2. 从当前文件中创建一个 PCB 库

在 PCB 文件处于激活状态时,执行【Design】/【Make PCB Library】命令,创建一个与当前文件同名的 PCB 库,文件后缀名为“.PcbLib”,当前编辑区中打开的 PCB 文件中所使用到的所有封装会自动添加到新建的 PCB 库中。

当新的 PCB 库被创建完成后它将自动出现在 PCB 库编辑器中。并将打开的 PCB 文件中所有的封装都拷贝到命名为 PCBfilename 的新 PCB 库中。生成的新库存放和源 PCB 文件相同的文件夹中并以自由文档的方式出现在项目面板中。

3. 使用向导创建封装

PCB 库编辑器包含一个元器件封装生成向导,用于创建一个元器件封装。在 Protel DXP 系统中,用向导交互的方式创建元器件的封装。

操作步骤如下:

执行【Tools】/【New Component】命令,系统自动激活元器件向导,并打开如图2-2-14所示对话框。在该对话框提供的向导指引下进行新元器件封装的自动创建。

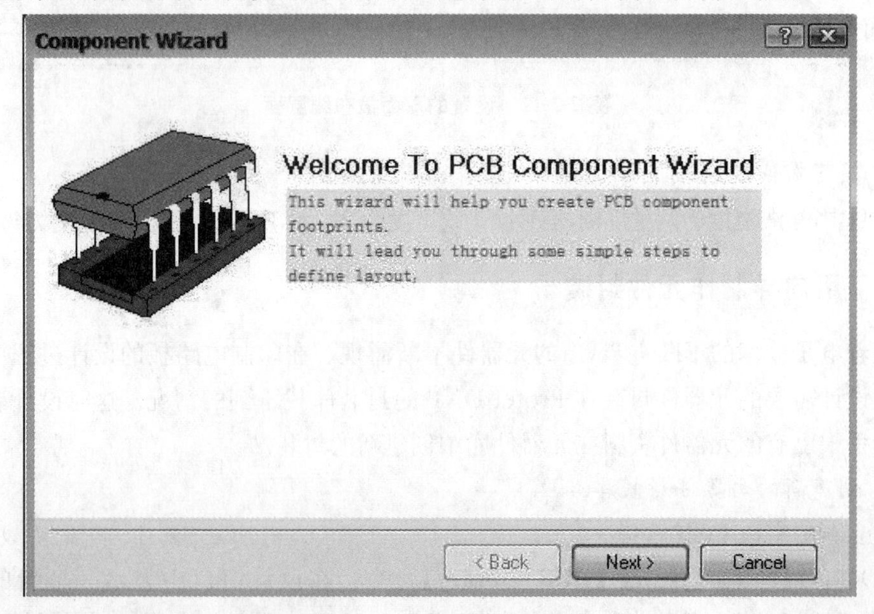

图 2-2-14 启动创建封装向导

点击 Next > 按钮进入向导流程引导设计者选择封装的类型和单位，如图 2-2-15 所示。这里选择双列直插(Dip－Dual in－line Package)模板，英制单位。

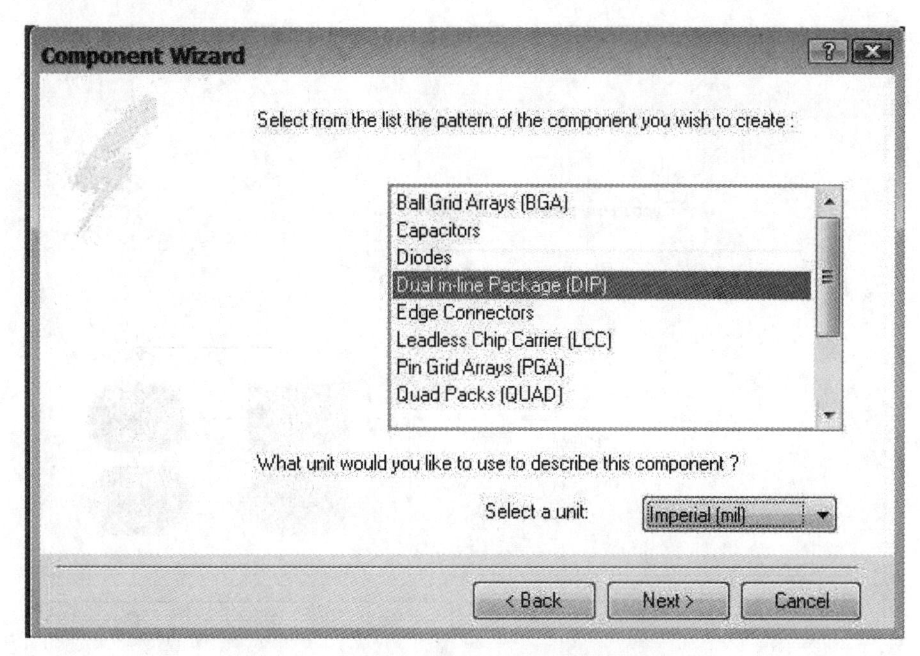

图 2-2-15　创建元器件封装向导选择封装类型

点击 Next > 按钮进入下一步焊盘尺寸设置对话框，如图 2-2-16 所示。这里设置焊盘的外径为 59 mil，内径为 35.43 mil。

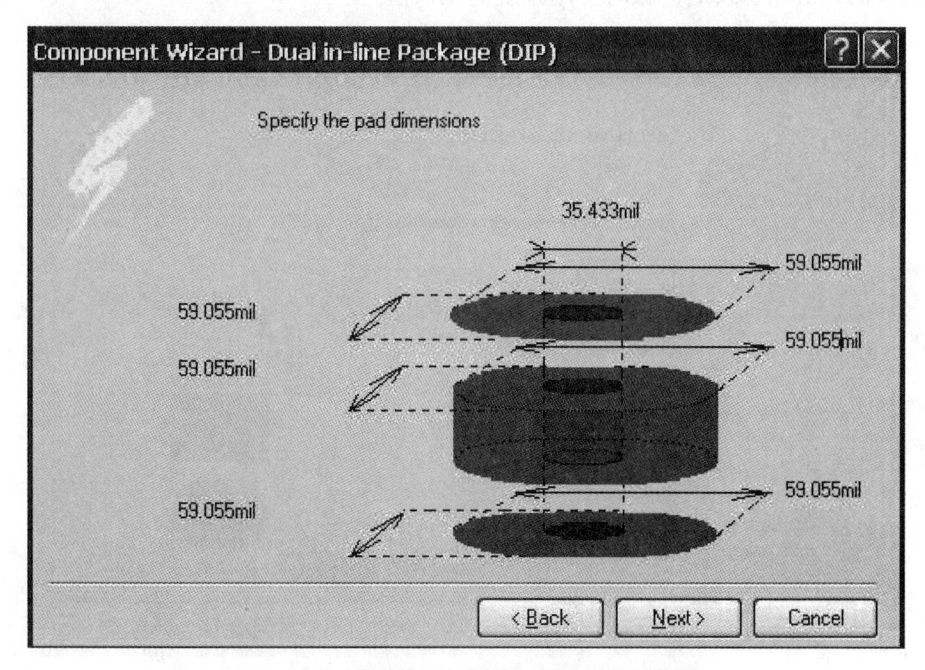

图 2-2-16　创建元器件封装向导设置焊盘参数

点击 Next> 按钮进入下一步焊盘间距设置对话框，如图 2-2-17 所示。设置焊盘之间的水平间距为 300 mil，垂直间距为 100 mil。

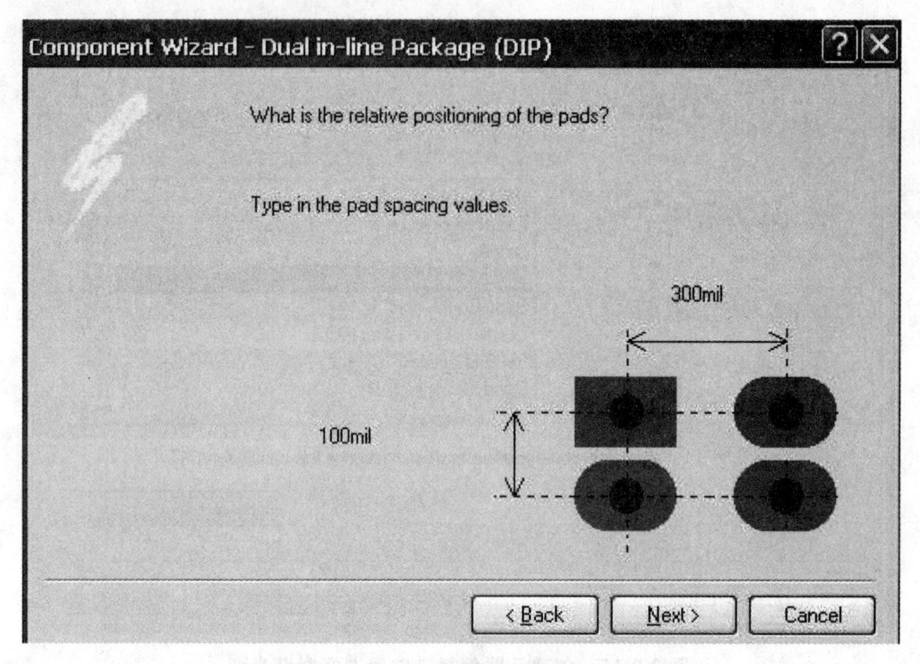

图 2-2-17 创建元器件封装向导设置焊盘间距

点击 Next> 按钮进入下一步封装外型轮廓线尺寸设置对话框，如图 2-2-18 所示。设置封装的外形轮廓线的参数时使用系统的默认值。

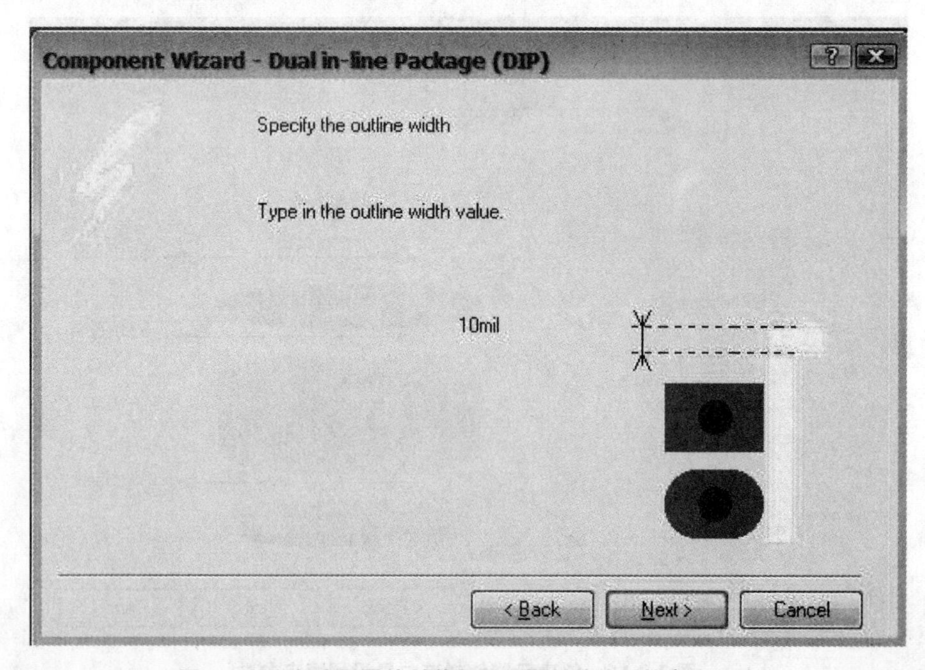

图 2-2-18 创建元器件封装向导设置封装外型轮廓线尺寸

点击 Next> 按钮进入下一步焊盘个数对话框，如图 2-2-19 所示。设置双列直插封装的焊盘个数，这里根据元器件的引脚设置为 28。

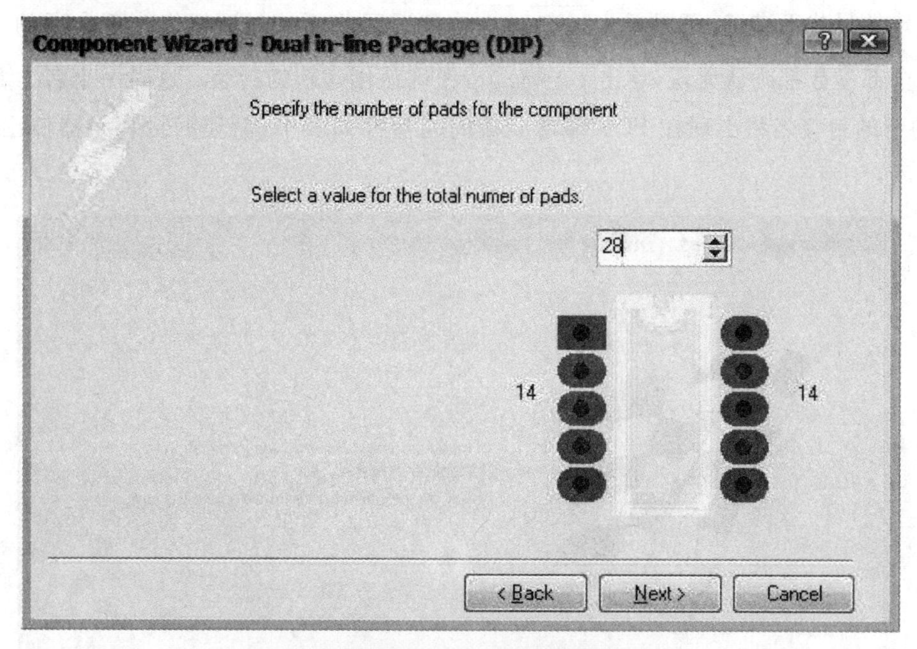

图 2-2-19　创建元器件封装向导设置焊盘个数

点击 Next> 按钮进入下一步设置封装名称对话框，如图 2-2-20 所示。输入新建封装的名称，此处输入“DIP－28”。

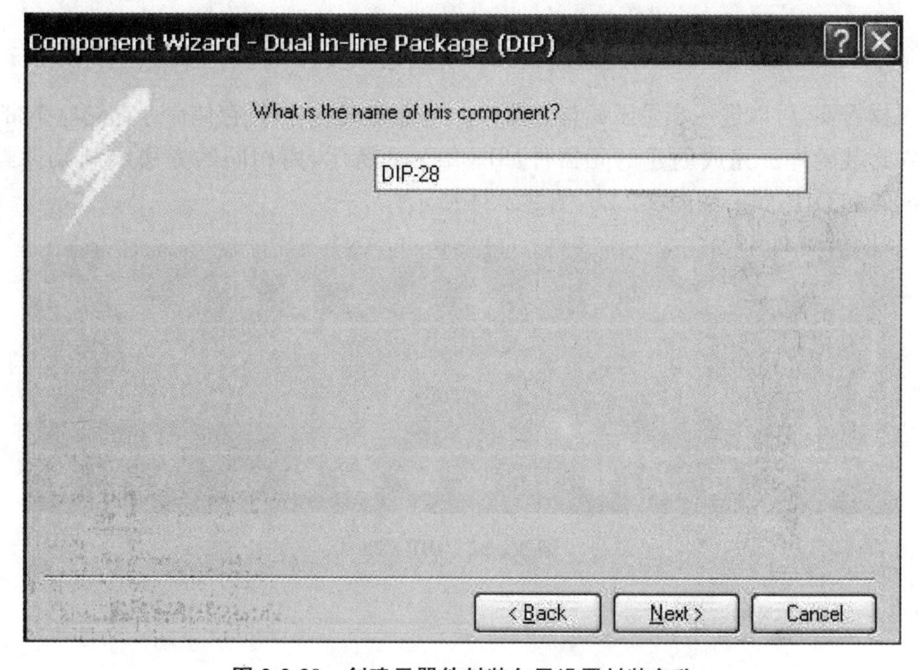

图 2-2-20　创建元器件封装向导设置封装名称

点击 Next> 按钮进入下一步向导完成对话框,如图 2-2-21 所示。这时新建元器件封装向导已经收集所有需要的数据并提示用户确认以创建新的封装。此时,用户若对创建的封装不满意,可以单击 <Back 按钮返回前面的对话框修改不合适的参数。如果全部参数都确认无误,单击 Finish 按钮确认创建新的封装。这时一个名为 DIP-28 的新的封装名将出现在 PCB 编辑面板的元器件列表中,新建的封装元器件出现在编辑区。

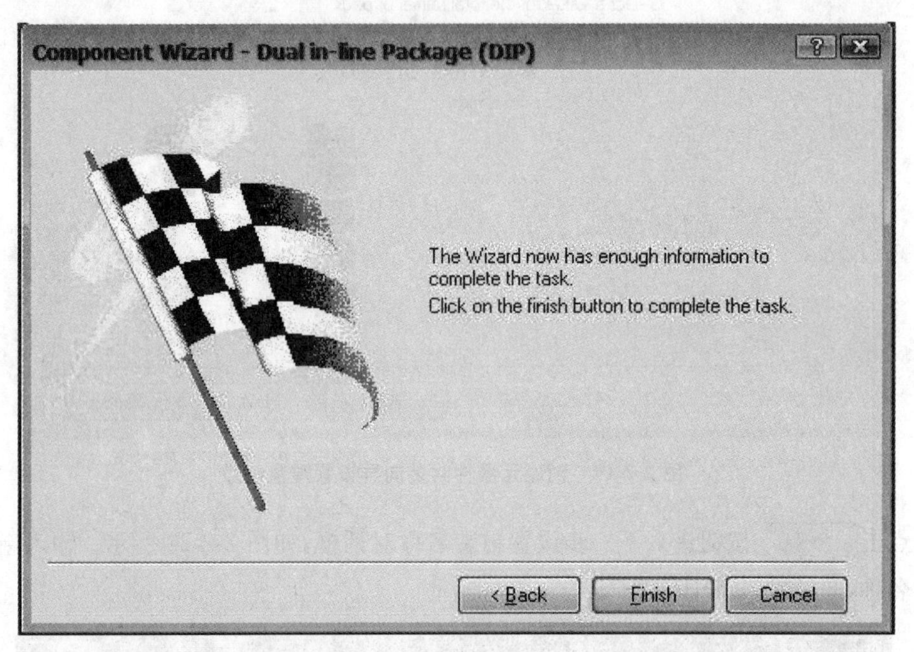

图 2-2-21 创建元器件封装向导完成向导

根据需要,可以进一步手工调整元器件。全部完成后,执行存储命令存储这个带有新元器件封装的库。完成创建的元器件如图 2-2-22 所示,用相同的方法绘制元件封装:DIP-24 和 DIP-40,如图 2-2-23、图 2-2-24 所示。

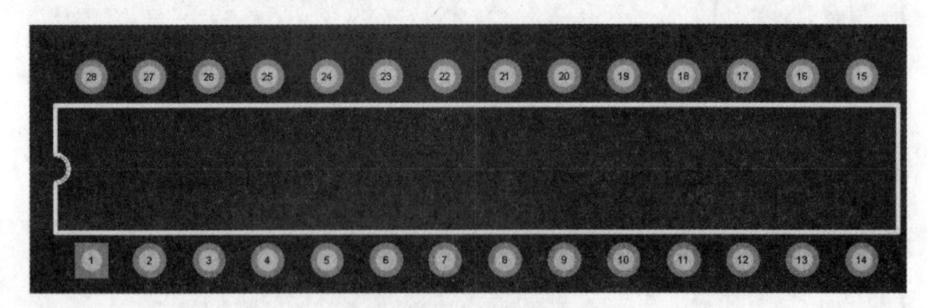

图 2-2-22 DIP-28

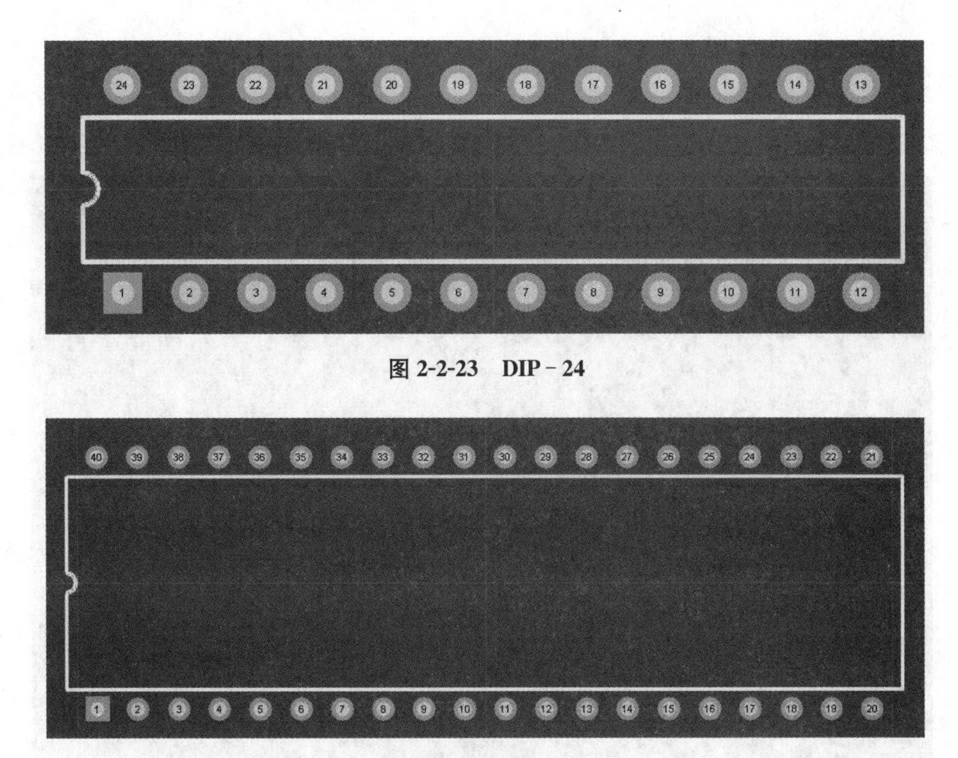

图 2-2-23　DIP－24

图 2-2-24　DIP－40

2.2.4　装载网络报表

在 PCB 编辑环境下，执行命令 Design/Import Change From〔交通信号灯.PRJPCB〕加载网络报表。加载完成的 PCB 图如图 2-2-25 所示。

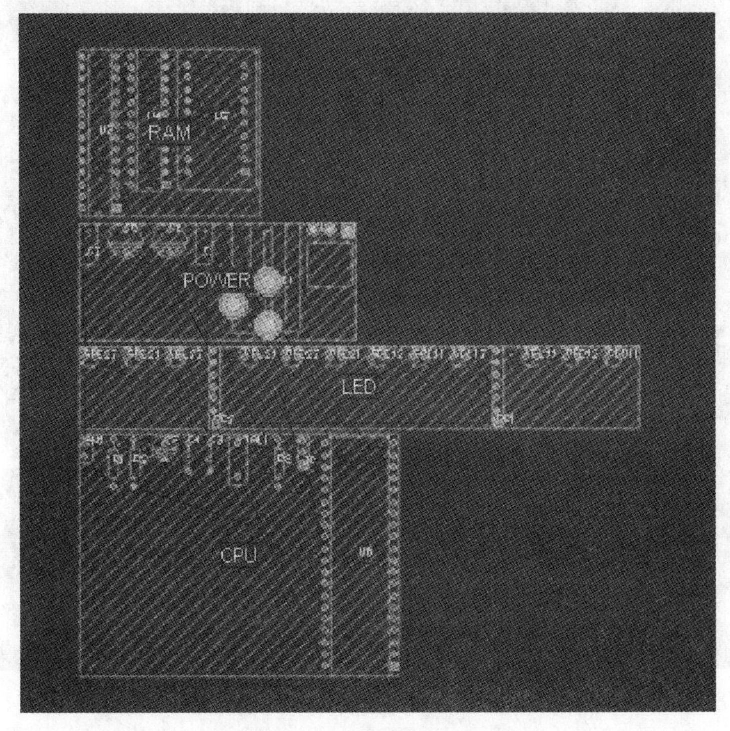

图 2-2-25　加载完成的 PCB 文件

2.2.5　元件布局

结合手动和自动布局方法对 PCB 进行布局，布局完成后的 PCB 图如图 2-2-26 所示。

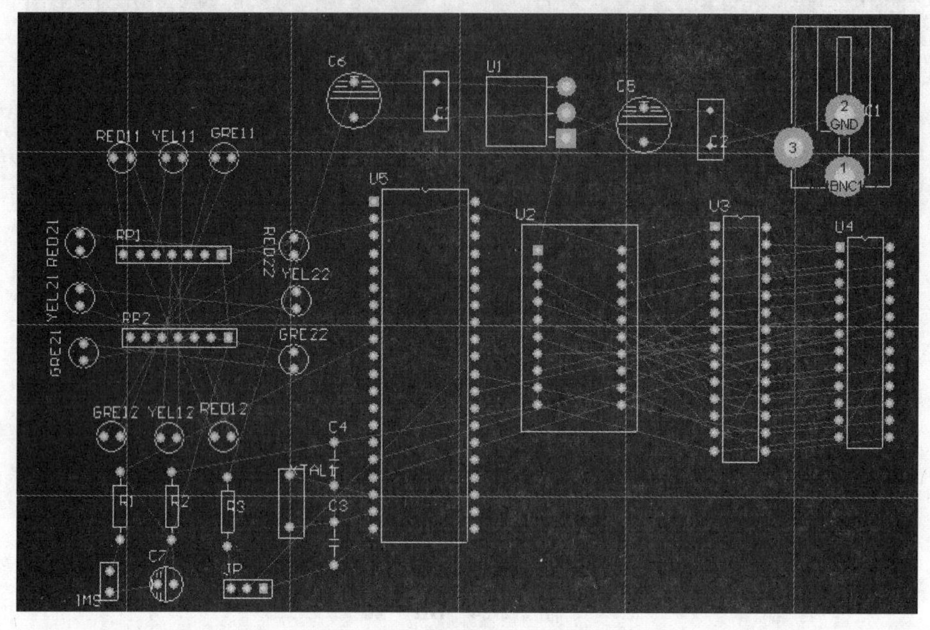

图 2-2-26　布局后的 PCB 图

2.2.6　布线

执行菜单命令【Auto Route】/【All】进行自动布线，布线完成后的 PCB 图如图 2-2-27 所示。

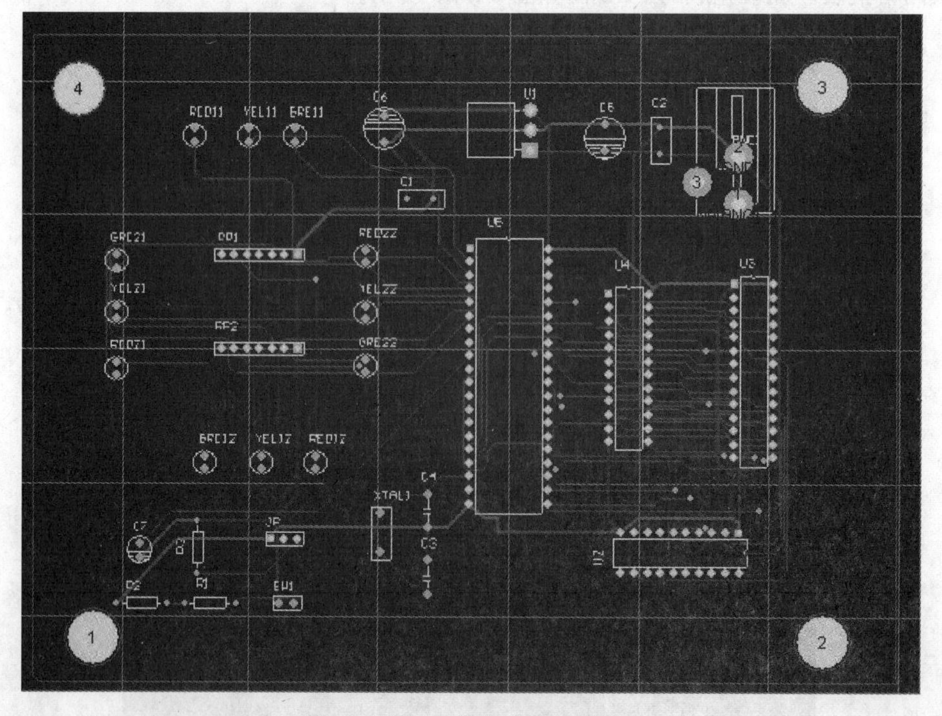

图 2-2-27　布线后的 PCB 文件

2.2.7　DRC 检测

执行菜单命令【Tools】/【Design Rule Check】进行设计规则检查，根据检查结果修改电路板的布线，直到没有错误为止。

☆知识链接 1：印制电路板系统参数设置☆

由于印制电路板设计的复杂性，Protel DXP 的 PCB 编辑器为用户提供了丰富的可设置参数，大大地方便了用户的设计。根据设计需要，这些参数主要集中在 PCB 编辑参数、工作层面及工作参数上。在印制电路板的设计过程中通过对这些参数的合理设计，可有效地提高 PCB 设计的效率和质量。

PCB 编辑器参数设置主要用来设定编辑器操作的意义、显示颜色、显示精度等项目。在设置时，执行菜单命令【Tools】/【Preferences】系统自动弹出参数设置对话框。在对话框中有 4 个设置选项标签，它们分别是选项（Option）标签、显示（Display）标签、显示/隐藏（Show/Hide）标签和默认设置（Defaults）标签。通过对各个选项的分栏设置和选取，可以使设计环境更加符合用户的需要。

按下参数设置对话框中的选项（Option）标签，弹出的选项（Option）设置对话框中有 5 个分组域，下面将常用的子项功能介绍如下：

在编辑选项（Editing Options）域中有以下几个参数复选框：

- 在线 DRC 检查（Online DRC）复选框：选择该项，在手工布线和调整过程过程实时进行 DRC 检查，并在第一时间对违反设计规则的错误给出提示。
- 对齐到中心（Snap to Center）复选框：选择该项，用光标选择某个元器件时，光标自动跳到该元器件的基准点，通常为该元器件的中心，有时也可能是元器件的第一管脚。
- 单击清除选择（Click Clears Selection）复选框：选择该项，用鼠标单击时，原选择的图件将会被取消选择，如果不选择该项，用鼠标单击其他图件时，原来的图件被保持选择状态。
- 启动检查面板（Double Click Runs Inspector）复选框：选择该项，用鼠标双击某图件时，即可启动该图件的检查器工作面板。
- 删除标号重复的图件（Remove Duplicates）复选框：选择该项，自动删除标号重复的图件。
- 全局修改前给出提示信息（Confirm Global Edit）复选框：选择该项，在全局修改操作对象前给出提示信息，以确定是否选择了所有需要修改的对象。
- 保护被锁定的图件（Protect Locked Object）复选框：选择该项，对于 Locked 属性已经设置的对象，将无法使用鼠标直接拖曳进行移动操作。当然，用户仍然可以通过双击图件，在属性栏里输入坐标来移动图件。

在窗口自动移动功能（Autopan Options）域内设置的参数如下：

- 移动方式（Style）选择下拉框：设置屏幕窗口的自动移动方式，即在布线或移动图件的操作过程中，光标到达屏幕边缘时屏幕如何移动。在该设置栏目下共有 7 种方式可供选择。选择时鼠标左键单击下拉框右侧的按钮，系统弹出下拉菜单，用户可以根据需要选择。

- 移动步长(Step Size)：屏幕移动一次的间距。
- 快速移动步长(Shift Step)：按下 Shift 键屏幕快速移动一次的间距。
- 移动速度(Speed)：如果用户选择自适应移动方式，可以选择移动速度，在手工布线(Interactive Routing)设置域中设置的内容有。
- 布线模式(Mode)下拉框：用于设置系统对于手工布线的约束方式。
- 调整敷铜(Plow Through Polygons)复选框：在敷铜区内手工布线时，自动调整敷铜区的内容，使该导线和敷铜区之间的间距不小于安全间距。
- 自动删除重复连接(Automatically Remove Loops)复选框：手工布线时，自动删除同一对结点间的重复连线。
- 精确连接线端(Smart Track Ends)复选框：手工布线时，以导线的端头连接为有效连接。

在其他选项(Other)设置域内设置的参数有：

- 系统重复/撤销操作的次数(Undo/Redo)：设定系统最多可以多少次撤销操作，为了执行撤销操作，系统会在用户每完成一次操作时都保存一些必要的数据以便能准确地恢复到上一步操作未执行时的状态，次数设定的越多，为执行撤销操作所需要保存的数据会越多。
- 转动角度(Rotation Step)：设定移动图件操作时，每次按空格键图件转动的角度。系统默认每次旋转 90°。这个参数建议通常情况下不要修改，对于个别需要精细调整角度的图件，可以用鼠标双击图件，在属性设置对话框中输入所需要的旋转角度。
- 光标形状(Cursor Type)：移动图件以及手工布线时光标的形状，有 3 种形状可供选择，分别为大"+"字(Large 90)、小"+"(Small 90)、"X"(Small 45)。
- 元器件移动模式(Comp Drag)：元器件移动模式，单击其右侧的下拉菜单有两个选项供选择。用来设置元器件移动时是否拖动与之连接的导线。
- 显示设置：按下参数设置对话框中的显示(Display)标签。

在显示(Display)设置对话框中有 4 个分组域，下面将常用的子项功能介绍如下。

在显示选项(Display Options)设置域内设置的参数有：

- 特殊字符串显示(Convert Special Strings)复选框：选择该项用于设定是否显示特殊字符串的内容。
- 元器件高亮设置(Highlight in Full)复选框：选择该项用于在定义块的时候，设置元器件高亮显示。
- 高亮色显示(Use Net Color For Highlight)复选框：选择该项用于设置高亮色的网络颜色。
- 刷新当前层(Redraw Layer)：选择该项用于当切换工作层时，重新绘制工作区，最后绘制当前层。

● 单层显示(Single Layer Mode)复选框:选择该项,在编辑区中仅显示当前层,用于在调整走线时,以便更清晰地观察所选地工作层哪条走线不合理。

● 透明显示(Transparent Layers)复选框:选择该项用于设置透明显示模式显示。

在显示(Show)设置域内设置的参数有:

● 焊盘网络(Pad Nets)复选框:选择该项用于设置在焊盘上是否显示该焊盘所属的网络。

● 焊盘编号(Pad Numbers)复选框:选择该项用于设置在焊盘上是否显示该焊盘的编号。

● 过孔网络(Via Nets)复选框:选择该项用于设置在过孔上是否显示该过孔所属的网络。

● 测试点(Test Points)复选框:选择该项用于设置在测试点上显示标注。

● 原点标识(Origin Marker)复选框:选择该项用于设置在坐标原点上是否显示指示符。

● 当前编辑区状态(Status tofo)复选框:选择该项用于设置是否显示当前编辑区的状态信息。

在层面重画顺序(Layer Drawing Order)设置按钮:

在显示刷新时,按照设置的顺序重画 PCB 图中各层的画面。

显示/隐藏设置:按下参数设置对话框中的显示/隐藏(Show/Hide)标签,在显示/隐藏(Show/Hide)对话框中,用户可以通过选择设置在 PCB 的编辑中是否显示某类或某些类元器件。

每种类的电气符号都有 3 种选择项:

Final:精细显示,选择这一项,对应的显示可精细显示电气符号的全部。

Draft:轮廓显示,选择这一项,还类别的只显示电气符号的轮廓。

Hidden:隐藏,选择这一项,不显某些类型的电气符号。

默认设置:设置主要设置电气符号放置 PCB 图编辑区时的默认状态,用户可以将使用最多的值设置为默认值。

系统的默认属性的结果存放在安装路径上的\system\ADVPCB. DFT 文件中。

用户在设置修改某些项属性之后,可以自己指定设置保存路径,单击【Save As ...】按钮将设置存放至 * 。DFT 文件中。这样在下次进入系统时,单击【Load ...】按钮,选择上一次存盘的文件,就可以读上次设定的默认值。然后单击【Reset All】按钮,恢复系统默认值。

对某一种电气符号的属性进行修改,可以先用鼠标在列表框中选择该项电气符号,然后单击【Edit Values ...】按钮,则可弹出该电气符号的设置属性对话框,这样就可以修改其设置了。

要恢复某一种电气符号以前的默认值,也是先用鼠标在列表框中选择该项电气符号,单击【Reset】按钮即可完成。

☆知识链接 2:PCB 设计的工作面设置☆

为完成各种不同类型的印制电路板的设计,以及用户的各种不同功能,Protel DXP 为用户提供了多达 74 层的设计工作面。根据不同的设计用途,这些工作层面分为若干个不同类型。其中包括信号层、内部电源接地层、机械层等。在设计印制电路板时,用户可以在不同工作层面上根据需要和习惯来设置工作层面,以便在设计中对工作层面进行管理。

1. 工作层面的类型

在设计印制电路板前,用户必须根据设计的需要 PCB 编辑区工作层面的类型进行设置。要对 PCB 编辑区的工作层面进行设置,首先执行菜单命令【Design】/【Board Layers】,这时系统弹出工作层面设置对话框,如图 2-2-28 所示。下面对工作层面的主要的几种类型分别做一简单介绍。

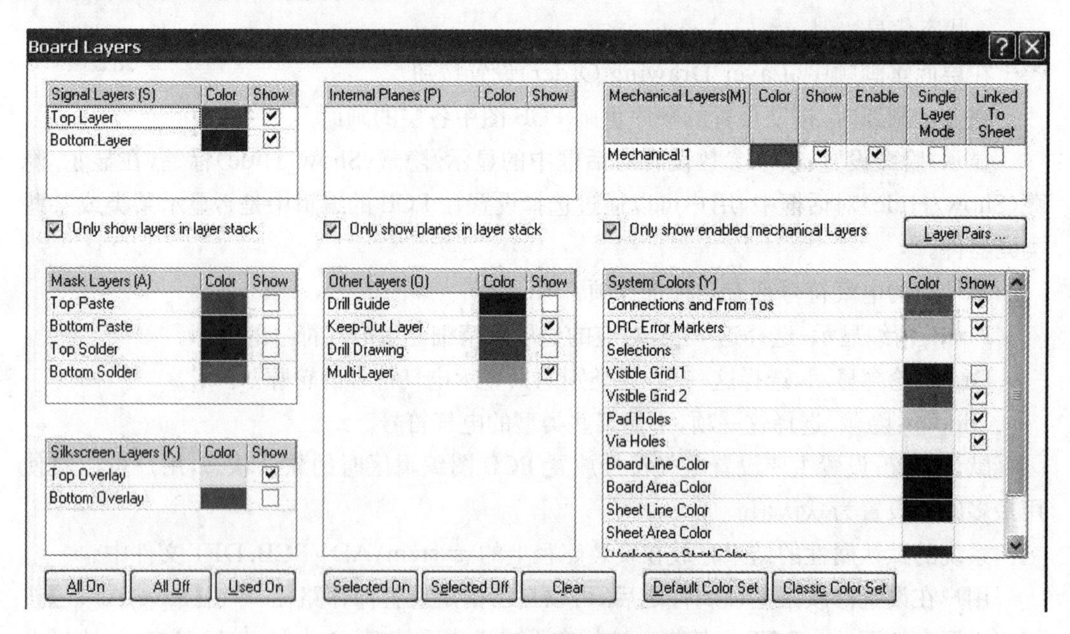

图 2-2-28 工作层面设置对话框

信号层:在 Protel DXP 中信号层是用来放置元器件和作为电路连接布线的工作层。为满足不同类型的印制电路板的设计,PCB 编辑器提供了 32 个供用户使用的信号层,它们分别是“Top Layer”、“Bottom Layer”以及“Mid－Layer～Mid－Layer30”。取消信号层设置下的“Only show layers in layer stack”复选框,可以显示所有可用的信号层。顶层(Top Layer)和底层(Bottom Layer)为外部敷铜布线的工作层面,它们可以用于多层板的信号布线。

内部电源、接地层:PCB 编辑器提供了 16 个内部电源、接地层,它们分别是“Internal Plane1－Internal Plane16”。内部电源、接地层在多层印制电路板中用来布置电源线和地线。

机械层：PCB 编辑器提供了 16 个机械层，它们分别是"Mechanical1 ～ Mechanical16"。机械层主要用于放置与电路板的机械特性有关的元素，例如标注尺寸信息和定位孔等。

防护层：PCB 编辑器提供了两种防护层，主要用于防护电路板部分不镀上锡，以利于电路的焊接和绝缘。

丝印层：PCB 编辑器提供了顶层（Top Layer）和底层（Bottom Layer）两个丝印层。丝印层主要用于绘制元器件的外形轮廓，元器件标号和说明文字等。

其他工作层面：除了上述与印制电路板设计结构有关层面外，PCB 编辑器还提供了其他一些工作层面，例如禁止布线层（Keep - Out Layer）用于绘制印制电路板的边框将 PCB 的布线限制在这个边框之内。

多层（Multi Layer）用于观察焊盘过过孔等每一层上都可见的电气符号以及控制印制电路板加工钻孔的有关层面等。

PCB 编辑器在提供上述的工作层面中都可以在 Windows 操作系统颜色体系中设定各项的颜色。设定方法如下：

（1）打开颜色选定对话框颜色选定对话框，如图 2-2-29 所示。打开的方法有以下两种：

用鼠标左键双击要更改颜色的工作层面。

用鼠标右键单击要更改颜色的工作层面，在弹出的快捷菜单中选择〈Change Color ...〉菜单项。

（2）在对话框中选取设定的颜色单击 OK 按钮完成颜色的设置。

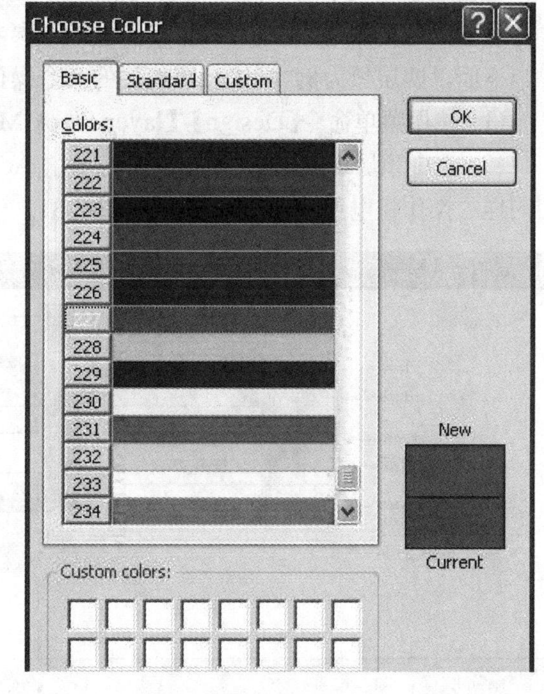

图 2-2-29

2. PCB 板层堆栈管理器

从绘制 PCB 的角度讲，印制电路板的板层是重要的工作层面。为便于用户可以进行工作层面（板面）的添加、删除操作，还可以更改各个工作层面的顺序。

执行菜单命令【Design】/【layer Stack Manager】，系统弹出板层堆栈管理设置对话框，如图 2-2-30 所示。在对话框中系统默认的板层为双面板。

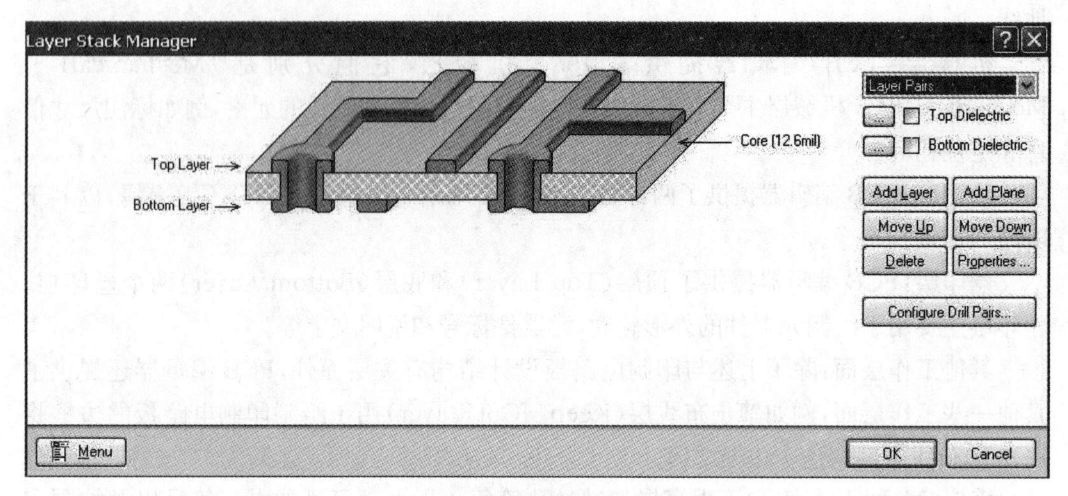

图 2-2-30　板层堆栈管理设置对话框

在板层堆栈管理器的左下角 Menu 按钮，用鼠标左键单击系统弹出板层管理菜单。用于板层的添加、删除等管理操作。

在板层管理菜单的带内陆板层堆栈示例(Example Layer Stacks)选项下为用户提供了多种不同结构的电路板模板，供用户选用或参考。

下面以四层板为例，具体介绍板层的命令操作步骤如下：

(1) 使用菜单命令【Design】/【layer Stack Manager】，打开板层堆栈管理器对话框。

(2) 选中顶层或底层，用鼠标的左键单击 Add Plane 按钮，电路板即增加一内层。使用同样的操作将电路板增加两层，见图 2-2-31。

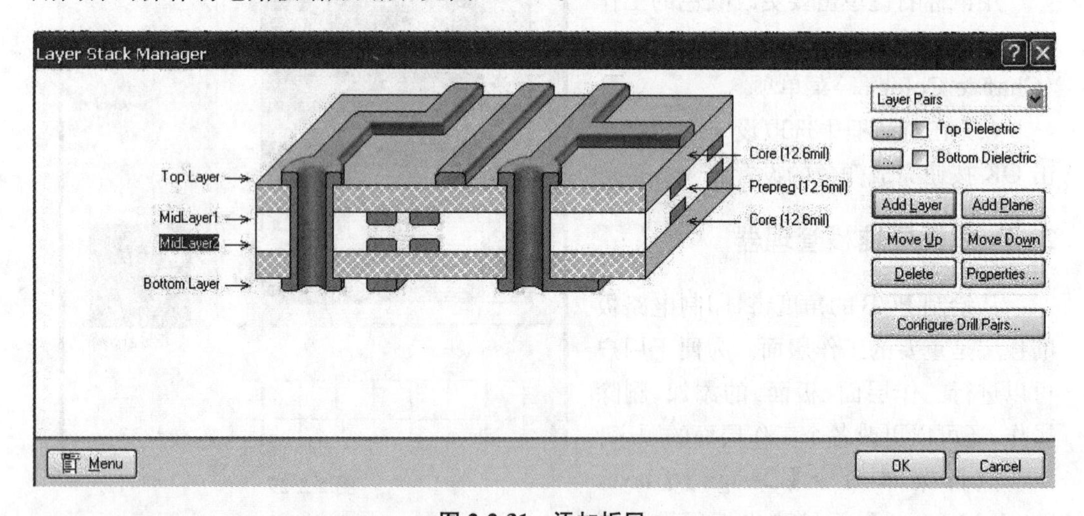

图 2-2-31　添加板层

设置时，信号层的添加与内层相似，只是添加时改为鼠标单击 Add Layer 按钮。

(3) 材料属性设置：在板层管理对话框中用鼠标左键双击某一材料层，系统弹出材料属性设置对话框。在该对话框中，可以设定该层的名字、铜箔的厚度等参数，为印制电路板的制造厂商提供所需要的工艺信息，如图 2-2-32 所示。

（4）板层属性设置：在板层管理对话框中用鼠标左键双击某一层层面，系统弹出层面属性对话框。在该对话框中，可以对该层面的名字、厚度参数等进行设置，如图 2-2-33 所示。

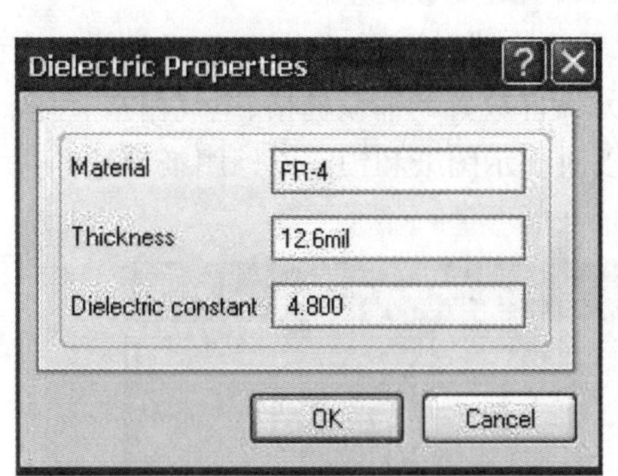

图 2-2-32　材料属性设置

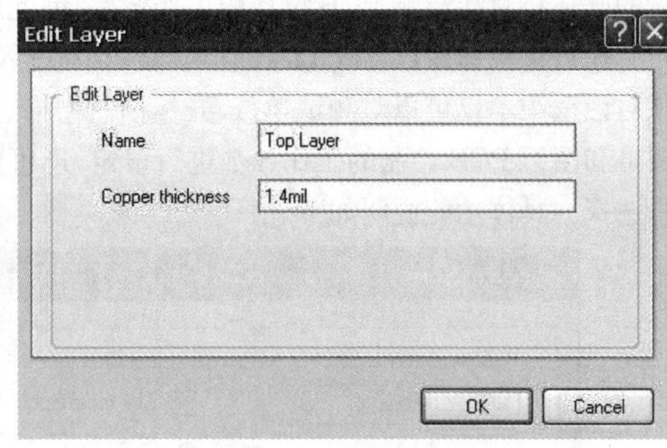

图 2-2-33　板层属性设置

（5）钻孔属性的配置：在板层堆栈管理器对话框中，用鼠标单击 Configure Drill Pairs 按钮，系统弹出钻孔属性配置对话框。在对话框中可以配置钻孔属性，如图 2-2-34 所示。

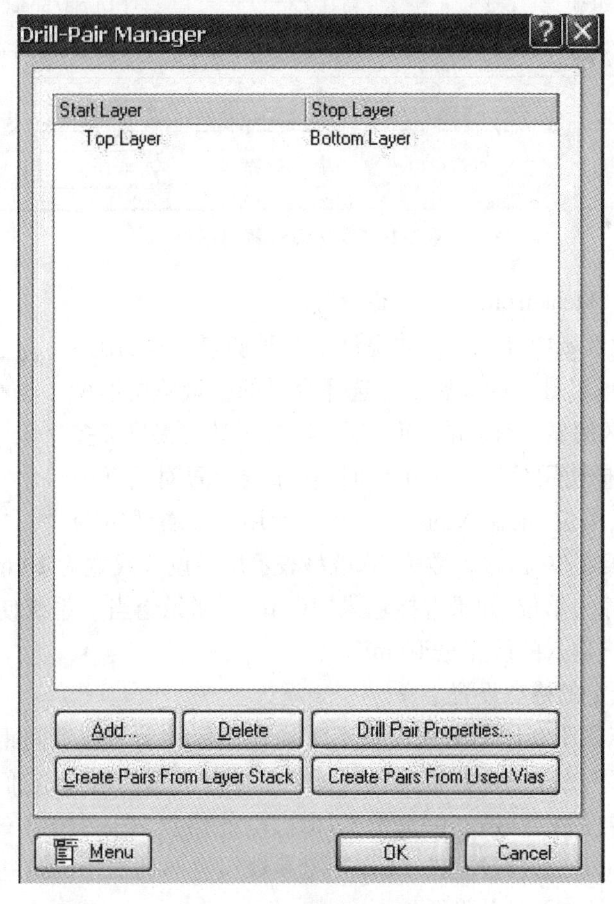

图 2-2-34　钻孔属性的配置

3. PCB 工作参数的设置

在 Protel DXP 中，工作参数的设定对印制电路板的设计环境十分重要，工作参数设置的好坏将直接影响 PCB 设计的工作效率，因此应当引起足够的重视。

执行菜单命令【Design】/【Options】，即可进入环境设置对话框，如图 2-2-35 所示。在该对话框中不仅可以对测试单位、光标捕获栅格、元器件放置的捕获栅格、电气栅格、可视栅格和图纸 PCB 绘制的工作参数进行设定，还可以对显示图纸和锁定原始图纸等选项进行选择。具体功能说明如下。

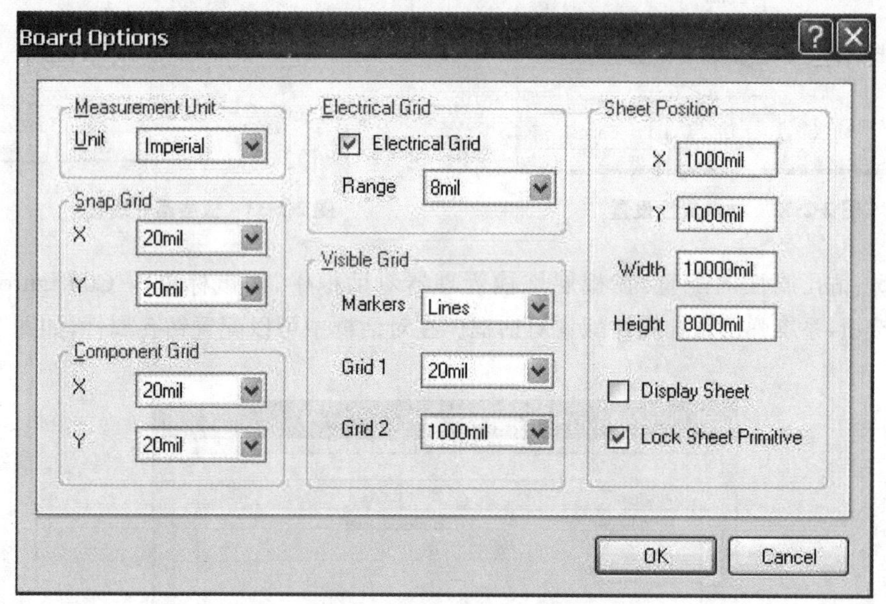

图 2-2-35　环境设置对话框

(1) 测量单位(Measurement Unit)设置。

在测量单位设置域中，DXP 一共提供了两种测量单位，用户可以根据需要选择，如图 2-2-36 所示。选择合适的度量单位不仅对 PCB 设计工作区的显示有影响，而且还可以在设计时提供很多便利。例如，在选择使用公制度量单位时，在布线设置对话框中输入线宽时不输入单位，则输入的数字 10 表示用户设置线宽为 10 mm，如果使用英制单位，输入数字 10 就将表示用户设置线宽为 10 mil。当然，如果需要的话，用户可以输入单位，如果直接输入“10 mil”，那无论当前系统使用的是什么度量单位，都会认为用户输入的线宽是 10 mil。

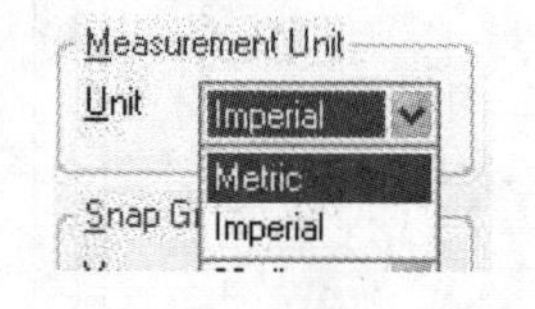

图 2-2-36　测量单位设置

(2) PCB 图纸上的格点设置。

PCB 上的格点用于在印制电路板绘图时确定光标移动的位置间距。根据不同的绘图要求，Protel DXP 的印制电路板编辑器提供了 4 种类型的格点，它们分别是捕获格点(Snap Grid)、元器件格点(Component Grid)、电气格点(Electrical Grid)和可视格点(Visible Grid)。在 Protel DXP 的 PCB 环境参数设置对话框中为这些参数的设置提供了相应的设置域。具体意义及设置如下：

- 捕获格点(Snap Grid):捕获格点决定 PCB 绘图中鼠标移动时捕获的格点间距。在 PCB 的绘图过程中若电气格点控制设置为无效,鼠标将捕获格点的单位在图纸上的移动。

在设置域内可以按下设置框右端的下拉按钮,弹出的下拉框中选用设定值,通常情况下,为了便于绘图操作,在 X 方向上和在 Y 方向上捕获格点的间距设置采用相同的设置值。取值的大小一般设置为元器件引脚间距的约数。其目的是使系统容易捕获到绘图对象,另一方面也可以使捕获精度范围足够大。

- 元器件格点(Component Grid):元器件格点 PCB 绘图中元器件放置及移动时最小移动间距。使用元器件格点,可以使元器件在印制电路板上的布局更加规整。与捕获格点类似,元器件格点的设置也是采用 X、Y 两个方向的下拉菜单设置方式。为了便于布线,元器件格点的设置一般也为元器件引脚间距的约数,通常设置取与捕获格点相同值。
- 电气格点(Electrical Grid):电气格点决定了 PCB 设计中采用不县的方式建立电气连接放置导线的捕获范围。在电气格点设置域中选中“Electrical Grid”复选框,表示启动电气格点捕获功能。在启动该项功能后,在 PCB 上绘制具有代暖气意义的对象时鼠标光标将以当前位置为中心,以“Range”栏中设置的数值为半径搜索最近的具有电气意义对象(例如到导线、焊盘、过孔以及元器件的引脚等)并自动与该对象建立电气连接。

电气连接的设置大大地减轻了连线时准确放置导线的工作量,同时也大大地提高了电气对象绘制时的工作效率。因此在印制电路板的绘制中启动并恰当设置电气格点功能对加快 PCB 设计的操作速度和绘图精度十分有意义。

- 可视格点(Visible Grid):可视格点为工作窗口内 PCB 编辑区可以见到的格点。可视格点的采用为印制电路的绘制过程中提供了位置参考。在可视格点设置域中设置的内容有,格点形式(Markers)可通过下拉框先选择网格形式(Lines)和点阵(Dots)形式和小、大两个范围的格点间距值(Grid1、Grid)。

为了符合 PCB 设计的工作习惯,一般将小范围格点间距值(Grid1)设置的与捕获格点设置相同,大范围格点间距值(Grid2)一般采用缺省值。

(3) PCB 图纸位置的设置。

每一个 PCB 文件在设计完成后都以图纸的形式表示。在设计印制电路板时,图纸对于 PCB 文件只是一个工作的环境,在 Protel DXP 它的值并不影响设计结果。所以只要图纸大小包含设计的印制电路板就能符合要求。因此,在 Protel DXP 软件中,一般给出了一个足够大的图纸默认值,设计时一般采用默认值即可满足要求。

小　结

在掌握了电路原理图的基本设计方法以后,我们可以进行一般的电路原理图的设计。首先针对电路原理图的设计中不断涌现的新元器件在电路设计中的应用,介绍了 Protel DXP 提供的集成元件库的使用方法和元器件的创建。对于大型复杂的电路的设计采用层

次化的电路设计方法可以将大规模、复杂的电路按照某种规则和方法进行划分以便在不同的图纸上分别绘制并使用电路模块原理图说明各个单元模块电路原理图之间的关系。

☞ **扫一扫可见本项目参考答案**

1. 在 Protel DXP 中如何创建一个新的元器件？简述创建元器件的基本方法。
2. 在创建新的元器件时引脚的作用有哪些？使用绘制的直线代替引脚会出现哪些问题？
3. 元器件的引脚有哪些属性？在元器件的创建过程中根据哪些因素设置它们的属性？
4. 简述层次电路原理图在电路设计中的意义和作用。
5. 设计层次电路原理图一般有哪两种方法？各在哪些情况下使用？
6. 层次电路原理图中的端口有哪些作用？在进行端口属性设置时应考虑哪些内容？
7. 电路原理图设计时 Protel DXP 提供了哪几种报表？
8. 绘制出如下图所示电路原理图。

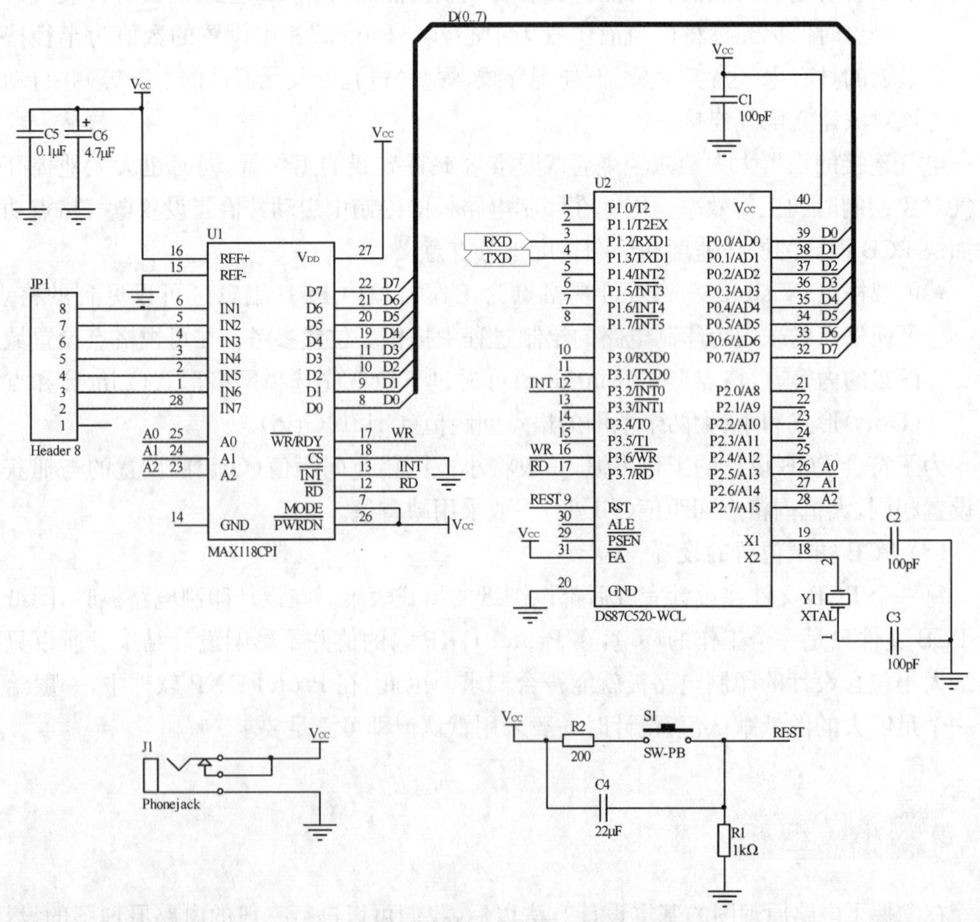

单片机最小系统原理图

9. 试着将第 8 题的电路图改为层次原理图。

项目3　FM收音机电路板的制作

本项目为FM收音机电路板的制作，与前面不同，本实例使用了贴片元件，而这是现代电路发展的趋势。通过本案例进一步熟悉Protel DXP在PCB设计上的使用方法，同时，详细介绍一些新的设计技巧，比如全局编辑、自动编号、元件集成库的建立等等。

能力目标

1. 全局编辑、自动编号。
2. 创建贴片式元件的PCB封装。
3. 元件集成库的建立。
4. 设计规则。
5. 调整标注、敷铜、补泪滴操作。

任务1——元件集成库的创建

首先，新建一个项目文件“FM电路.PrjPcb”和原理图“FM电路.SchDoc”。

本任务主要是完成集成芯片SC1088的原理图符号和封装的绘制，并建立相应的集成元件库。通过查阅资料，该芯片原理图符号和封装资料分别如图3-1-1和图3-1-2所示。

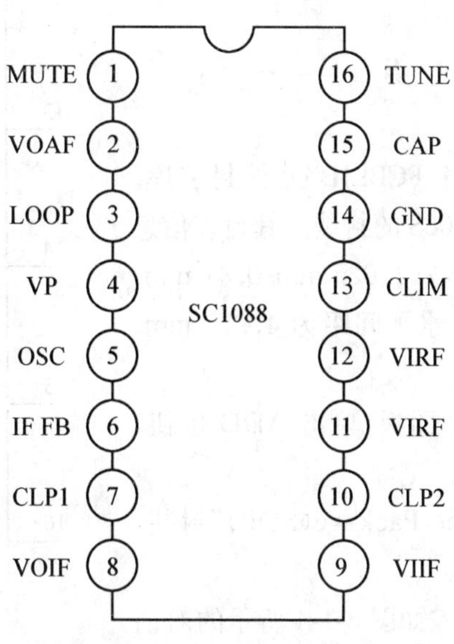

图3-1-1　SC1088的外形图

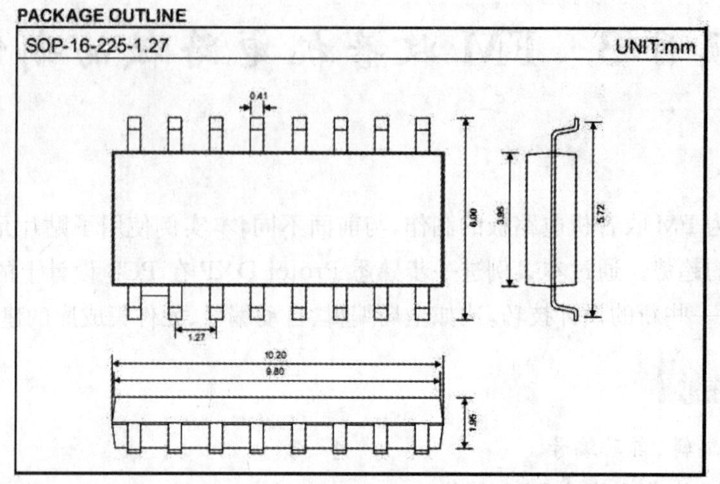

图 3-1-2　SC1088 的封装尺寸

3.1.1　创建原理图库

执行菜单命令【File】/【New】/【SCH Library】，创建"FM 电路. SchLib"原理图库文件。

(1) 在【SCH Library】面板的元件列表框里，选择系统创建的"Component_1"元件，然后执行 Tools 菜单下 Rename Component，给元件重命名为 SC1088。

(2) 制作 SC1088 原理图符号，如图 3-1-3 所示。

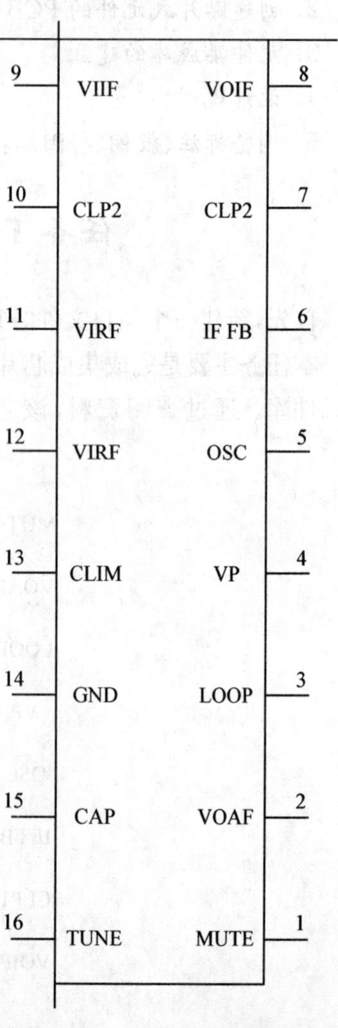

图 3-1-3　SC1088 原理图符号

3.1.2　创建 PCB 库

接下来，创建"FM 电路. PCBLIB"元件封装库。本任务中通过向导制作 SC1088 的封装。其封装信息为：名称为 SOP16，焊盘大小为 1.025 mm/0.41 mm，焊盘垂直间距为 1.27 mm，水平间距为 4.975 mm。具体操作方法如下：

(1) 打开 PCB Library 面板，单击 ADD 按钮，进入向导模式。

(2) 选择"Small Outline Package(SOP)"封装，长度单位选择"Metric(mm)"。

(3) 单击 Next 按钮进入如图 3-1-4 所示的对话框，设定焊盘尺寸为 1.025 mm/0.41 mm。

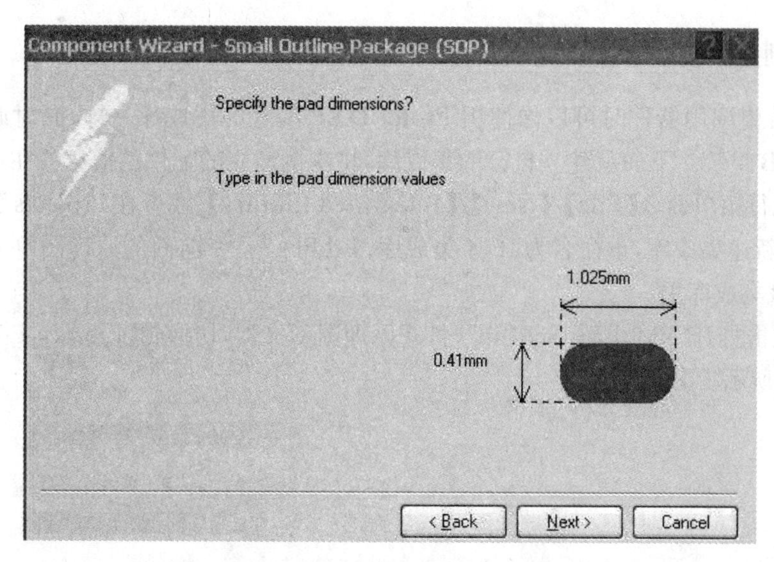

图 3-1-4　设定焊盘尺寸对话框

(4) 下一步设置管脚的相对位置与间距。取水平间距为 4.975 mm,垂直间距为 1.27 mm。如图 3-1-5 所示。

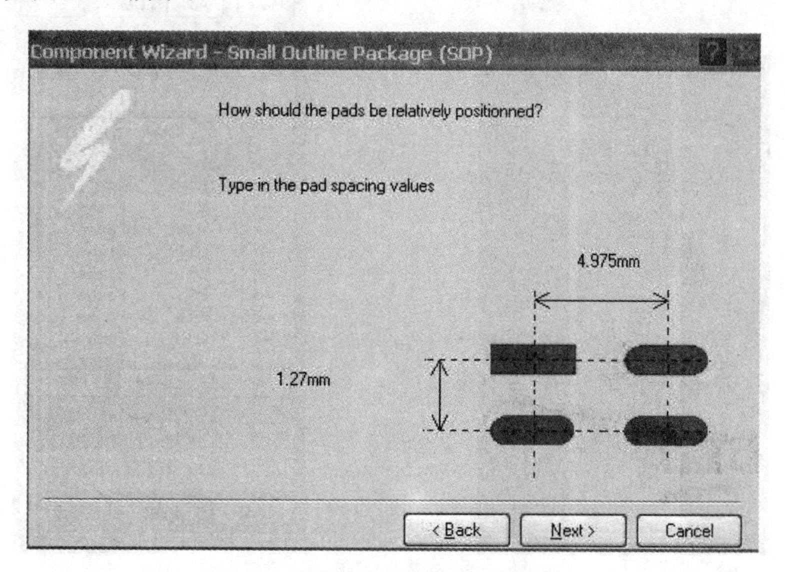

图 3-1-5　设置管脚的相对位置与间距

(5) 单击 Next,设定元件边框线宽,保持缺省值 0.2 mm 不变。

(6) 接下来是设定管脚数目,输入 16。

(7) 设定元件名称,将名称设为 SOP16。

(8) 所有设定工作已经完成,进入向导结束对话框。单击 Finish 确认所有设置,系统自动生成如图 3-1-6 所示的 PCB 文件。

3.1.3　创建元件集成库

我们希望调用器件时可以像使用 Protel DXP 本身的集成库一样，同时调用原理图符号和 PCB 封装。下面就建立自己的集成库，将本例建立的元件的信息放在这个库中。

(1) 执行菜单命令【File】/【New】/【Integrated Library】，或者在 Projects 面板中单击右键，选择新建集成库，重命名为"FM 集成库. LibPkg"。将前面的原理图符号库和封装库拖入到该集成库里。

(2) 双击打开"FM 电路. SchLib"，打开原理图库文件，切换到【Library Editor】面板，如图 3-1-7 所示。

图 3-1-6　生成的 PCB 文件

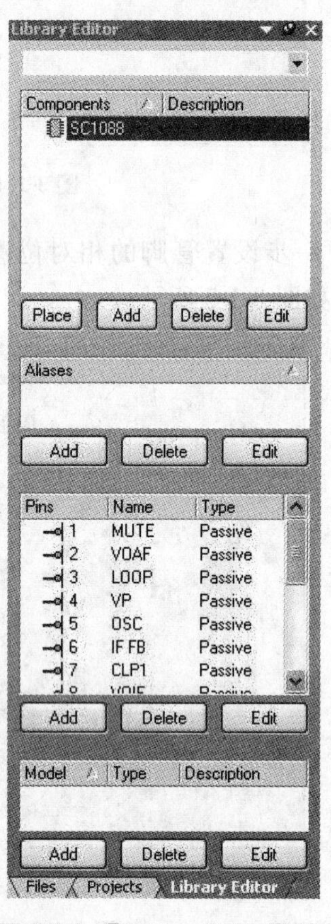

图 3-1-7　【Library Editor】面板

(3) 选择 SC1088 元件，单击 Edit 按钮，打开属性设置对话框。单击右下方 Add 按钮，添加 PCB 封装。系统弹出模型类型选择对话框，选择"Footprint"。

(4) 然后系统弹出选择 PCB 封装对话框。

(5) 单击对话框中的 Browse ... 按钮，弹出 PCB 库浏览对话框。在该对话框中选择"FM 封装库. PCBLib"库中的 SOP16 封装，如图 3-1-8 所示。

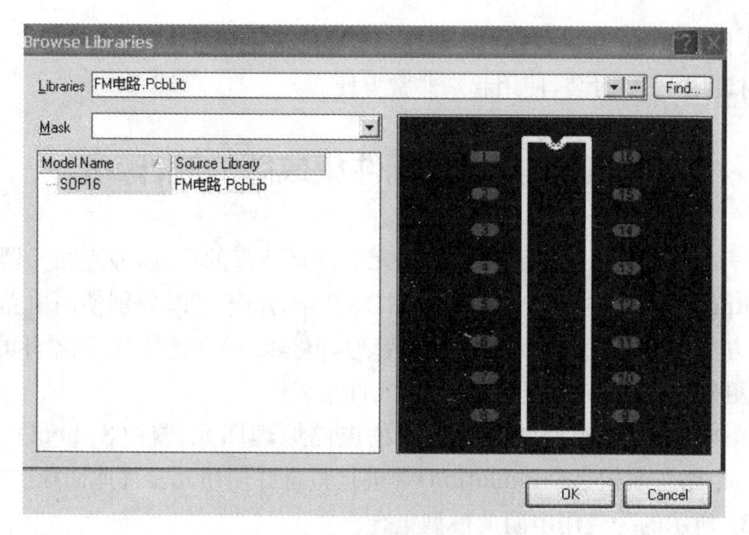

图 3-1-8　PCB 库浏览对话框

(6) 确定之后，回到 Projects 面板，在集成库文件上单击鼠标右键，执行菜单命令 Compile Integrated Library。

(7) 完成编译后，系统自动弹出【Library】面板，可以看到"FM 集成库. IntLib"集成库中的元件的原理图符号和 PCB 封装，如图 3-1-9 所示。

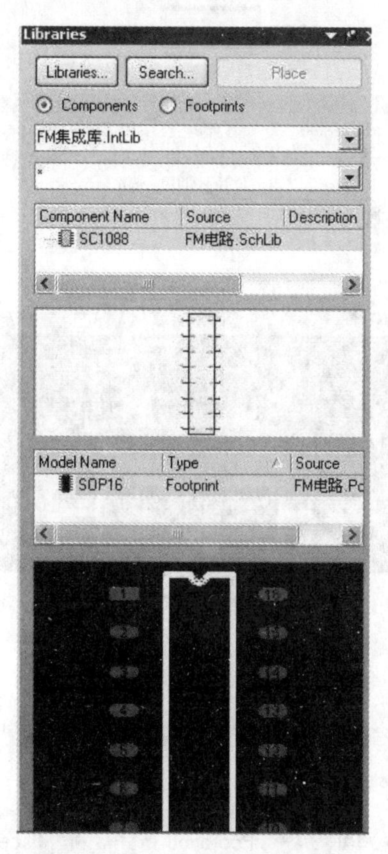

图 3-1-9　集成库中的元件的原理图符号和 PCB 封装

这样，我们可以通过加载“FM 集成库.IntLib”集成库文件，当绘制原理图调用该元件时，也同时调用 PCB 封装，使用起来非常方便。

☆知识链接 1：元件集成库的制作☆

在前面学习了电路原理图元器件库和元器件封装库的建立，原理图元器件(Symbol)和封装(Footprint)的建立方法。在 Protel DXP 中，虽然可以分别使用电路原理图库以及封装库的方法对绘制电路的元器件进行管理，但是除了这之外，在元器件的管理方面还提供了一种更先进的元器件管理方法——元件集成库。

在元件集成库中，将电路设计所采用的电路原理图元器件(Symbol)、元器件封装(Footprint)、电路仿真模型(Simulation)等进行整合并使用元器件库面板进行管理。

图 3-1-10 所示的为通用电阻的模型集合。

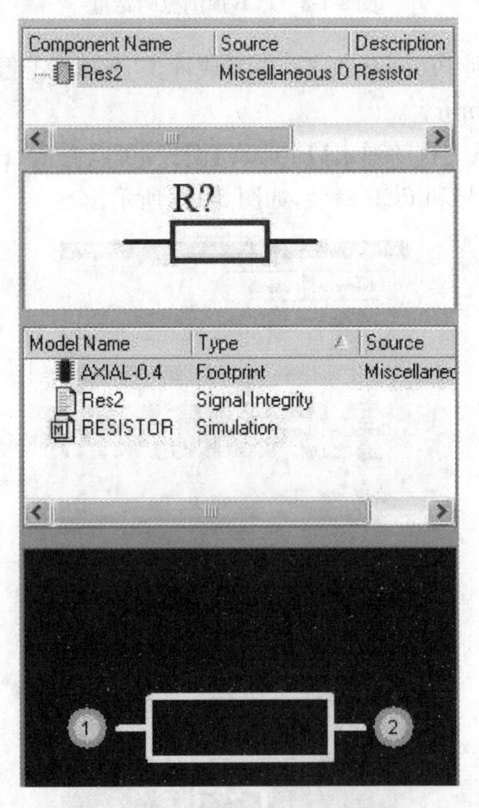

图 3-1-10　电阻 res2 的模型集合

在这个元器件的集合中包括：

元器件的名称：Res2　Miscellaneous D Resistor

元器件的电路原理图符号：R?

元器件的封装模型：AXIAL-0.4　Footprint　Miscellanec

元器件的信号完整性模型：Res2　Signal Integrity

PCB 封装模型图：

在 Protel DXP 给出的集合式元器件库中根据定义比较完整的元器件才包含上述所有的模型，当然有些元器件根据其特征可能仅包含其中的一部分模型。

1. 元件集成库的创建

元件集成库的创建的基础是一个个预先建立起来或者已经存在的元器件符号库、零件封装库以及其他各类型零件的模型。在前面介绍的电路原理图符号库(SCHLIB)和印制电路图封装库(PCBLIB)创建的基础上，学习元件集成库的创建方法：

- 菜单命令【File】/【New】/【Integrated Library】来创建元件集成库文件。
- 在工作区的主窗口菜单使用“Pick a task”下的快速启动图标“Create a new Integrated Library package”来创建新的元件集成库文件。

在 Projects 面板中产生一个默认名为“Integrated Library. LibPkg”的元件集成库文件，如图 3-1-11 所示。使用另存为“Save Project As ... ”命令，指定文件名及其存放路径后，例如文件名“自己的集成库. LibPkg”保存，如图 3-1-12 所示。

图 3-1-11　新建立的默认元件集成库

图 3-1-12　更名后的集成库文件

2. 加载库

打开已存在的要添加到元件集成库中的电路原理图符号库和印制电路板图封装库，并添加到元件集成库中，如图 3-1-13 所示。

图 3-1-13　将文件添加到元件集成库中后的面板

在 Projects 面板中，选中打开的原理图符号库 Library Editor 标签或封装库中进行浏览或编辑，如图 3-1-14 和图 3-1-15 所示。

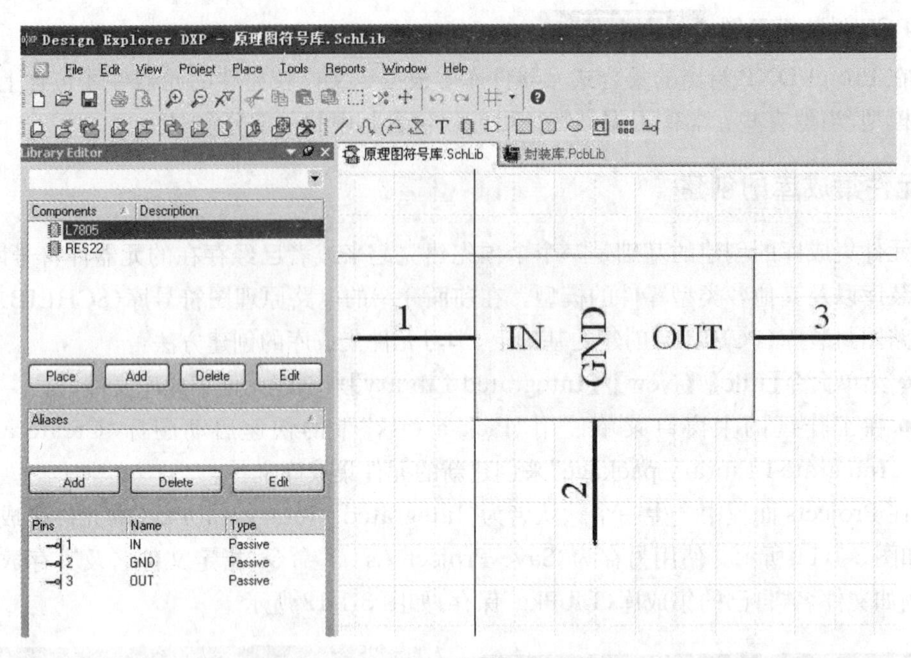

图 3-1-14　浏览和编辑原理图符号库

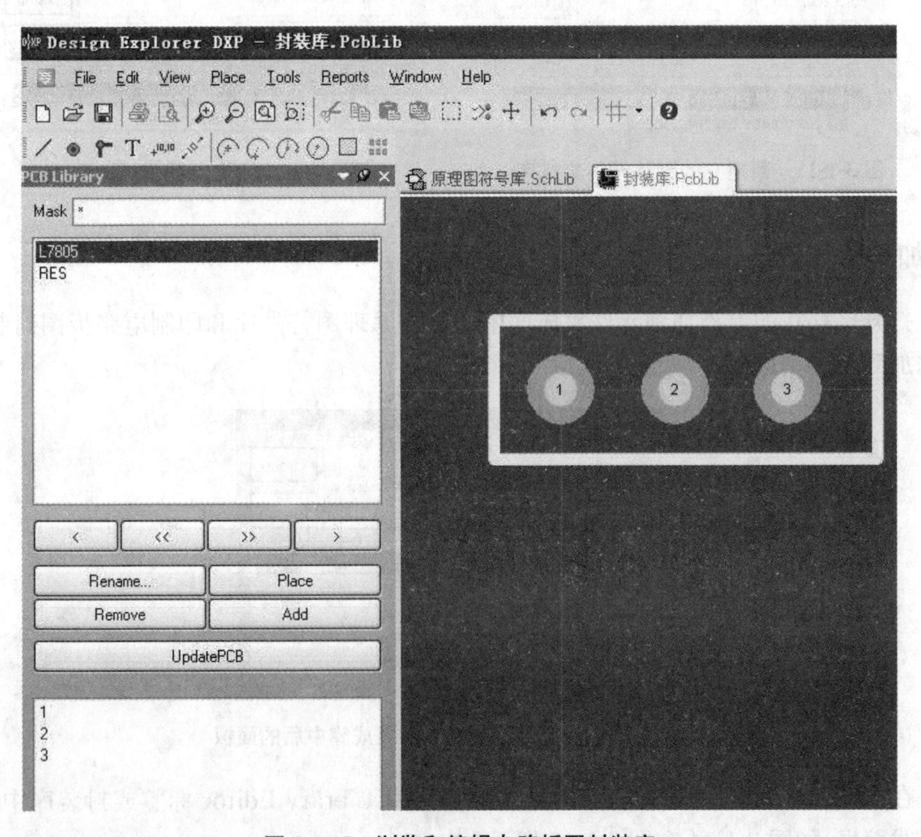

图 3-1-15　浏览和编辑电路板图封装库

3．添加封装属性

在原理图符号库中给每个元器件添加上对应的封装属性。

- 在 Library Editor 面板选中一个元件，单击 Edit 按钮，打开元件的属性设置对话框，如图 3-1-16 所示。

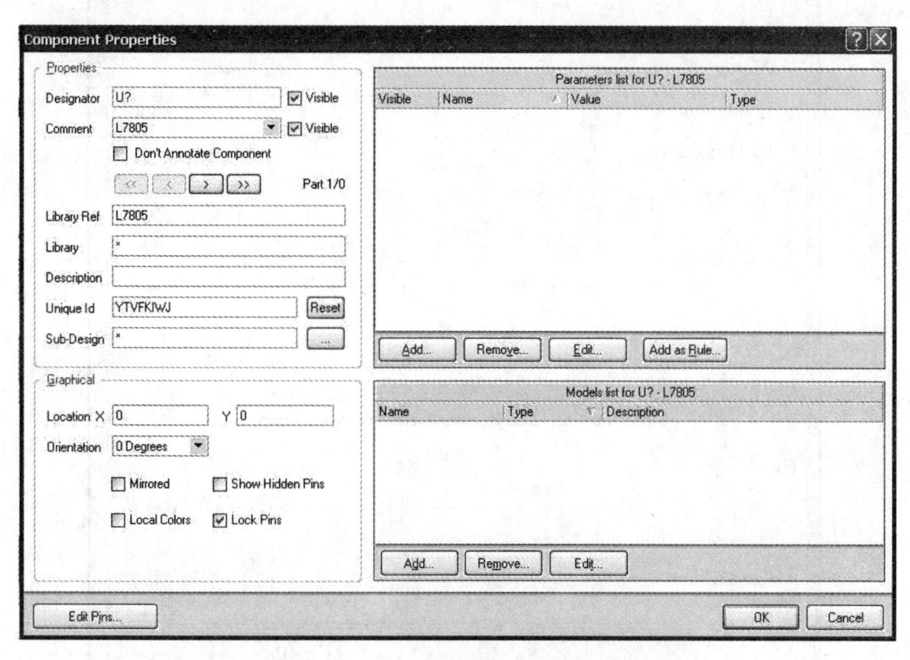

图 3-1-16　打开元件的属性设置对话框

- 在属性设置对话框右下方单击 Add 按钮，打开“Add New Model”添加零件模型对话框，如图 3-1-17 所示。

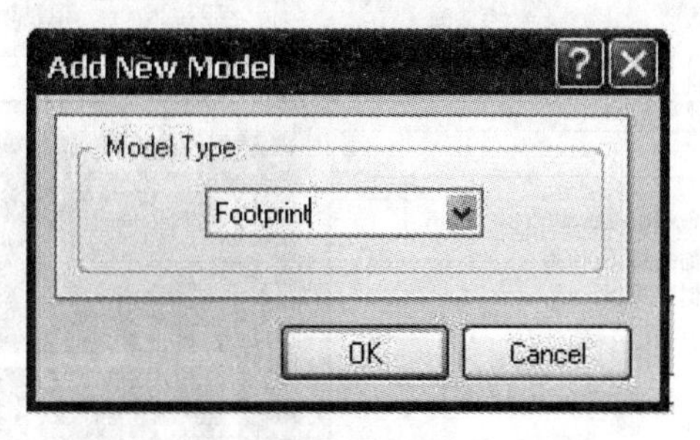

图 3-1-17　添加零件模型对话框

- 点击下拉列表框，选中 Footprint 封装属性，单击 OK 按钮打开零件封装模型对话框，如图 3-1-18 所示。
- 在零件模型对话框中按下浏览按钮 Browse，打开元器件封装浏览对话框查找要添加的元器件封装，如图 3-1-19 所示。

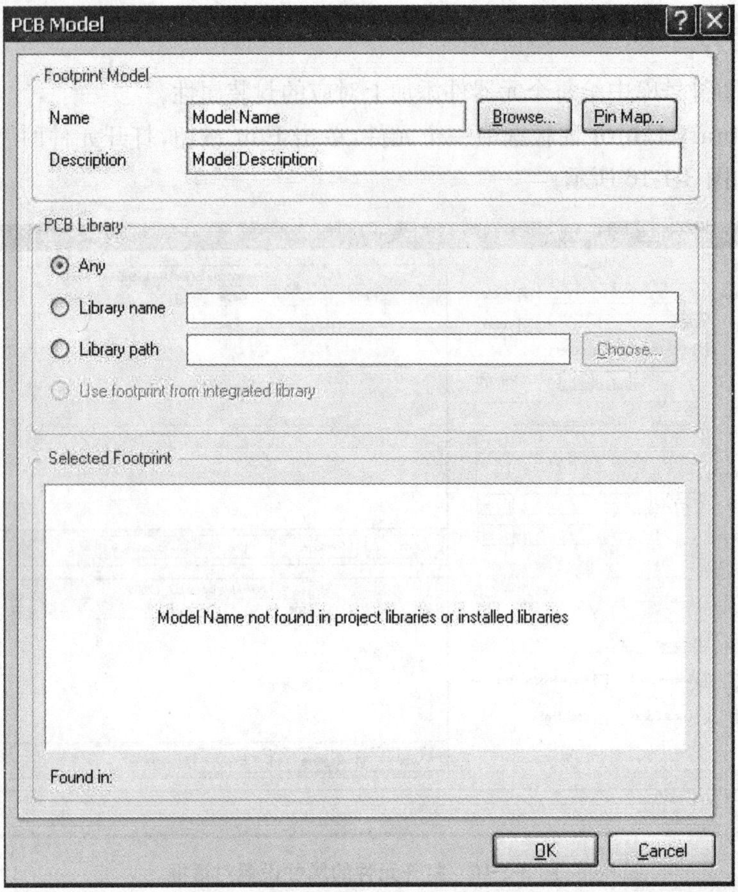

PCB Model

Footprint Model

Name　Model Name　Browse...　Pin Map...

Description　Model Description

PCB Library

Any

Library name

Library path　Choose...

Use footprint from integrated library

Selected Footprint

Model Name not found in project libraries or installed libraries

Found in:

OK　Cancel

图 3-1-18　元器件封装模型对话框

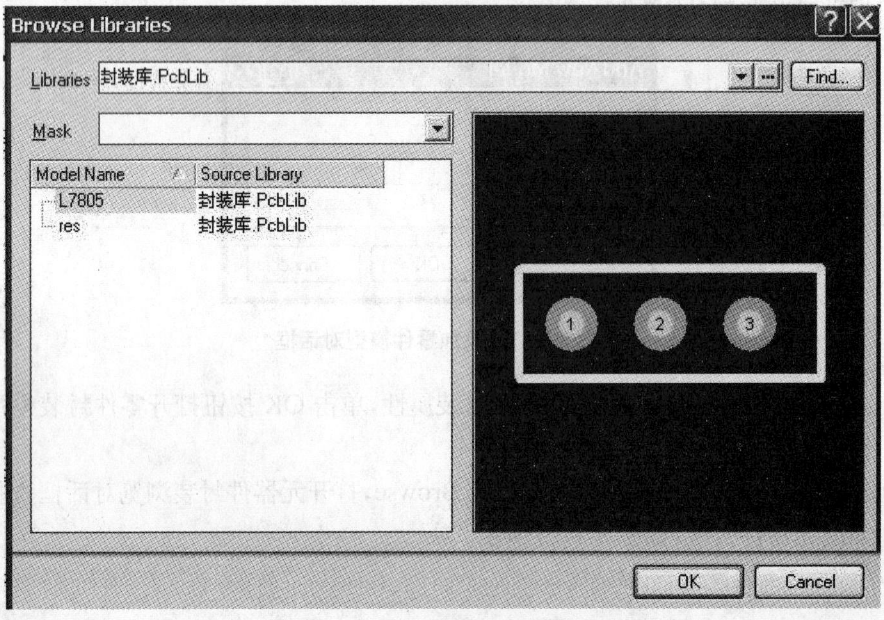

Browse Libraries

Libraries　封装库.PcbLib　Find...

Mask

Model Name	Source Library
L7805	封装库.PcbLib
res	封装库.PcbLib

1　2　3

OK　Cancel

图 3-1-19　元器件封装浏览对话框

● 连续单击 OK 按钮后，完成元器件封装模型的添加。如图 3-1-20 所示，在执行上述操作后，系统给自制的 L7805 元器件添加了一个自制的 L7805 的封装。

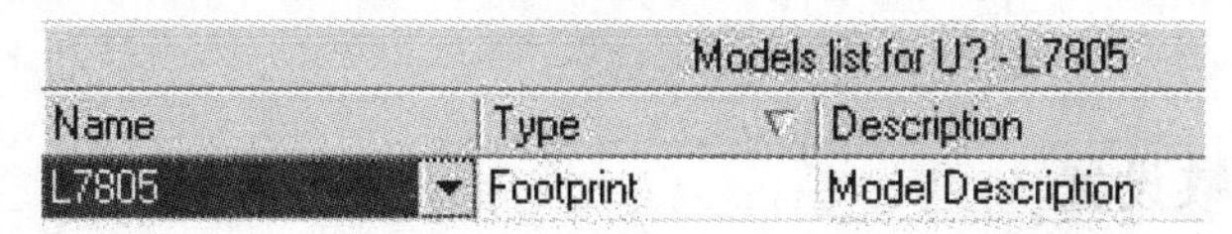

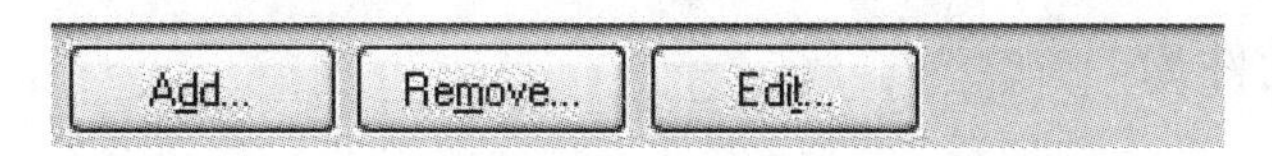

图 3-1-20　新添加元器件封装后的属性设置对话框

4. 对元件集成库进行编译

在 Projects 面板中用鼠标右键单击选中的元件集成库“自己的集成库. LibPkg”，在弹出的快捷菜单中选取“Compile Integrated Library”菜单选项，如图 3-1-21 所示。

在元件集成库编译后，系统自动打开元器件库面板并在面板中打开新建的元件集成库，文件后缀名变为“. IntLib”，如图 3-1-22 所示。

图 3-1-21　选中“Compile Integrated Library”菜单选项

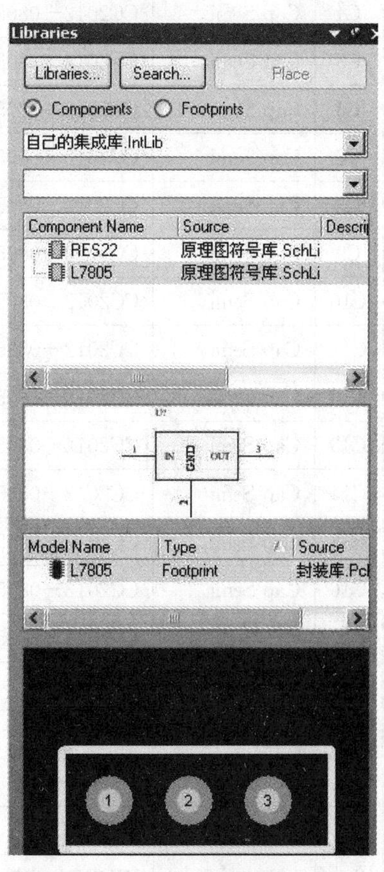

图 3-1-22　在元器件库面板中显示的新建元件集成库

任务2——原理图的绘制

3.2.1 图纸参数设置

(1) 执行菜单命令【Design】/【Options】,打开 Documents Options 对话框。

(2) 将图纸尺寸设为 A4,横向;将电气栅格属性设为 10 mil;将捕获及可视栅格均设为 10 mil。

3.2.2 载入元件库

该电路元件列表如表 3-2-1 所示。

表 3-2-1 电路元件列表

序号	库元件名	封装	注释或参数值	集成库元件
C1	Cap Semi	CC2012—0805	202	Miscellaneous Devices. Intlib
C2	Cap Semi	CC2012—0805	104	Miscellaneous Devices. Intlib
C3	Cap Semi	CC2012—0805	221	Miscellaneous Devices. Intlib
C4	Cap Semi	CC2012—0805	331	Miscellaneous Devices. Intlib
C5	Cap Semi	CC2012—0805	221	Miscellaneous Devices. Intlib
C6	Cap Semi	CC2012—0805	332	Miscellaneous Devices. Intlib
C7	Cap Semi	CC2012—0805	181	Miscellaneous Devices. Intlib
C8	Cap Semi	CC2012—0805	681	Miscellaneous Devices. Intlib
C9	Cap Semi	CC2012—0805	683	Miscellaneous Devices. Intlib
C10	Cap Semi	CC2012—0805	104	Miscellaneous Devices. Intlib
C11	Cap Semi	CC2012—0805	223	Miscellaneous Devices. Intlib
C12	Cap Semi	CC2012—0805	104	Miscellaneous Devices. Intlib
C13	Cap Semi	CC2012—0805	471	Miscellaneous Devices. Intlib
C14	Cap Semi	CC2012—0805	33p	Miscellaneous Devices. Intlib
C15	Cap Semi	CC2012—0805	82p	Miscellaneous Devices. Intlib
C16	Cap Semi	CC2012—0805	104	Miscellaneous Devices. Intlib
C17	Cap Semi	CC2012—0805	332	Miscellaneous Devices. Intlib
C18	Cap Pol1	RB7. 6—15	100 uF	Miscellaneous Devices. Intlib
D1	LED2	DIODE—0. 7		Miscellaneous Devices. Intlib
D2	D Varactor	DIODE—0. 7		Miscellaneous Devices. Intlib
JP1	Header 2	HDR1X2		Miscellaneous Connectors. Intlib
L1	Inductor Iron	DIODE—0. 7	10 mH	Miscellaneous Devices. Intlib

（续表）

序号	库元件名	封装	注释或参数值	集成库元件
L2	Inductor Iron	DIODE－0.7	10 mH	Miscellaneous Devices. Intlib
L3	Inductor	DIODE－0.7	78 mH	Miscellaneous Devices. Intlib
L4	Inductor	DIODE－0.7	78 mH	Miscellaneous Devices. Intlib
R1	Res2	R2012－0805	223	Miscellaneous Devices. Intlib
R2	Res2	R2012－0805	154	Miscellaneous Devices. Intlib
R3	Res2	R2012－0805	122	Miscellaneous Devices. Intlib
R4	Res2	R2012－0805	562	Miscellaneous Devices. Intlib
R5	Res2	R2012－0805	681	Miscellaneous Devices. Intlib
Rp1	RPot2	VR2	51k	Miscellaneous Devices. Intlib
S1	SW－PB	SPST－2		Miscellaneous Devices. Intlib
S2	SW－PB	SPST－2		Miscellaneous Devices. Intlib
SP1	SW－SPST	SPST－2		Miscellaneous Devices. Intlib
U1	SC1088	SOP16		FM 集成库. Intlib
V1	QNPN	SO－G3/Z3.3		Miscellaneous Devices. Intlib
V2	PNP	SO－G3/Z3.3		Miscellaneous Devices. Intlib
XS1	Phonejack2	PIN2		Miscellaneous Connectors. Intlib

从表 3－1 中可以看出 FM 调频收音机电路涉及的元件除 SC1088 元件的原理图符号和封装需要自己制作，其余的都是系统默认的 Miscellaneous Devices. Intlib 和 Miscellaneous Connectors. Intlib 内的元件，SC1088 可以从我们前面所做的“FM 电路. IntLib”集成库文件中调出来。为此，在绘制原理图之前需要将“FM 集成库. IntLib”加载到 Libraries 面板里，如图 3-2-1 所示。

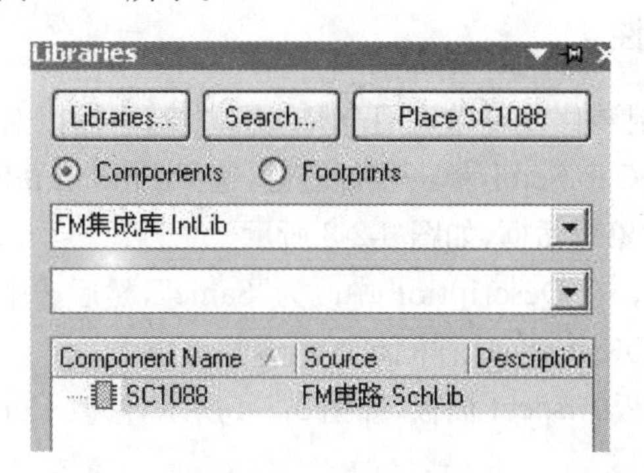

图 3-2-1　“FM 集成库. IntLib”加载到 Libraries 面板

3.2.3 放置元件

调出 SC1088 元器件，放置在原理图上，如图 3-2-2 所示。参照前面项目实例，将 Miscellaneous Devices. Intlib 和 Miscellaneous Connectors. Intlib 内项目所需的元件放置在原理图中。

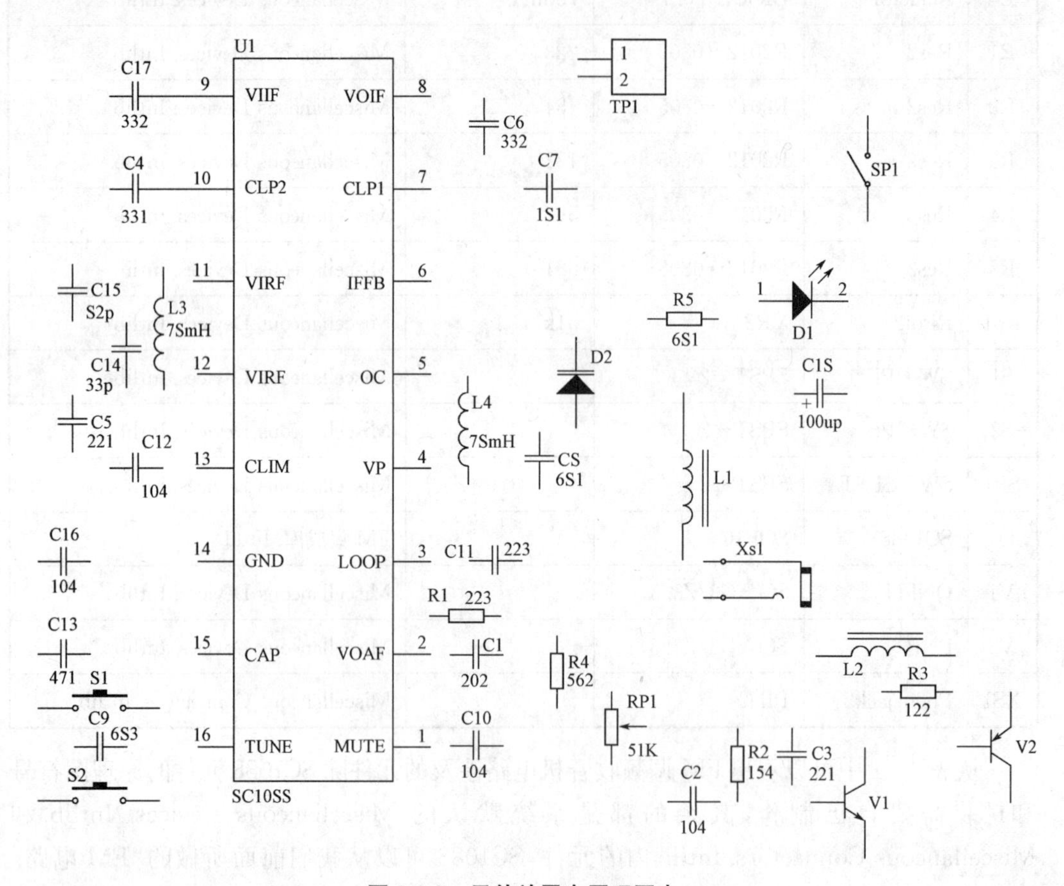

图 3-2-2 元件放置在原理图中

3.2.4 编辑元件属性

对于电容、电阻的封装修改可以采用全局编辑进行，下面以对电容的封装修改为例。

(1) 选择一个电容 Cap Semi，单击鼠标右键，选择 Find Similar Objects ... 选项，打开查找某种属性相同的对象对话框，如图 3-2-3 所示。

(2) 设置有关选项。在 Description 中改为"Same"，然后选中 Select Matching 勾中，单击 Apply，然后单击 OK 按钮，这样同名的电容都被选中。

(3) 打开检查器面板 Inspect 面板，如图 3-2-4 所示，修改 Current Footprint 项，改为 CC2012－0805。

(4) 单击右下角 Clear 清除按钮，恢复原理图编辑器显示状态。

对元件的编号可以进行统一自动编号。执行菜单命令【Tools】/【Annotate ...】进行。

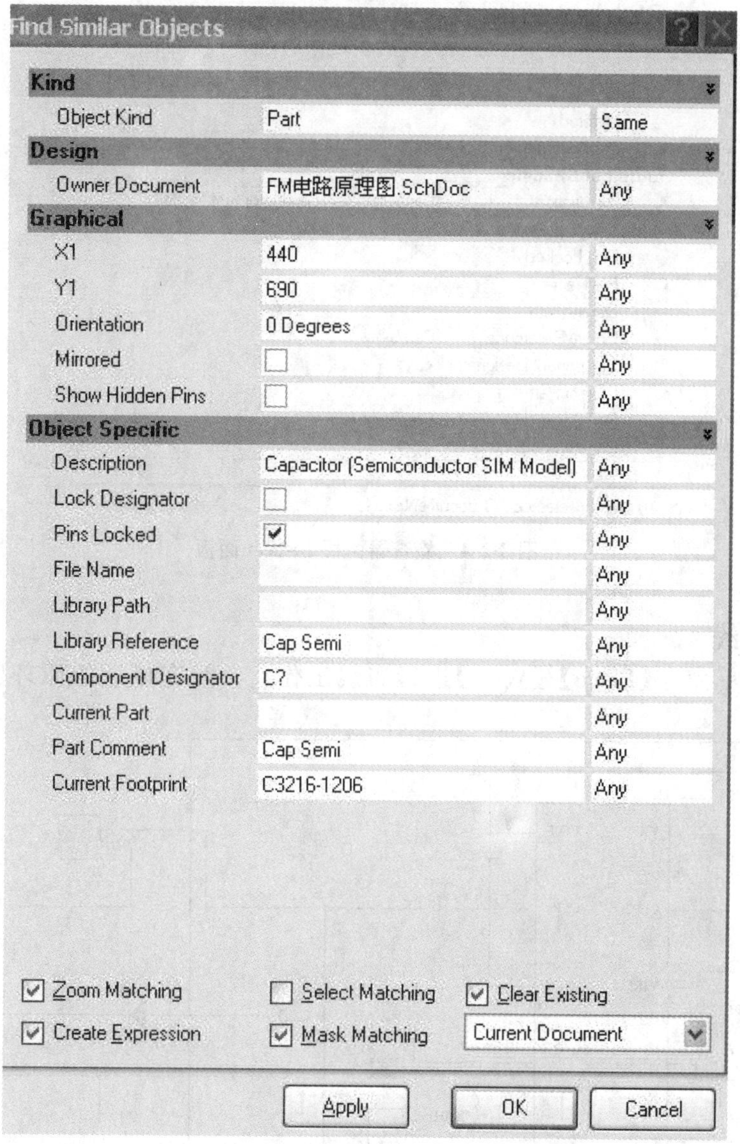

Find Similar Objects

Kind		
Object Kind	Part	Same
Design		
Owner Document	FM电路原理图.SchDoc	Any
Graphical		
X1	440	Any
Y1	690	Any
Orientation	0 Degrees	Any
Mirrored	☐	Any
Show Hidden Pins	☐	Any
Object Specific		
Description	Capacitor (Semiconductor SIM Model)	Any
Lock Designator	☐	Any
Pins Locked	☑	Any
File Name		Any
Library Path		Any
Library Reference	Cap Semi	Any
Component Designator	C?	Any
Current Part		Any
Part Comment	Cap Semi	Any
Current Footprint	C3216-1206	Any

☑ Zoom Matching　☐ Select Matching　☑ Clear Existing

☑ Create Expression　☑ Mask Matching　Current Document

Apply　OK　Cancel

图 3-2-3　查找某种属性相同的对象对话框

Inspector	
Kind	
Object Kind	Part
Design	
Owner Document	FM电路原理图.SchDoc
Graphical	
X1	<...>
Y1	<...>
Orientation	<...>
Mirrored	☐
Show Hidden Pins	☐
Object Specific	
Description	Capacitor (Semiconductor SIM Model)
Lock Designator	☐
Pins Locked	☑
File Name	
Library Path	
Library Reference	Cap Semi
Component Designator	<...>
Current Part	
Part Comment	Cap Semi
Current Footprint	<...>

18 objects selected in 1 documents

图 3-2-4　检查器面板 Inspect 面板

3.2.5　连线

执行菜单命令【Place】/【Wire】进行布线工作。布线完成后的原理图如图 3-2-5 所示。

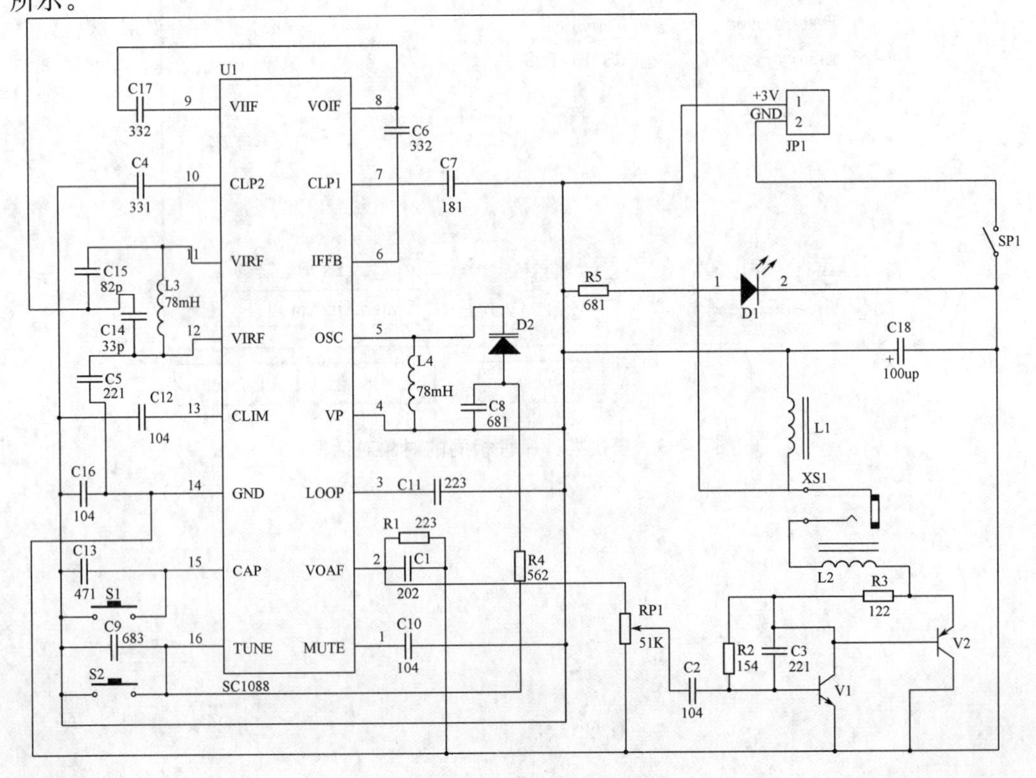

图 3-2-5　布线完成后的原理图

3.2.6　检查、修改

利用 Protel DXP 提供的各种校验工具，根据设定规则对绘制的原理图进行检查，并做进一步的调整和修改，保证原理图正确无误，为后续的电路板设计做准备。

☆知识链接 1：全局编辑、自动编号☆

1. 原理图对象的全局编辑

Protel DXP 提供的全局编辑功能可以通过对属性相同部分组织对象进行整体的编辑。在电路原理图和印制电路板图编辑环境中都提供了相似的功能，使用方法也基本相同。在原理图编辑环境中，若要对一批具有相同属性的对象同时进行编辑，需要进行下面的操作：

(1) 打开查找某种属性相同的对象(Find Similar Objects)对话框。

使用菜单命令【Edit】/【Find Similar Objects】，这时鼠标光标变为十字形状，将光标移到需编辑的对象上单击鼠标左键即可打开对话框。

将鼠标光标指向待编辑的对象，单击鼠标右键，在弹出的快捷菜单上选中【Find Similar Objects】选项，打开对话框。

上述操作后打开的对话框如图 3-2-6 所示。

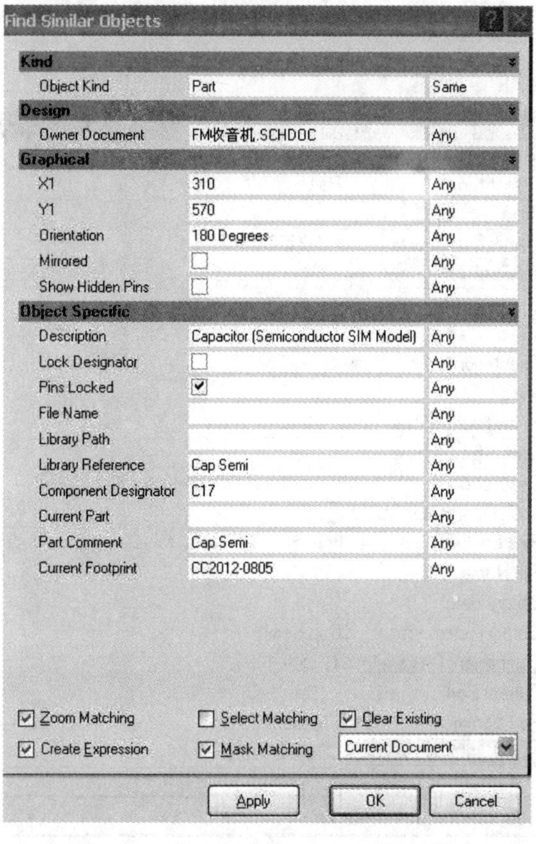

Find Similar Objects

Kind		
Object Kind	Part	Same
Design		
Owner Document	FM收音机.SCHDOC	Any
Graphical		
X1	310	Any
Y1	570	Any
Orientation	180 Degrees	Any
Mirrored	☐	Any
Show Hidden Pins	☐	Any
Object Specific		
Description	Capacitor (Semiconductor SIM Model)	Any
Lock Designator	☐	Any
Pins Locked	☑	Any
File Name		Any
Library Path		Any
Library Reference	Cap Semi	Any
Component Designator	C17	Any
Current Part		Any
Part Comment	Cap Semi	Any
Current Footprint	CC2012-0805	Any

☑ Zoom Matching　☐ Select Matching　☑ Clear Existing
☑ Create Expression　☑ Mask Matching　Current Document

Apply　OK　Cancel

图 3-2-6　【Find Similar Objects】对话框

(2) 设置有关选项:在对话框中给出了当前选择对象的属性。例如,当前选中的元器件是电路原理图中的电容,分别在【Kind】对象类型,【Design】对象所在设计,【Graphical】对象的图形属性以及【Object Specific】对象特性四个参数域中将对象的属性列出供选择。

同时,在每项属性值的右边,通过下拉框的方式选择匹配关键字,见图 3-2-6 所示。其中,

- 【Same】是将查找的对象的该项属性值设定为与给定值相同。
- 【Different】是将查找对象的该项属性值设定为与给定值不相同。
- 【Any】查找对象的该项属性无任何限定关系。

例如,查找相同型号的电容,只要将【Description】属性设定为【Same】即可,如图 3-2-7 所示。

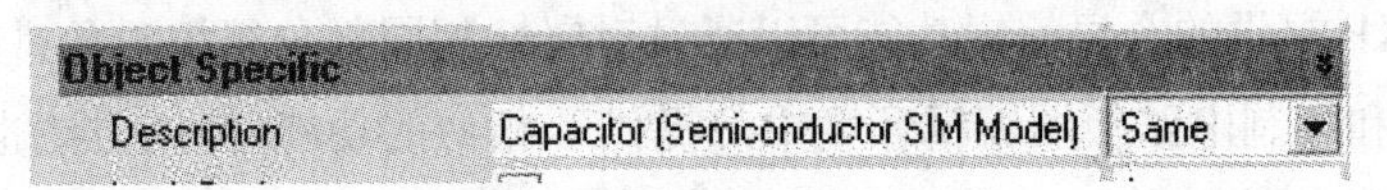

图 3-2-7 【Description】属性设定

注意:一定要将 Select Matching 勾选中,设置完后,可以单击 Apply 按钮执行搜索或单击 OK 按钮执行搜索并关闭搜索相似对象对话框。这时,只有符合条件的对象被选中,其他对象都变为浅色,并跳转到最近的一个符合要求对象上。

(3) 打开检查器面板,修改相应参数。打开的方法有以下两种:

- 单击原理图编辑器右下角的面板标签 Inspect。
- 按键盘快捷键 F11。

打开的检查器面板对话框如图 3-2-8 所示。

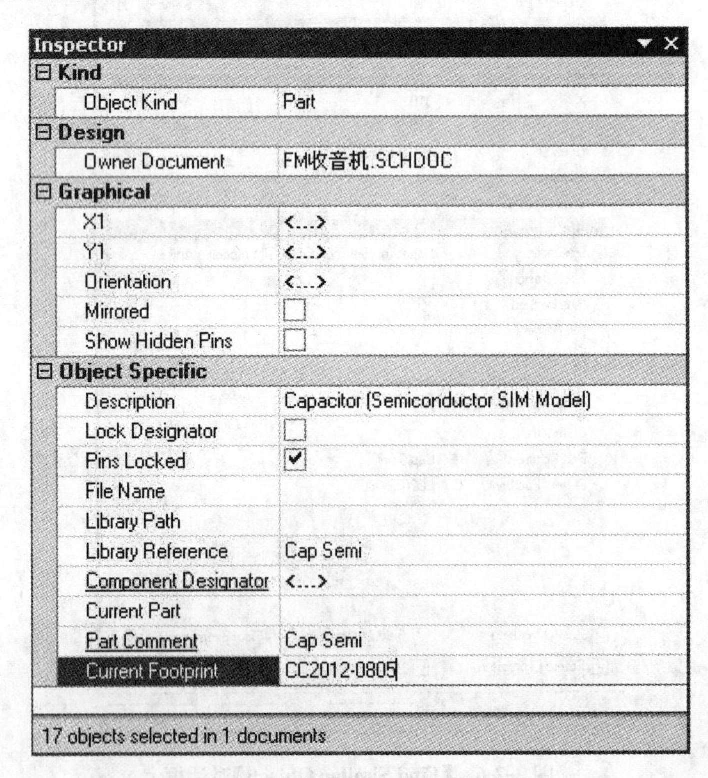

图 3-2-8 检查器 Inspector 面板对话框

若要修改元件的封装属性(Footprint),可在【Current Footprint】属性框内输入新的属性值,如图3-2-8所示。修改完成后,在Inspector对话框空白处单击一下,再关闭对话框。

(4) 恢复原理图编辑器显示状态。

- 单击右下角的清除按钮Clear。
- 单击标准工具栏上的按钮。

编辑完成后可以查看所有选中对象的元器件封装属性都已改为新值。

2. 自动编号

在电路原理图中,为了便于设计者的管理、查找和区分,一般需要对图纸上的元器件进行编号。为了使元器件的编号有序和规则,Protel DXP提供了元器件自动编号功能。这是通过元器件自动编号(Annotate)对话框完成的,如图3-2-9所示。

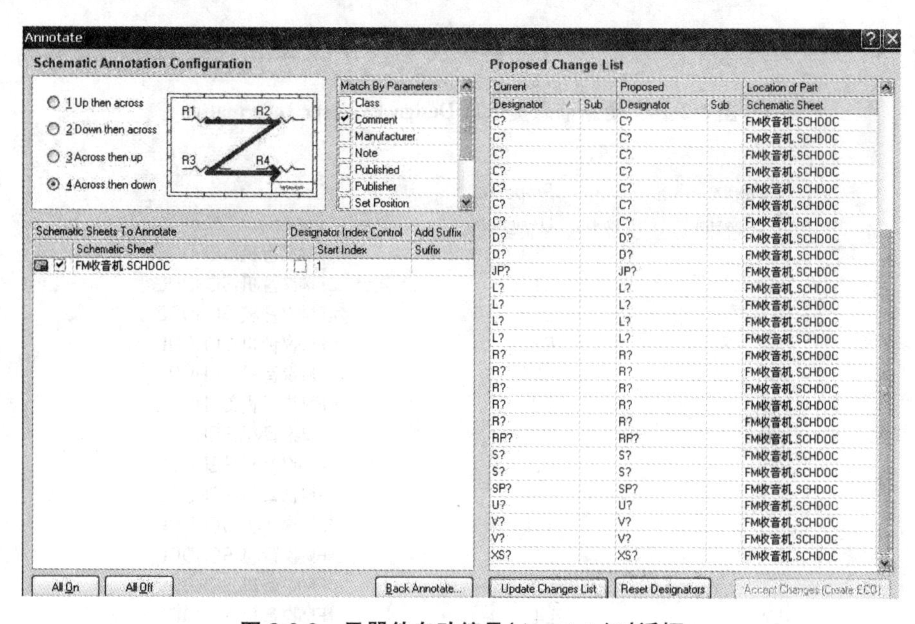

图3-2-9 元器件自动编号(Annotate)对话框

元器件自动编号对话框可以通过菜单命令【Tools】/【Annotate ...】打开。在对话框里,有三个选择和一个修改后的列表建议值域(Proposed Change List)。具体设置如下:

(1) 设置自动编辑方案(Schematic Annotate Configuration)。在设置自动编号方案域中共给出了四种序号排列方案。

(2) 选择匹配参数(Match By Parameters)。在匹配参数栏内根据对象编号的特征选择匹配的参数,在选中的参数属性前打"√"。

(3) 选择自动编号的文件(Schematic Sheets To Annotate)。在该参数下面的列表给出了当前项目中所有的原理图文件,选中要自动编号的文件前面的复选框。

(4) 选择自动编号的起始值(Designator Index Control)和添加后缀(Add Suffx)。整个工程顺序可以对某一张图纸编号的序号起始值进行设置,一面在同一个工程中多个文件重复。如果一个工程文件只有一个原理图文件，或多个原理图文件彼此无关时，为了符合习惯一般这个值从 1 开始。

在同一个工程文件中相关的多个原理图文件元器件区别的方法还可以使用添加后缀的方法。例如在第一张图纸中的电阻用 R1a，第二张图纸中用 R1b 等等，使用后缀区别不同图纸的元器件。这样对每张图纸仍然采用自然顺序编号。

(5) 设置更新元器件参数。在设置完成后，单击更新列表按钮 Update Changes List，这时系统会弹出更新信息提示框，如图 3-2-10 所示。单击 OK 按钮，列表建议值域(Proposed Changed List)内就会给出系统标号修改的建议值，如图 3-2-11 所示。

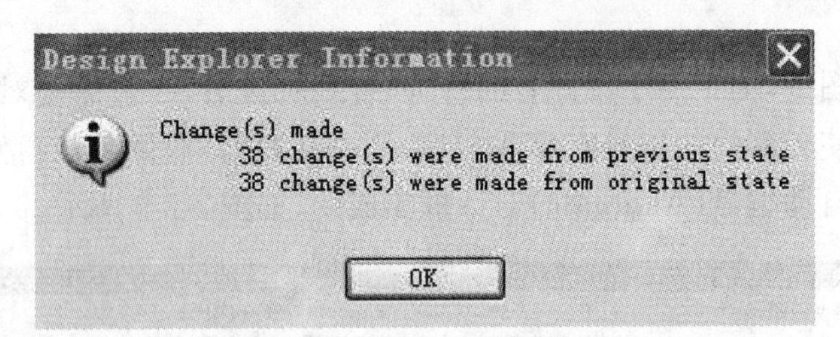

图 3-2-10　更新信息提示框 Design Explorer Information

Current		Proposed		Location of Part
Designator	Sub	Designator	Sub	Schematic Sheet
C?		C13		FM收音机.SCHDOC
C?		C17		FM收音机.SCHDOC
C?		C7		FM收音机.SCHDOC
C?		C9		FM收音机.SCHDOC
C?		C14		FM收音机.SCHDOC
C?		C2		FM收音机.SCHDOC
C?		C4		FM收音机.SCHDOC
D?		D2		FM收音机.SCHDOC
D?		D1		FM收音机.SCHDOC
JP?		JP1		FM收音机.SCHDOC
L?		L1		FM收音机.SCHDOC
L?		L2		FM收音机.SCHDOC
L?		L4		FM收音机.SCHDOC
L?		L3		FM收音机.SCHDOC
R?		R5		FM收音机.SCHDOC
R?		R4		FM收音机.SCHDOC
R?		R3		FM收音机.SCHDOC
R?		R1		FM收音机.SCHDOC
R?		R2		FM收音机.SCHDOC
RP?		RP1		FM收音机.SCHDOC
S?		S2		FM收音机.SCHDOC
S?		S1		FM收音机.SCHDOC
SP?		SP1		FM收音机.SCHDOC
U?		U1		FM收音机.SCHDOC
V?		V2		FM收音机.SCHDOC
V?		V1		FM收音机.SCHDOC
XS?		XS1		FM收音机.SCHDOC

图 3-2-11　系统标号修改的建议值

(6) 确认修改(Accept Change)。若对系统建议的编号修改结果无任何异议，这时可以按下接受建议 Accept Changes (Create ECO) 按钮，同时系统会创建 ECO(Create ECO)。这是系统会弹出(Engineering Change Order)工程修改命令对话框，如图 3-2-12 所示。在对话框中给出了进一步对修改的信息详细说明。若对结果满意可按 Execute Changes 按钮执行修改。

Engineering Change Order

Modifications			
Action	Affected Object		Affected Document
Annotate Component(38)			
Modify	C? -> C1	In	FM收音机.SCHDOC
Modify	C? -> C2	In	FM收音机.SCHDOC
Modify	C? -> C3	In	FM收音机.SCHDOC
Modify	C? -> C4	In	FM收音机.SCHDOC
Modify	C? -> C5	In	FM收音机.SCHDOC
Modify	C? -> C6	In	FM收音机.SCHDOC
Modify	C? -> C7	In	FM收音机.SCHDOC
Modify	C? -> C8	In	FM收音机.SCHDOC
Modify	C? -> C9	In	FM收音机.SCHDOC
Modify	C? -> C10	In	FM收音机.SCHDOC
Modify	C? -> C11	In	FM收音机.SCHDOC
Modify	C? -> C12	In	FM收音机.SCHDOC
Modify	C? -> C13	In	FM收音机.SCHDOC
Modify	C? -> C14	In	FM收音机.SCHDOC
Modify	C? -> C15	In	FM收音机.SCHDOC
Modify	C? -> C16	In	FM收音机.SCHDOC
Modify	C? -> C17	In	FM收音机.SCHDOC
Modify	C? -> C18	In	FM收音机.SCHDOC
Modify	D? -> D1	In	FM收音机.SCHDOC
Modify	D? -> D2	In	FM收音机.SCHDOC

Validate Changes　Execute Changes　Report Changes...

图 3-2-12　Engineering Change Order 工程修改命令对话框

(7) 修改执行后，可以看到在原理图中所有的元器件都按设定的规则进行了编号。

任务 3——PCB 设计

原理图完成后，下面开始 FM 收音机的双面电路板制作。

3.3.1　利用向导规划印制电路板

(1) 执行 Flies 面板里，New from Template 栏的 PCB Board Wizard 选项，系统弹出 PCB 文件生成向导欢迎画面，单击 Next 按钮继续。

(2) 在接下来的画面中选择公制为度量单位；选择 Custom 用户自定义电路板方式；选择电路板形状为矩形；电路板尺寸为 80 mm×60 mm；信号层为两层，无电源层；选择穿透式过孔；元件为贴片式，选择元件可以双面布局；最小布线宽度及过孔、布线安全间距采用默认设置。

(3) 单击 Finish 按钮,系统生成如图 3-3-1 所示的印制电路板边框。

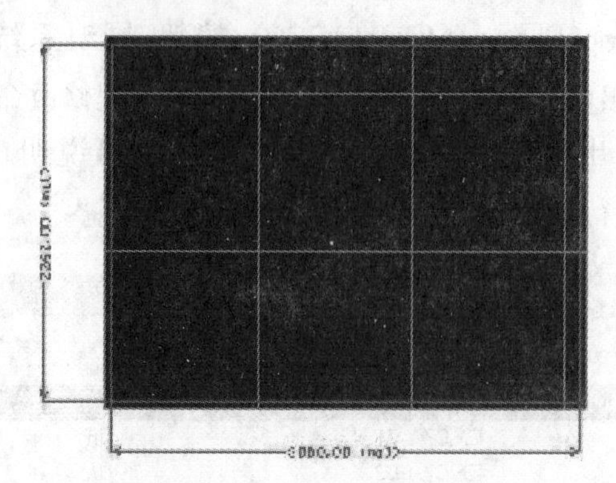

图 3-3-1 印制电路板边框

(4) 执行菜单命令【File】/【Save】,保存为 FM 收音机. PcbDoc。

(5) 单击 Placements 工具栏中 或执行菜单命令【Edit】/【Origin】/【Set】,设置 PCB 左下点为坐标基准点。

3.3.2 参数设置

执行菜单命令【Design】/【Options】,进行电路板参数设置。将度量单位设为英制,电气格点属性为 10 mil,捕获栅格和元件捕获栅格都设为 10 mil/10 mil,可视格点设为 50 mil/500 mil。

3.2.3 载入网络表和元件

可看见载入的元件和预拉线,如图 3-3-2 所示。

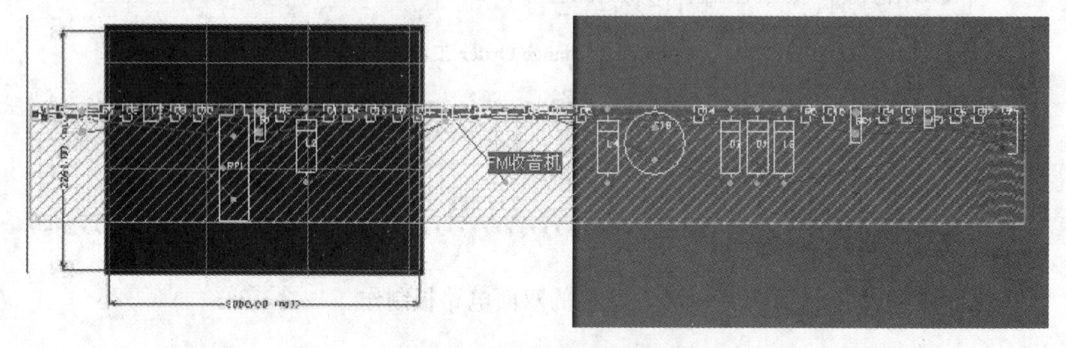

图 3-3-2 载入的元件和预拉线

3.2.4 元件布局,调整位置

修改贴片焊盘图层。因为对元件的布局是两面布置,顶层放置插件元件,底层放置贴片元件,因此需要将贴片元件封装图层改为底层 Bottom Layer,元件标注和序号等由顶层丝印层 Top Overlay 改为底层丝印层 Bottom Overlay。例如,对元件 SC1088 的元件属性如图 3-3-3 所示。

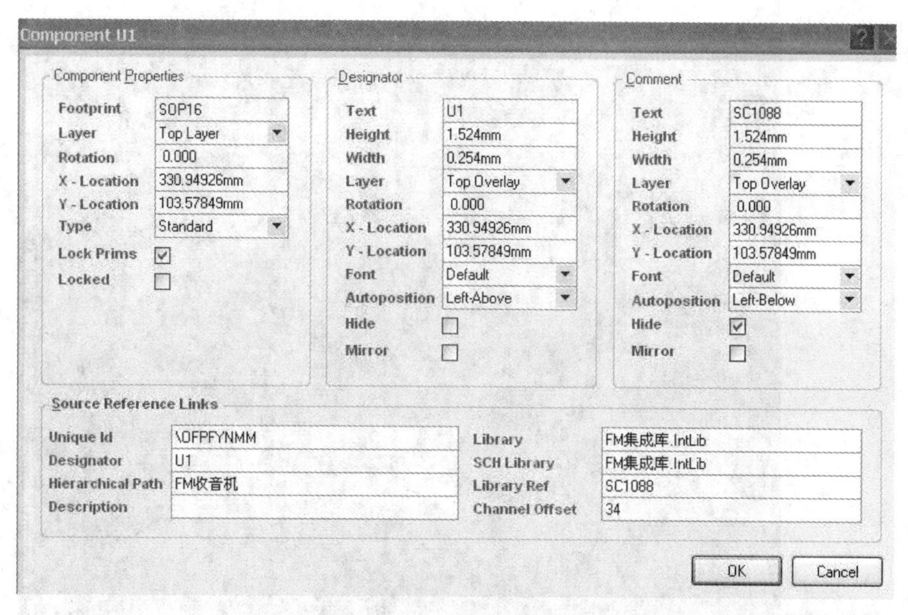

图 3-3-3 SC1088 的元件属性

需要将 Component Properties 区域的 Layer 属性由 Top Layer 改为 Bottom Layer，Designator 和 Comment 区域的 Top Overlay 都改为 Bottom Overlay，如图 3-3-4 所示。

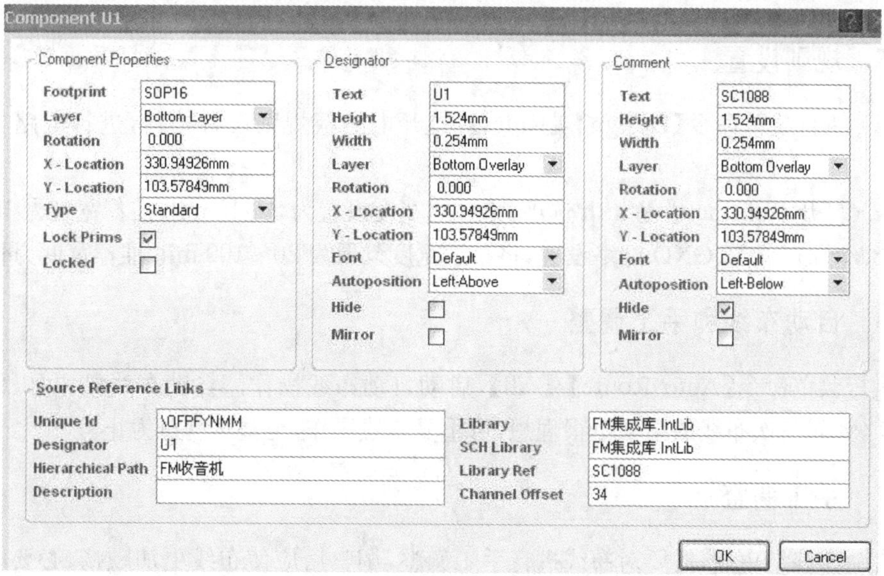

图 3-3-4 贴片元件焊盘属性修改

手工调整元件位置后，电路如图 3-3-5 所示。

注意：底层的贴片元件焊盘不要与顶层的通孔焊盘重叠。

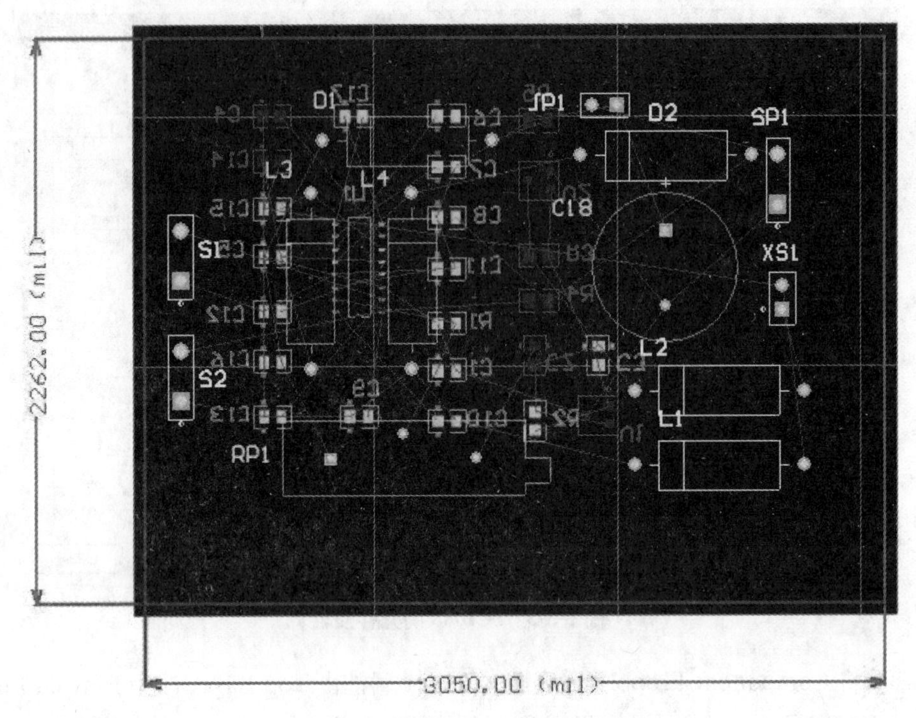

图 3-3-5　调整好的电路板图

3.2.5　规则设置

(1) 执行菜单命令【Design】/【Rules】,打开电路板规则设置按钮,进行电路板规则设置。

(2) 打开 Routing 栏 Width 选项,将布线宽度设置为 8～12 mil,推荐宽度为 10 mil。

(3) 增加 +3 V、GND 网络设置,将布线宽度设置为 20～100 mil,推荐宽度为40 mil。

3.2.6　自动布线和手工调整

执行菜单命令【Auto Route】/【All】,启动自动布线操作。自动布线结果如图 3-3-6 所示。(如果一次布线的结果不很理想,可重复布线操作,至基本满意为止。)

3.2.7　手工调整

自动布线结束后,需要对布线进行手工调整,调整后应使布线更加顺畅,必要时可以对电路进行敷铜、补泪滴处理,如图 3-3-7 所示。

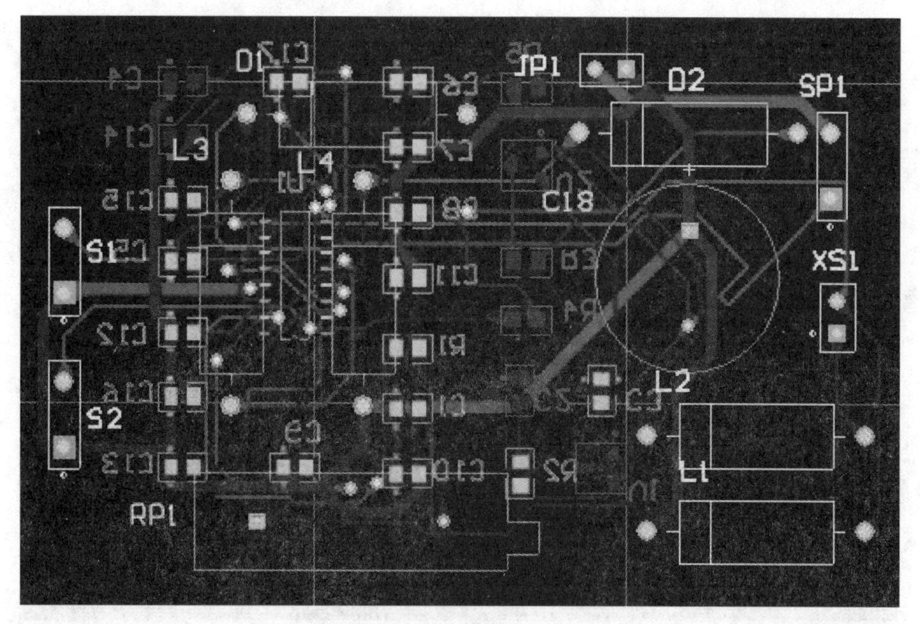

图 3-3-6　自动布线结果

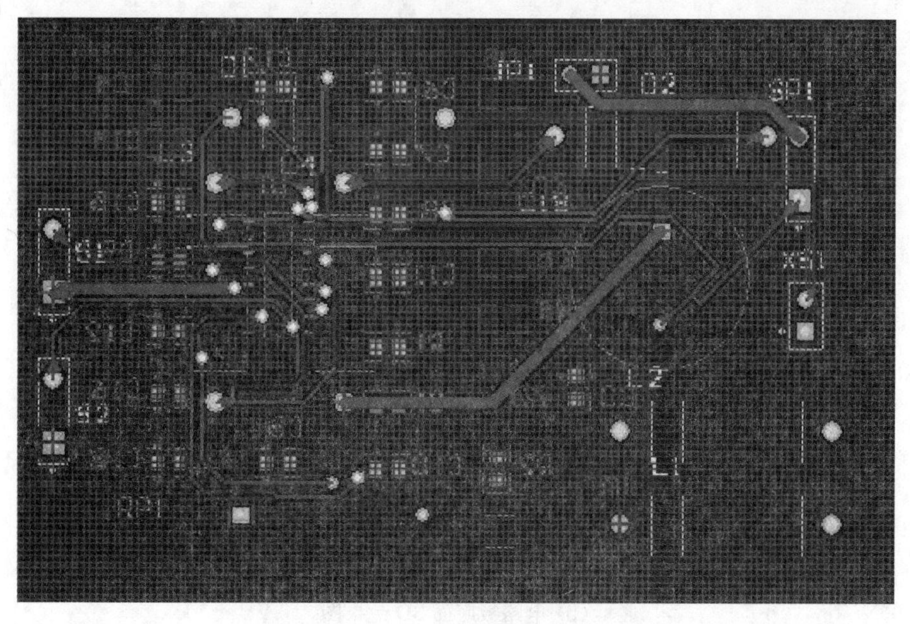

图 3-3-7　处理后的 PCB 板

3.2.8　DRC 检查

执行菜单命令【Tools】/【Design Rule Check】，对电路板进行设计规则检查，并自动生成报表文件。其 3D 效果如图 3-3-8 所示。

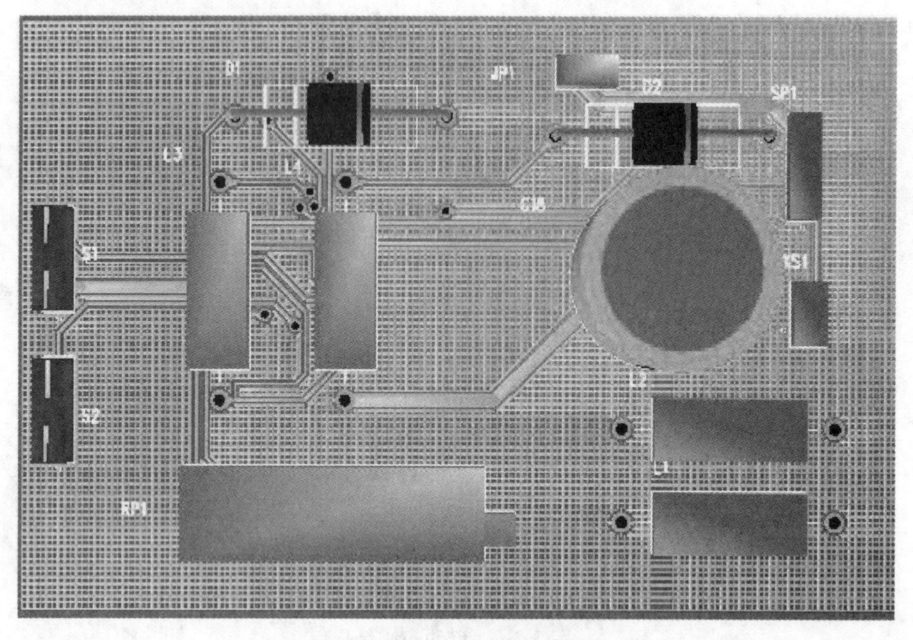

(a) 电路板正面 3D 效果图

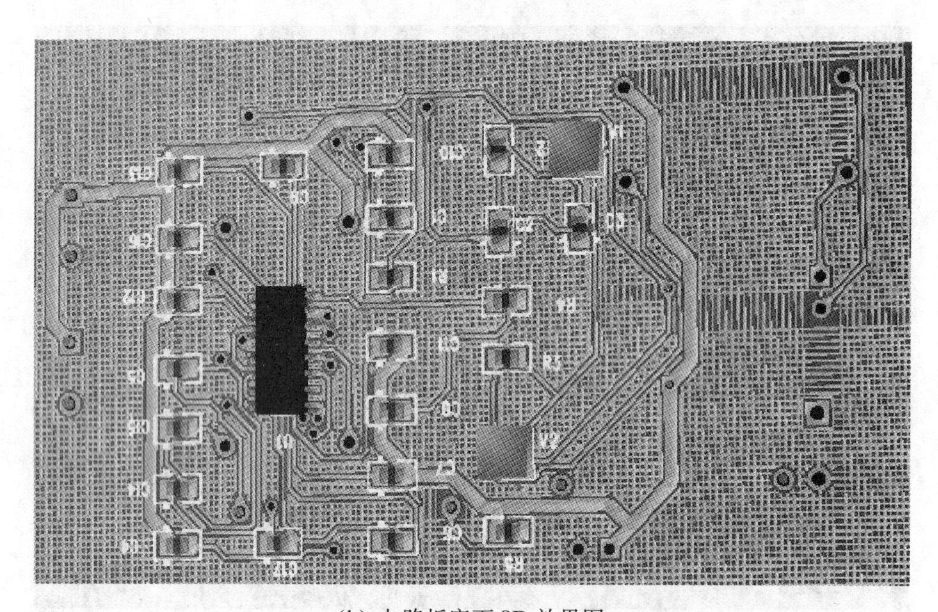

(b) 电路板底面 3D 效果图

图 3-3-8

☆知识链接 1：贴片元件封装的制作☆

1．利用向导制作贴片元件封装

首先，新建“贴片.PCBLIB”库文件。

（1）在库元件列表中单击 Add 按钮，进入元件封装生成向导程序。

（2）弹出元件 PCB 封装向导对话框。单击 Next，弹出的对话框用于设定元件的封装类型。在对话框中一共罗列了 12 种标准封装类型，选择“Small Outline Package(SOP)”封装。对话框中的“Select a unit”中的长度单位，选择“Metric(mm)”。

（3）单击 Next 按钮进入如图 3-3-9 所示的对话框，设定焊盘尺寸。这些尺寸直观地标注在示意图上，只需要将鼠标移至相应的尺寸上，单击就能重新设定焊盘尺寸。焊盘宽度设为“0.30 mm”，长度设为“0.75 mm”。

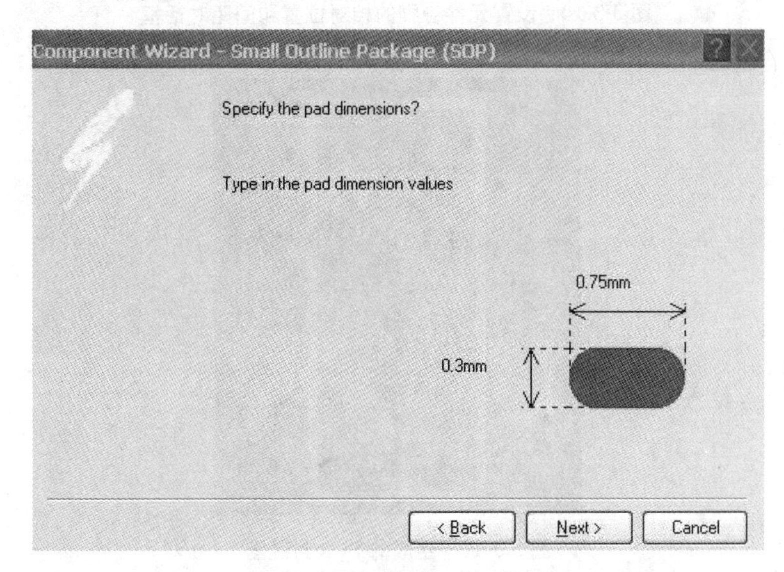

图 3-3-9　设置焊盘尺寸对话框

（4）下一步设置元件管脚的相对位置和间距。根据元件的封装，分别取相邻管脚间距为“0.65 mm”，列间距为“5.85 mm”，如图 3-3-10 所示。

（5）单击 Next，设定元件边框线宽。保持默认值不变。

（6）接下来是设定管脚数目。单击文本框，修改管脚的数目，设为“24”。

（7）设定元件名称，将名称设为“SOP24”。

（8）所有设定工作已经完成，进入向导结束对话框，单击 Finish 确认所有设置，系统自动生成如图 3-3-11 所示的 PCB 文件。

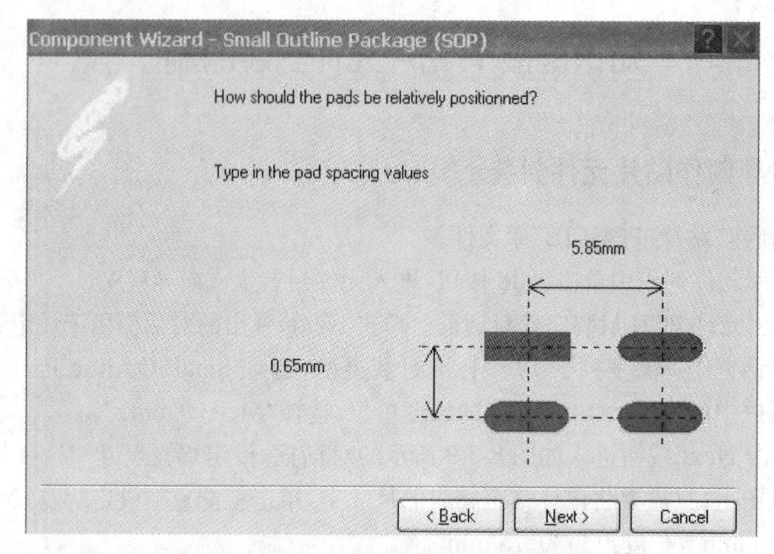

图 3-3-10　设置元件管脚的相对位置和间距对话框

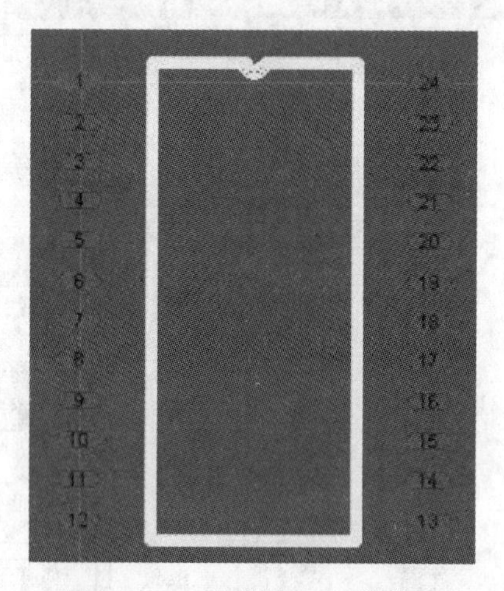

图 3-3-11　生成的 PCB 封装图

2. 手工制作贴片元件封装

(1) 在 PCB 库的 PCB Library 面板中，单击 Add 按钮，然后单击 Cancel，系统生成一个默认名的元件，单击 Rename，将元件重新命名为“0603”，而后直接在绘图区域中绘制该封装。

(2) 在绘图区单击鼠标右键，执行【Library Options…】。

在【Board Options】对话框中，修改如下属性：

- 【Unit】：设为“Metric”；
- 【Grid1】：设为“0.025 mm”；
- 【Grid2】：设为“0.025 mm”。

(3) 选择【Top Layer】层，在该层绘制贴片电阻的焊盘，如图 3-3-12 所示。

Top Layer / Bottom Layer / Mechanical 1 / Top Overlay / Keep-Out Layer / Multi-Layer

图 3-3-12　贴片电阻焊盘的层面示意图

(4) 设置坐标原点。这样,可以很方便地利用状态栏来确定尺寸、位置等信息。执行菜单命令【Edit】/【Set Reference】/【Location】,光标变为十字,选择适当的位置点击鼠标左键,则光标所在位置的坐标变为(0,0)。

(5) 放置焊盘。单击 PCB 元件库放置工具栏中的 按钮,光标变为十字形状。按 Tab 键,在【Pad】(焊盘)对话框中做如下修改:

- 【Hole Size】:0mm;
- 【Layer】:Top Layer;
- 【Size and Shape】区域
- 【X-Size】:0.6mm;
- 【Y-Size】:0.8mm;
- 【Shape】:Retangle。

(6) 在(0,0)处单击鼠标左键放置焊盘。

(7) 坐标(1,0)处放置第二个焊盘。

(8) 绘制元件外框。选择【Top Overlay】层,单击工具栏中的 按钮,执行画线命令。按 Tab 键,在弹出的对话框中,将线宽设为“0.2 mm”。

(9) 在焊盘的边界 0.4 mm 处,画边框。最后结果如图 3-3-13 所示。

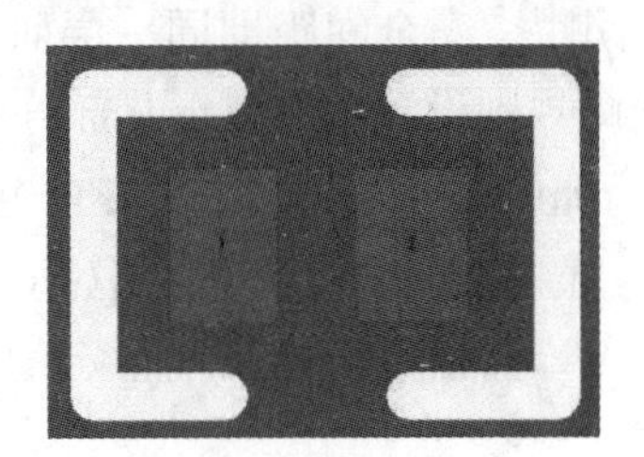

图 3-3-13　制作的电阻封装图

(10) 保存库文件,完成“0603”封装的创建。

☆知识链接 2:设计规则☆

在对 PCB 布线之前需要进行设计规则的设置。合理进行参数设置是提高布线质量和成功率的关键。执行菜单命令【Design】/【Rules】,系统弹出如图 3-3-14 所示 PCB Rules and Constraints Editor(PCB 设计规则和约束)对话框。

该对话框左侧显示的是设计规则的类型,共分 10 类。左边列出的是 Design Rules(设计规则),其中包括 Electrical(电气类型)、Routing(布线类型)、SMT(表面粘着组件类型)规则等等,右边则显示对应设计规则的设置属性。对这些设计规则的基本操作有:新建规则、删除规则、导出和导入规则等。

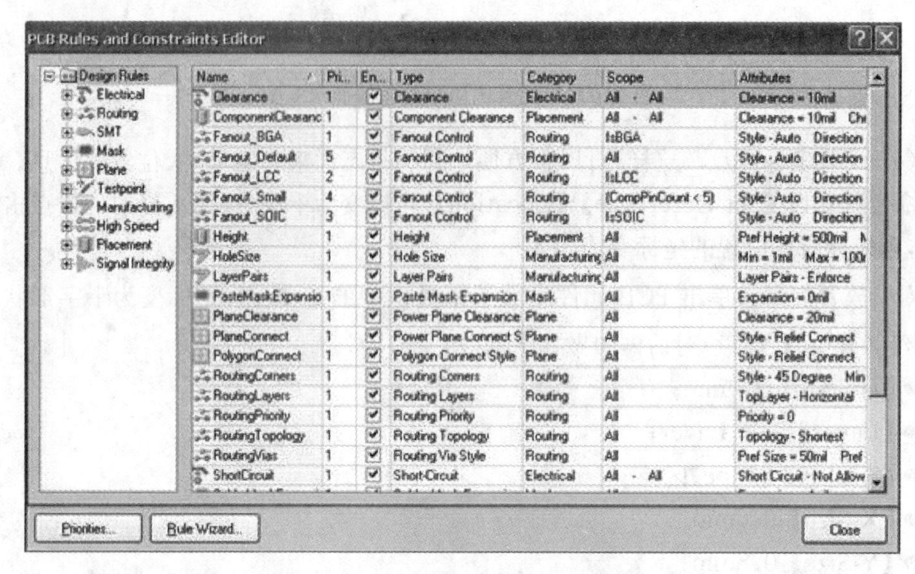

图 3-3-14　PCB 设计规则和约束对话框

根据这些规则，Protel DXP 进行自动布局和自动布线。很大程度上，布线是否成功和布线的质量的高低取决于设计规则的合理性，也依赖于用户的设计经验。

1. Electrical 规则

展开图 3-3-14 中的 Electrical 树形目录菜单，它包括了以下的规则。

(1) Clearance 规则：安全间距。安全间距即同一层面上导线与导线之间、导线与焊盘之间的最小距离。在安全间距规则设置中有以下几部分内容。

- Where the First object matches：第 1 图件的安全范围设定，用于设定适用范围。可以选择的范围包括：全部网络(All)、某个网络(Net)、指定的网络(Net Class)、指定工作层面中的网络(Layer)、指定的网络和指定的工作层面(Net and Layer)以及高级设置(Advanced)。
- Where the Second Object matches：第 2 图件的安全范围设定。可以设定的适用范围和第 1 图件一样。
- Constraints：布线约束性。用于设定特例之间允许的最小间距。

一般来说，系统只提供了一个名为 Clearance 的安全间距规则，要增加新的规则，可以右击 Clearance，在弹出的快捷菜单中选择 New Rules 命令，这样就可以添加一个名为 Clearance－1 的新的安全间距规则，如图 3-3-15 所示。

PCB 设计规则中同时存在两个规则时，必须设置优先权，单击 Priorities 按钮，打开如图 3-3-16 所示的 Edit Rule Priorities 对话框。

在对话框中，可以单击一个规则，然后通过 Increase Priority 按钮和 Decrease Priority 按钮改变其优先权。

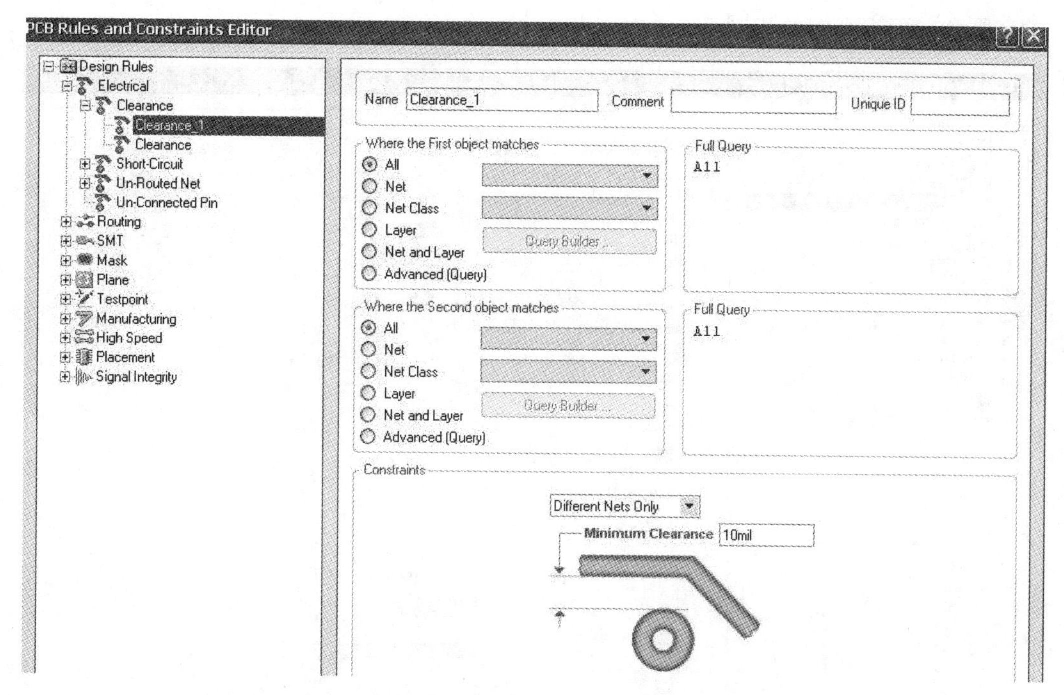

图 3-3-15　新建一个 Clearance－1 安全间距规则

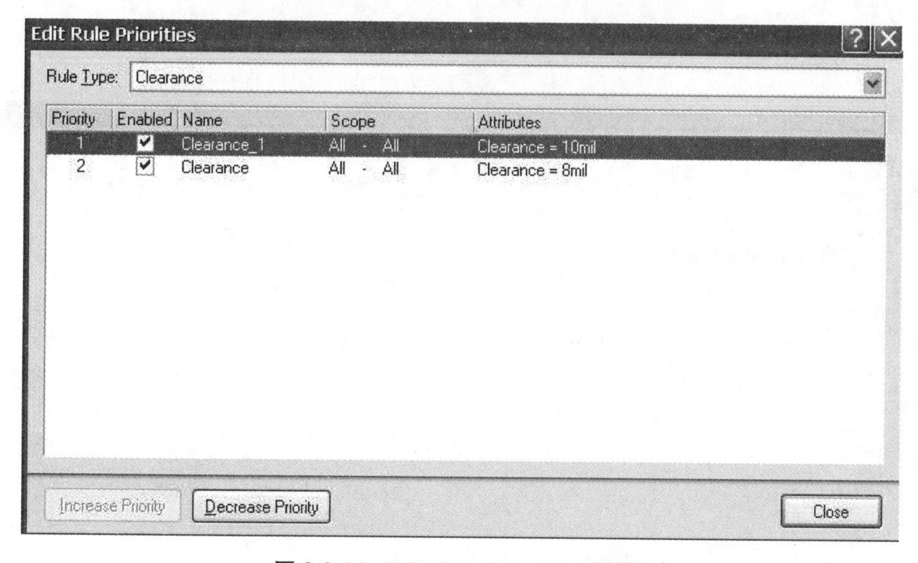

图 3-3-16　Edit Rule Priorities 对话框

(2) Short-Circuit 规则：短路规则。表示两个对象之间的连接关系，如图 3-3-17 所示。

在此对话框中，也可以设置规则适用的范围，可选的范围与前一个规则一样。系统默认情况是不允许短路的。选择了 Allow Short Circuit 复选框，即允许短路，应该慎用这一命令。

(3) Un-Routed Net 规则：未布线网络规则。未布线网络规则表示的是同一网络连接之间的连接关系，如图 3-3-18 所示。在对话框中，也可以设置规则适用的范围，可选择的范围和前面规则中的相同。

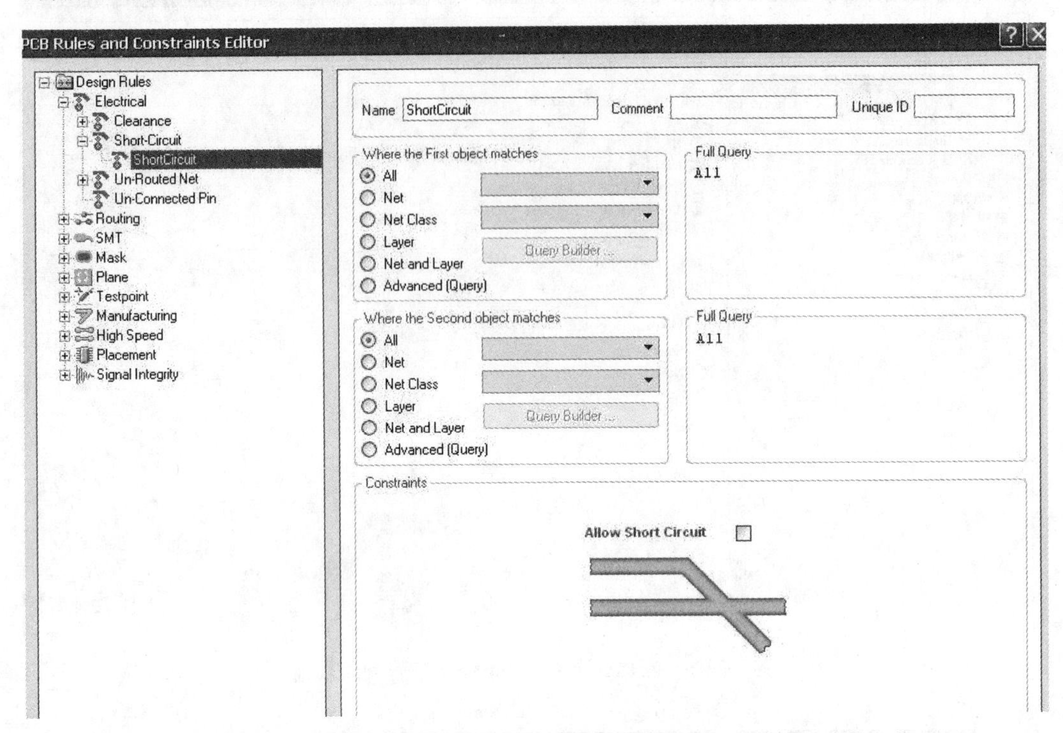

图 3-3-17　Short-Circuit 规则

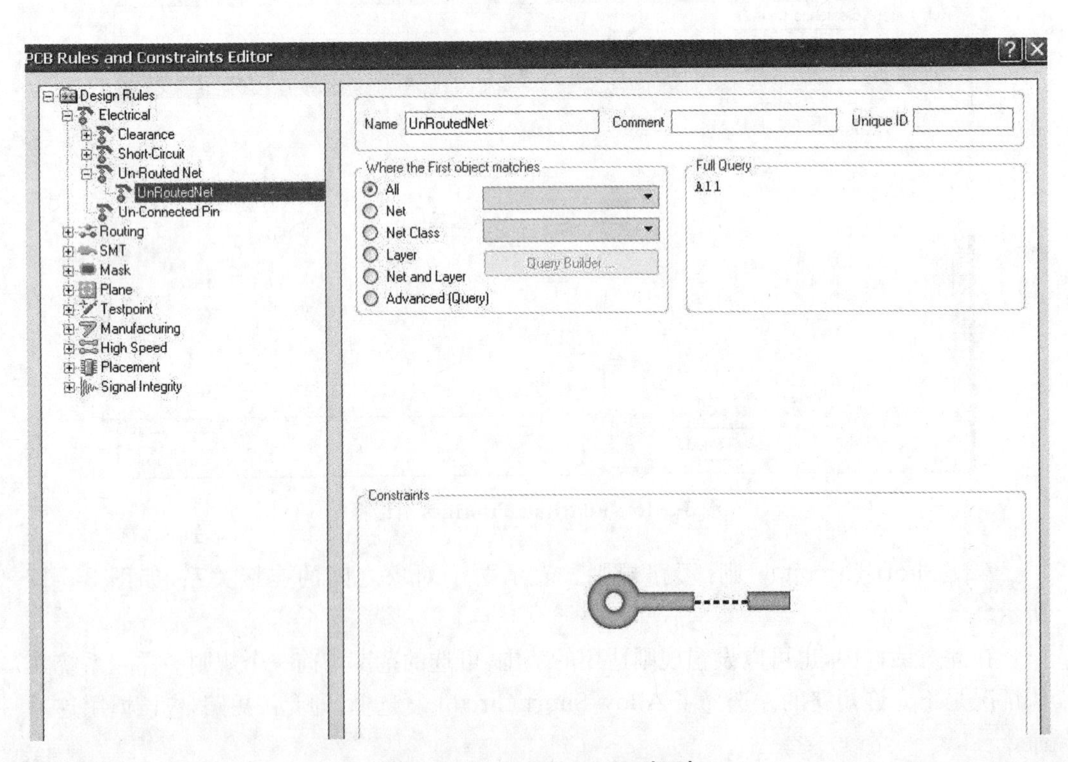

图 3-3-18　Un-Routed Net 规则

2. Routing 规则

主要用于设定自动布线过程中的布线规则，它是自动布线的依据，关系到布线的质量。展开前面图 3-3-14 中的 Routing 树形目录菜单，包括以下规则。

(1) Width 规则：布线宽度规则，用于定义布线时导线宽度最大、最小值和典型值，如图 3-3-19 所示。

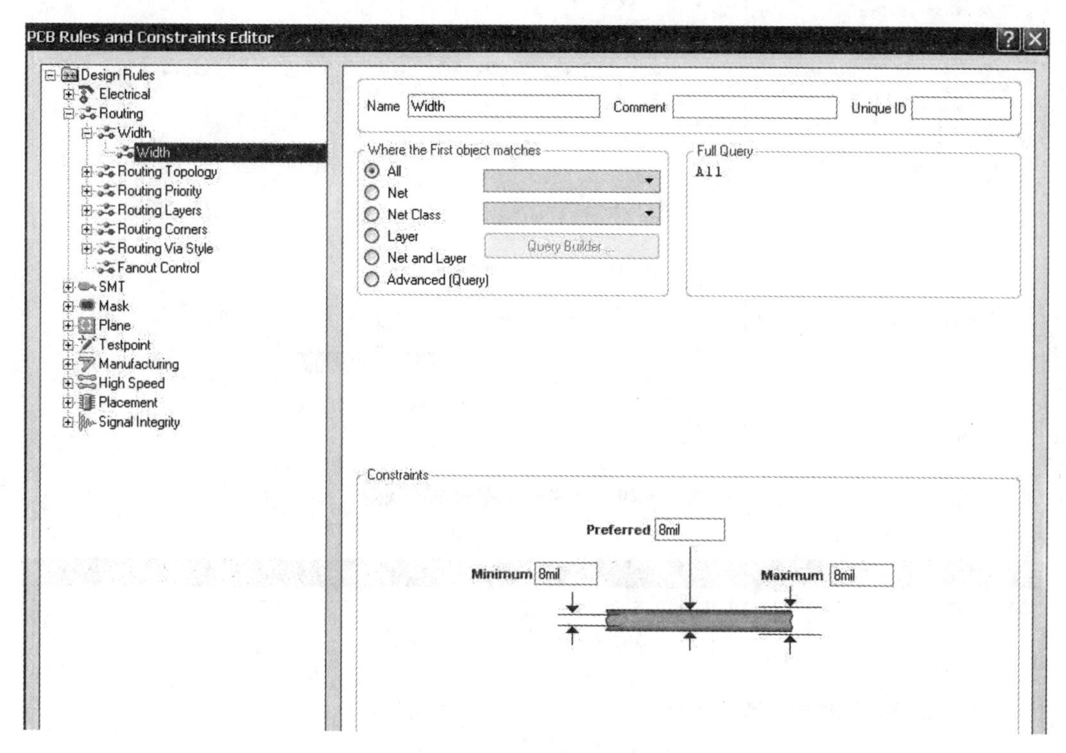

图 3-1-19 Width 规则

在对话框中，Where the First object matches 栏用于设置布线宽度规则的应用范围，设置方法和前面的规则相同。Constraints 栏用于设置布线宽度属性，可以设置最大线宽(Maximum)、最小线宽(Minimum)、典型线宽(Preferred)，也可以设置专门的布线宽度，如地线宽度。我们可以新建一个新的线宽规则，将布线宽度的名称设为 GND，然后根据地线的要求对其规则进行设定，如图 3-3-20 所示。

(2) Routing Topology 规则：布线拓扑结构规则。用来定义引脚到引脚之间的布线规则，如图 3-3-21 所示。对话框中的 Constraints 栏中可以选择的各项含义分别为：选择 Shortest 选项保证各网络节点之间连接总长最短；选择 Horizontal 选项设定在布线过程中以水平走线为主；选择 Vertical 选项设定在布线时竖直走线为主；选择 Daisy-MidDriven 选项设定布线时在所在网络节点中找到一个中间节点，然后分别向左右链接扩展；选择 StarBurst 选项采用星形拓扑布线策略，指选择某一节点为中心节点，然后所有连线从中心节点引出。

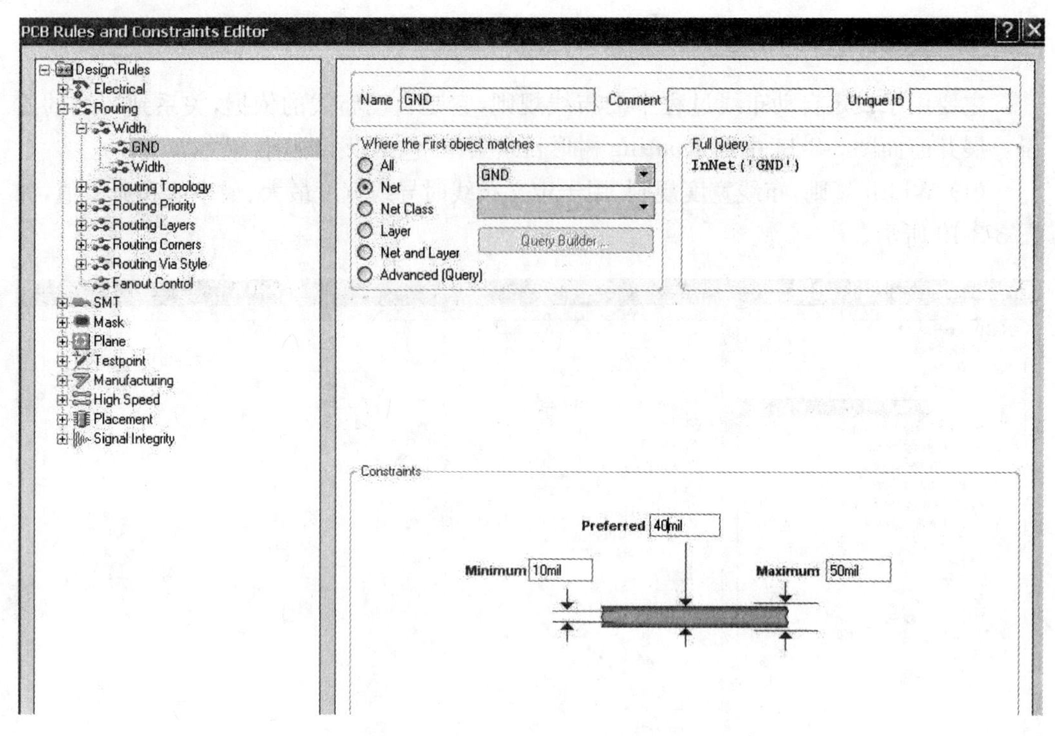

图 3-3-20　新建一个新的线宽规则

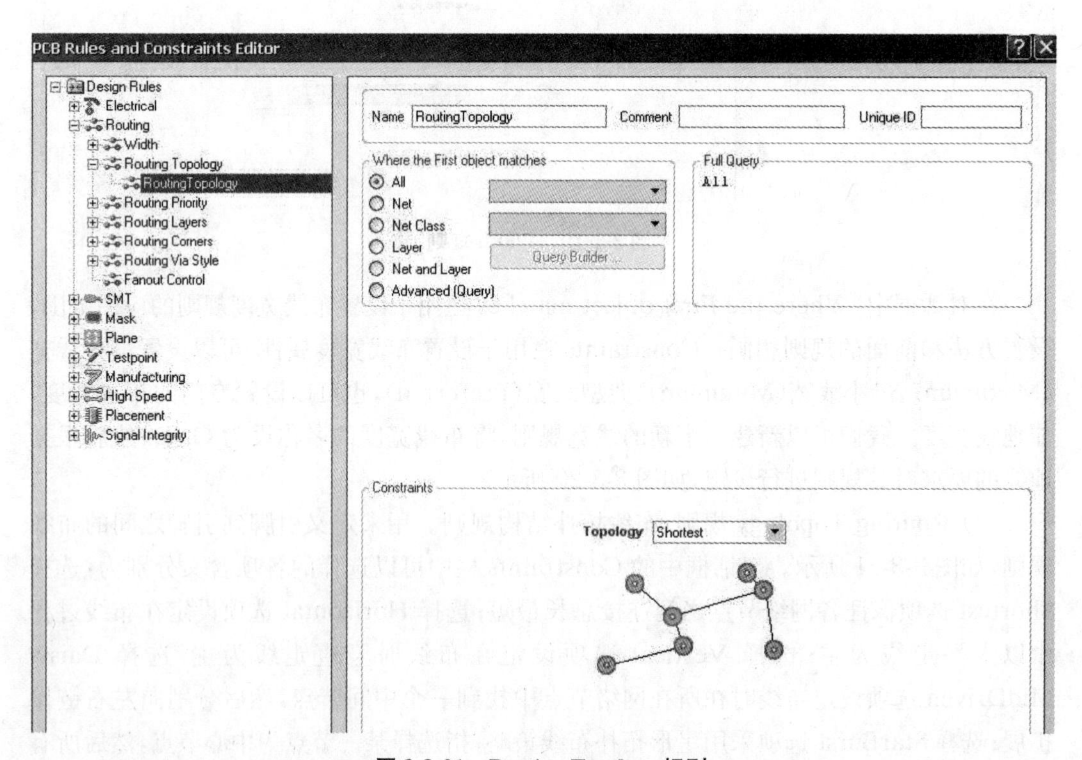

图 3-3-21　Routing Topology 规则

(3) Routing Priority 规则:布线优先级规则。布线优先级指各个网络布线的顺序,优先级越高的网络布线越早。在 Protel DXP 中,有 101 个优先级,0 级表示优先级最低,100 表示优先级最高,如图 3-3-22 所示。

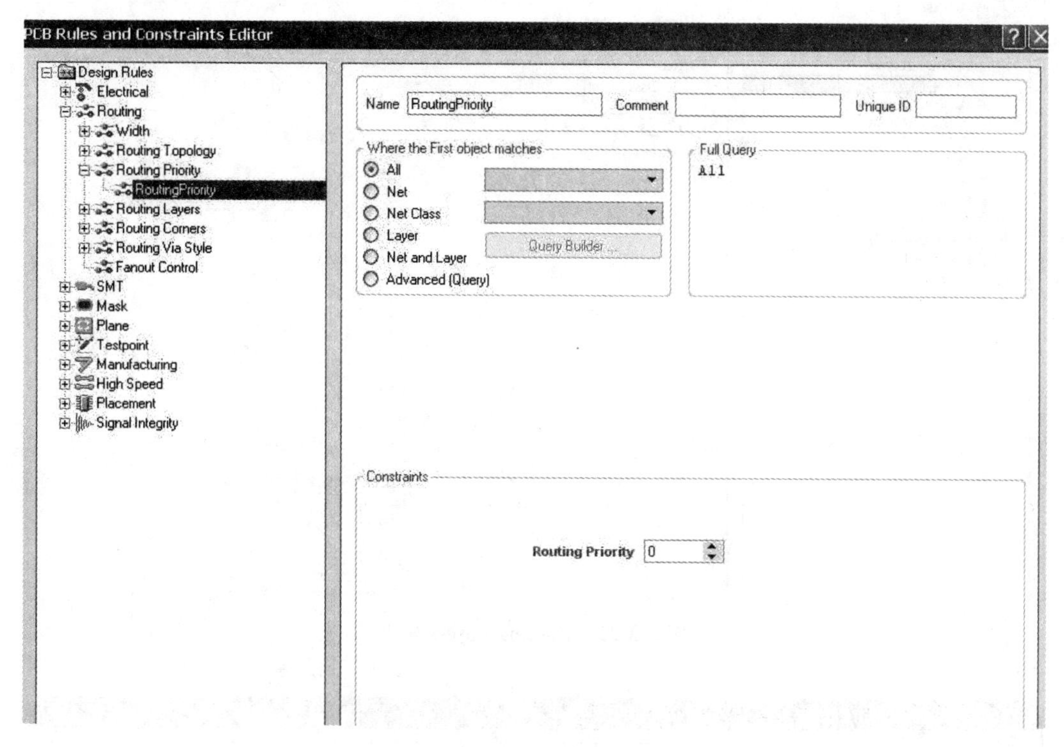

图 3-3-22　Routing Priority 规则

在对话框的 Constraints 栏中设置当前指定网络的布线优先级,在 Routing Priority 后的文本框中直接输入 0~100 的数值,或者单击后面的微调按钮来设置优先级。

(4) Routing Layers 规则:布线层和布线风格,设定布线的层面及各布线层上走线的方向,如图 3-3-23 所示。

一般在双层板中都可以采用默认设置,即规则适用范围选为整个电路板,而在 Constraints 栏中设置布线层走线的方向。

(5) Routing Corners 规则:布线拐角模式设置。设置布线时拐角的形状及允许的最大和最小尺寸,如图 3-3-24 所示。

在 Constraints 栏中设置拐角的方式,有 3 中方式可供选择:90°拐角、45°拐角、圆形拐角;在 Setback 文本框中可以设置拐角折线的长度。系统默认为 45°拐角,90°拐角一般不常用,因为这种拐角在高频电路中会导致信号完整性的恶化。

(6) Routing Vias 规则:过孔风格设置规则。设置自动布线过程中使用的过孔的最大和最小孔径,如图 3-3-25 所示。在对话框的 Constraints 栏中可以设置过孔参数,过孔的内径和外径均为一个范围,并可以设置优先值。这样在布线过程中,系统会在范围内根据需要适当调整过孔的大小。

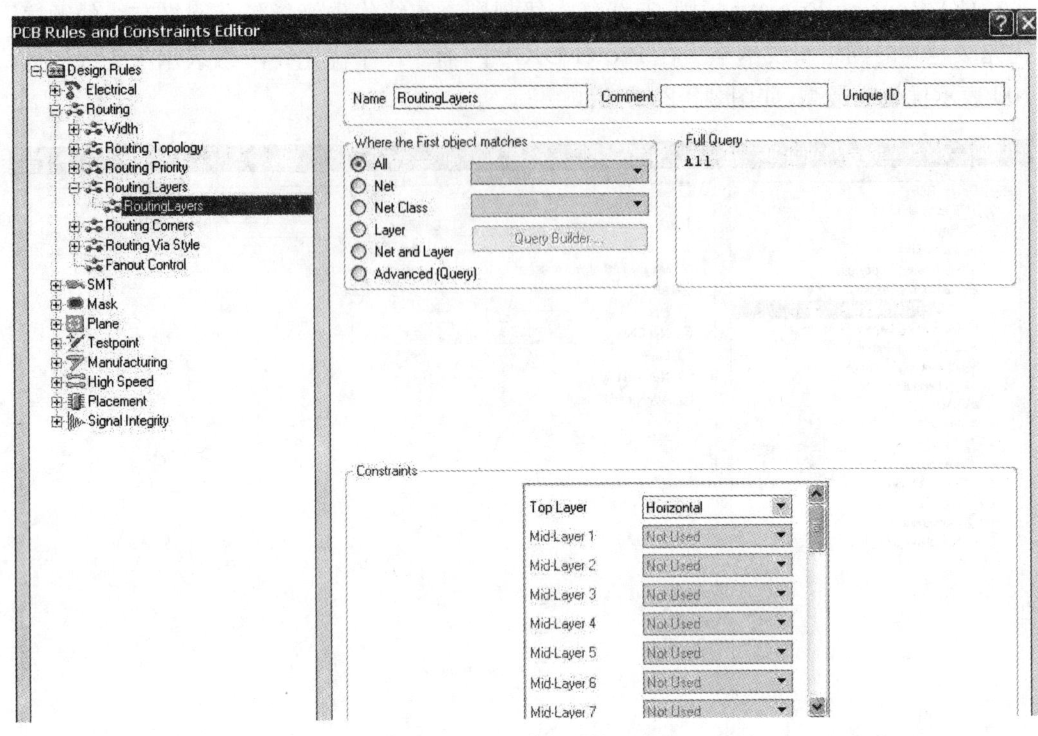

图 3-3-23　**Routing Layers 规则**

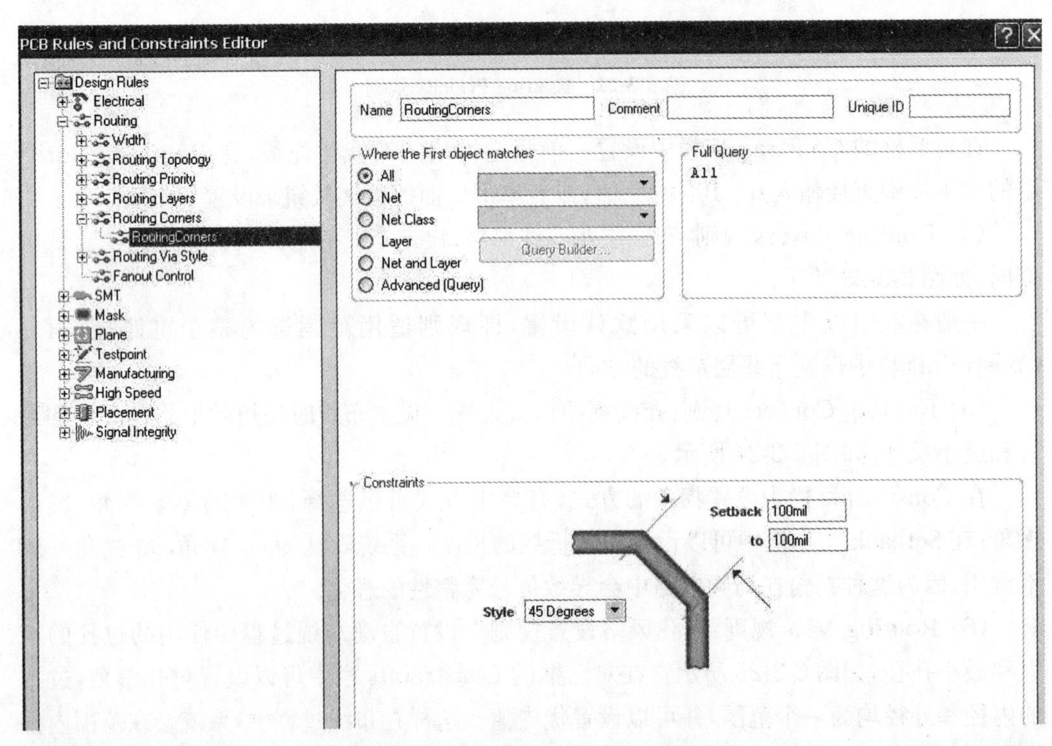

图 3-3-24　**Routing Corners 规则**

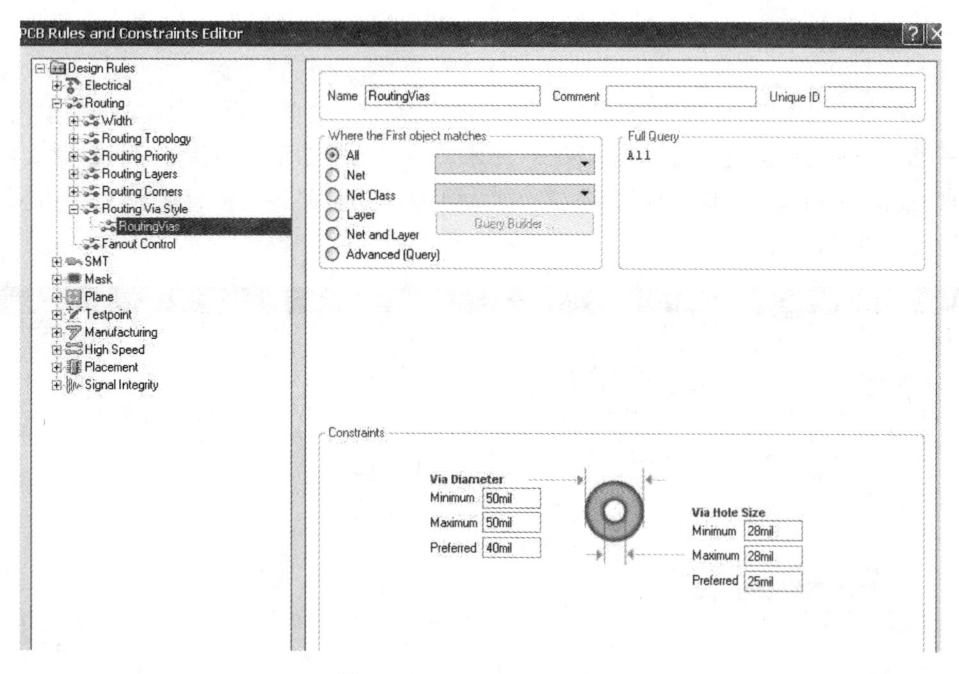

图 3-3-25　Routing Vias 规则

3. SMT 规则

SMT 规则即贴片封装元器件规则，展开 SMT 规则的树形目录，它包括了以下规则。

(1) SMD To Corner 规则：贴片元器件焊盘引线长度设置，在 Protel DXP 默认状态下时没有该规定的，设计者可以新建一个规则，如图 3-3-26 所示。

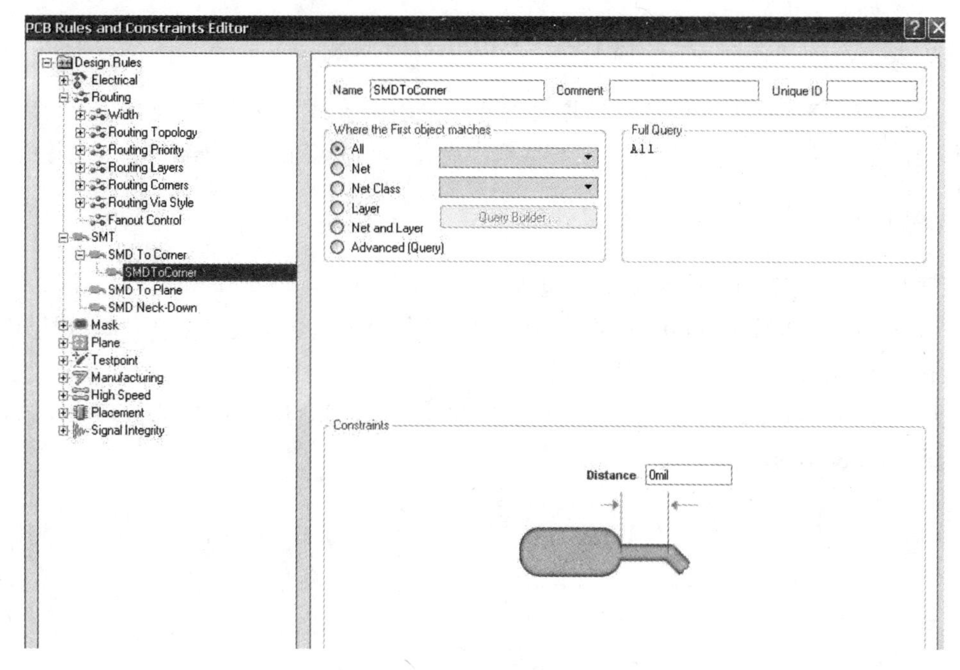

图 3-3-26　SMD To Corner 规则

贴片元器件的引出导线都是引出一小段之后再拐弯，设置引出的这一小段导线的长度。

(2) SMD To Plane 规则：SMD 与 Plane 焊盘或导孔之间的距离设置，可以向中间添加一个新的规则并进行设置，如图 3-3-27 所示。在对话框中可以设置贴片元器件要距离焊盘多远才使用过孔与地层连接，系统的默认值为 0，也就是说可以直接从焊盘中心打过孔连接接地层。

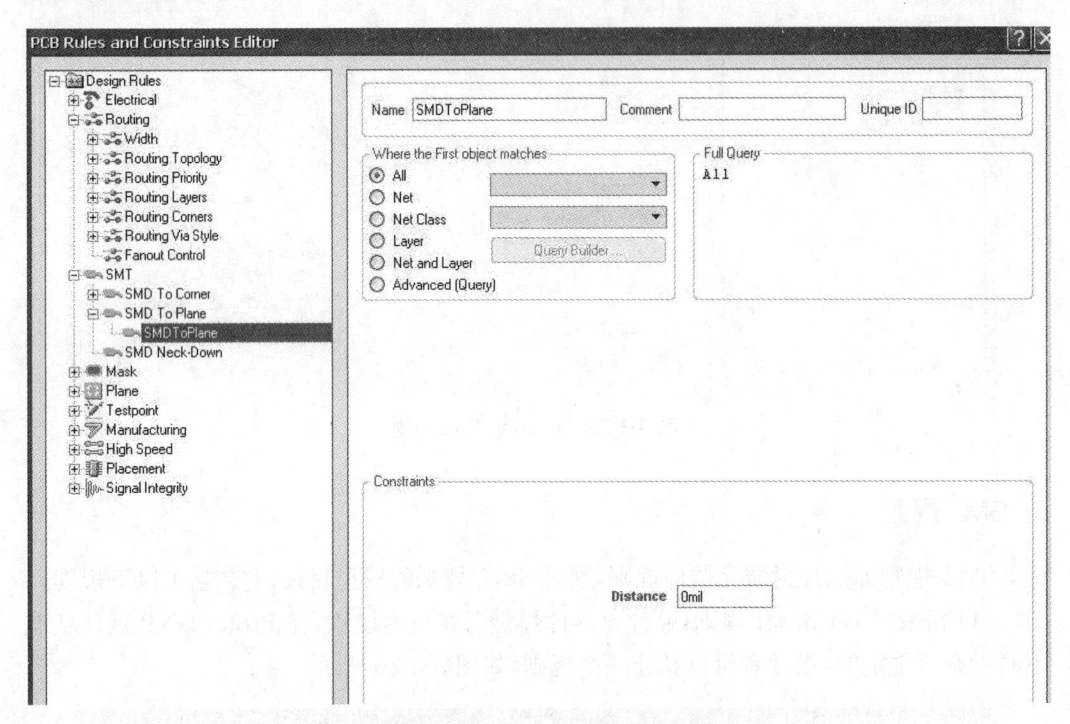

图 3-3-27 SMD To Plane 规则

(3) SMD Neck-Down 规则：贴片元器件焊盘引出导线宽度设置。添加一个新的规则并进行设置，如图 3-3-28 所示。在对话框中设置焊盘宽度和引出导线宽度的百分比。

4. MASK 规则

展开 MASK 规则的树形目录，它包含了两个子规则。

(1) Solder Mask Expansion 规则：阻焊层规则，设置阻焊层收缩宽度，即阻焊层中的焊盘孔大于焊盘的尺寸，如图 3-3-29 所示。

(2) Paste Mask Expansion 规则：助焊层收缩宽度，即贴片与锡膏层焊盘孔之间的距离，如图 3-3-30 所示。

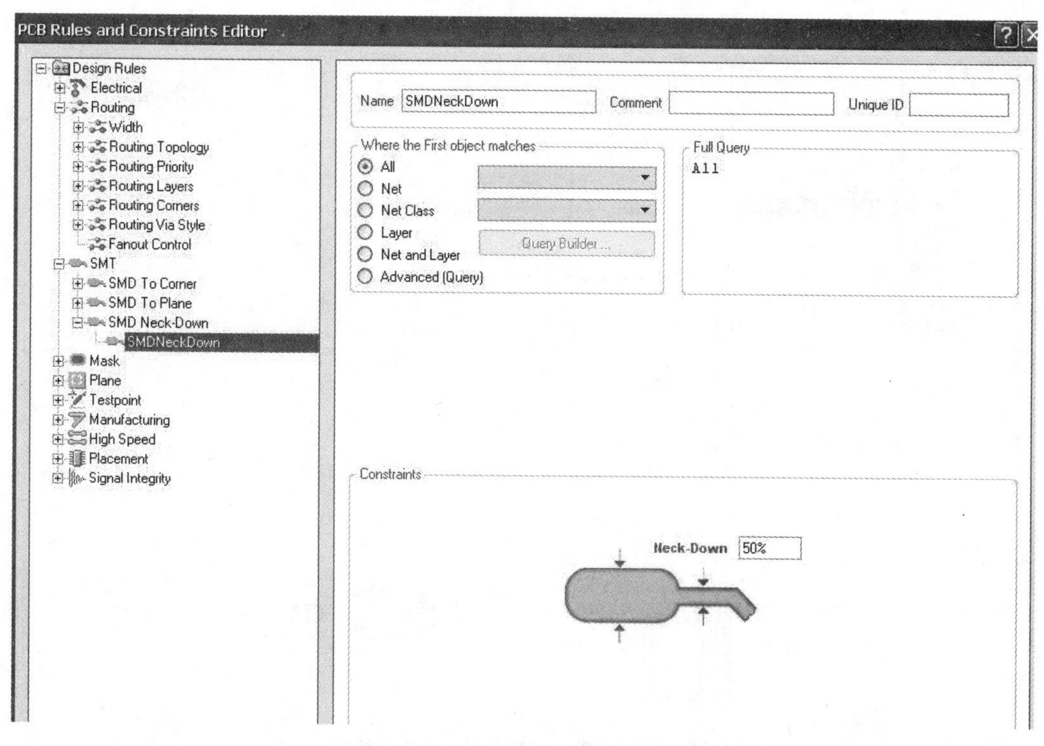

图 3-3-28　SMD Neck-Down 规则

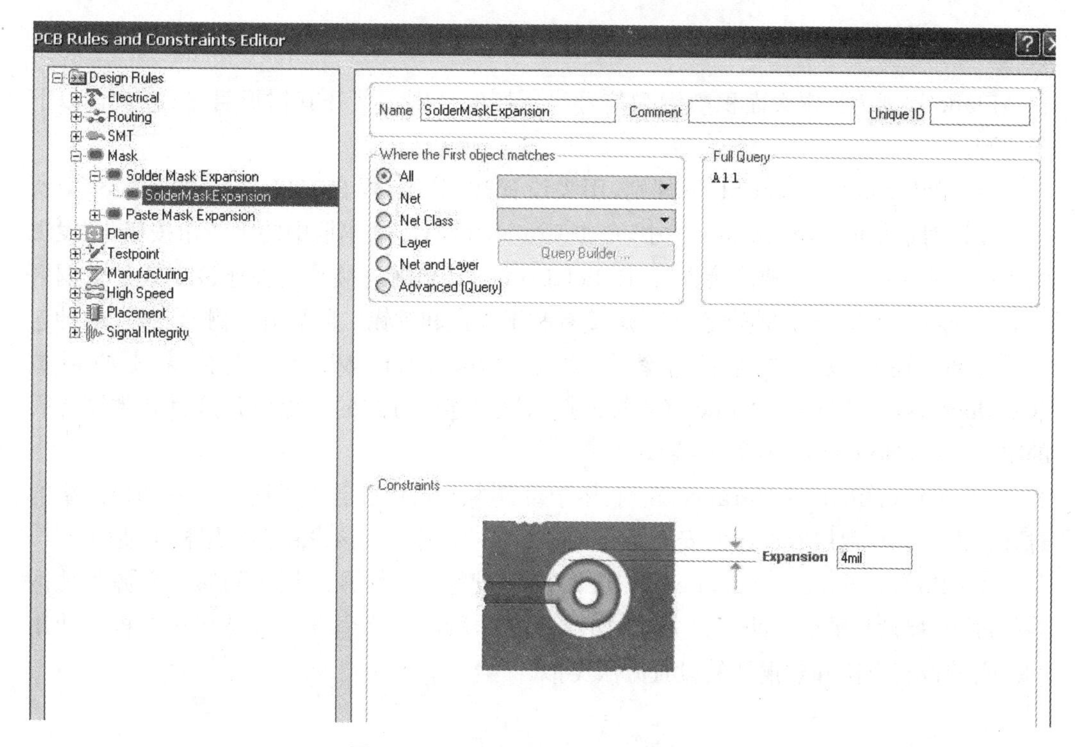

图 3-3-29　Solder Mask Expansion 规则

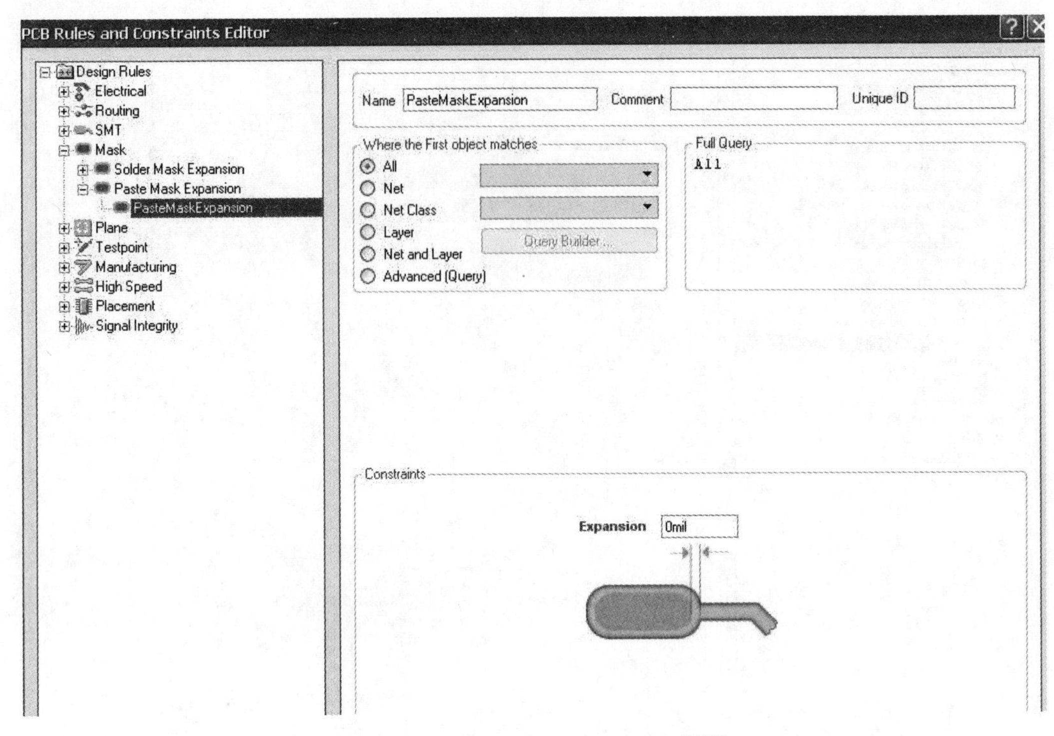

图 3-3-30　Paste Mask Expansion 规则

5. Plane 规则

Plane 规则为设定大面积敷铜和信号线连接的规则。展开其树形目录，它包含以下子规则。

(1) Polygon Connect Style 规则，用来设置敷铜区与焊盘连接方式，如图 3-3-31 所示。在该对话框的 Constraints 栏中，单击 Connect Style 文本框中的下三角按钮，在发现的下拉列表中提供了 3 种连接方式，Relief Connect(辐射连接)，这种连接方式是敷铜区和焊盘通过几根细的导线连接，这样焊接有利于焊盘和焊锡之间更好的融合，选择这种连接方式时，还可以设置连接导线的宽度(Conductor Width)、连接导线的根数(Conductors)等；Direct Connect(直接连接)，这种连接方式的优点就是焊盘和敷铜之间的阻值较小；No Connect(无连接)。

(2) Power Plane Clearance 规则：用于设置内电源和地层中不属于电源和地网络的过孔及内电源和地层敷铜区的安全距离，如图 3-3-32 所示。该设置在多层板中使用。

(3) Power Plane Connect Style 规则：用于设置内电源和地层之间属于电源和地网络的过孔、焊盘和敷铜区的连接方式，如图 3-3-33 所示。这个设置也是在多层板中使用的。它的设置方法和敷铜区的设置方法类似。

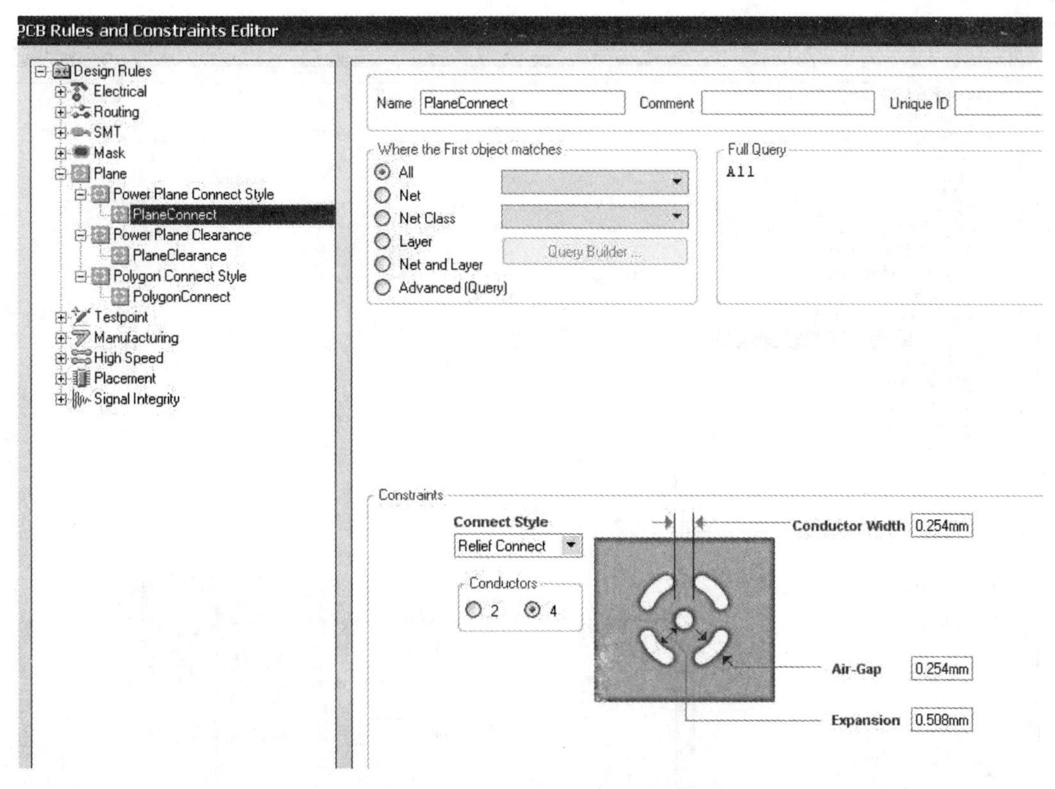

图 3-3-31　Polygon Connect Style 规则

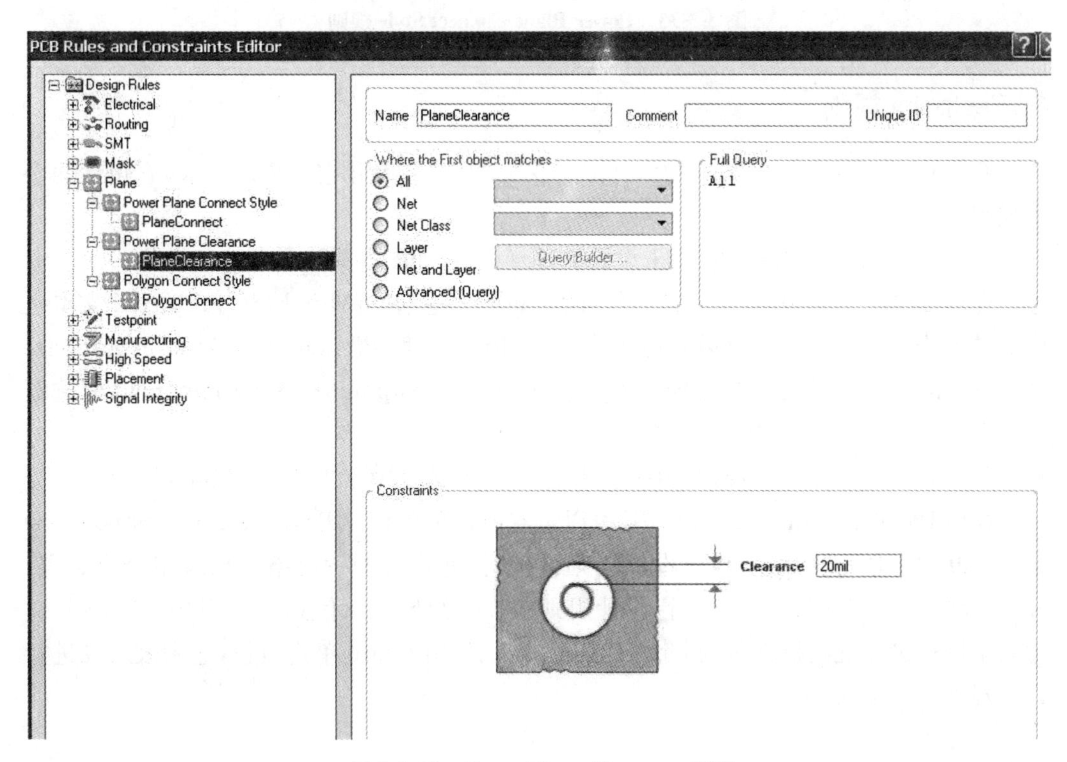

图 3-3-32　Power Plane Clearance 规则

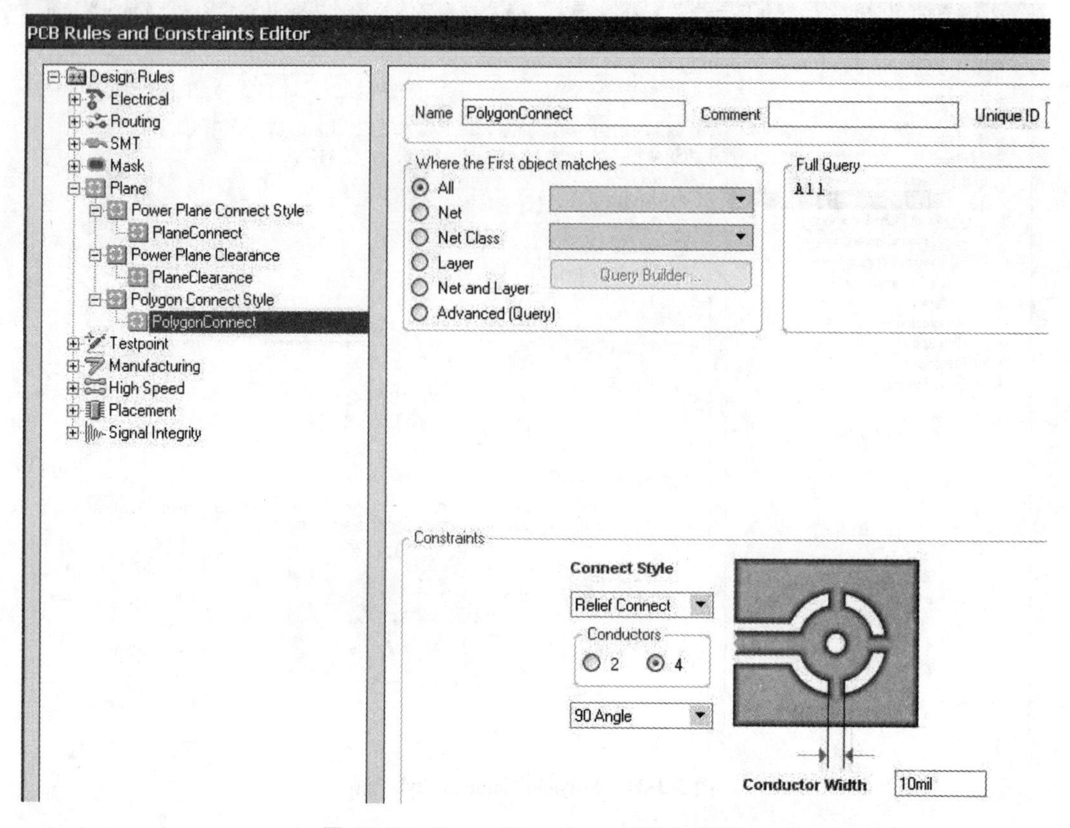

图 3-3-33　Power Plane Connect Style 规则

6. Testpoint 规则

Testpoint 规则用来设置一些和测试点相关的规则，展开它的树形目录，它包含两个子规则。

（1）Testpoint Style 规则：用来设置测试点类型，如图 3-3-34 所示。

在对话框的 Constraints 栏中，可以设置如下一些选项：Min，Max，Preferred 文本框中的数值为测试孔的内径和外径的最大尺寸、最小尺寸和默认尺寸；Testpoint grid size 文本框中的数值为测试点的最小分辨率；选中 Allow testpoint under component 复选框表示允许在元器件的下方放置测试点。

（2）Testpoint Usage 规则：用来设置是、测试点的使用方法，如图 3-3-35 所示。

在该对话框的 Constraints 栏中，可以设置的选项包括：Allow multiple testpoint on same net 复选框，选中表示执行设计规则检查时，允许在同一网络中出现多个测试点；Required 单选按钮，选中表示执行设计规则检查时给出提示信息；Invalid 单选按钮，选中表示进行设计规则检查时，不允许使用测试点；Don’t care 单选按钮，选中表示在进行设计规则时检查测试点。

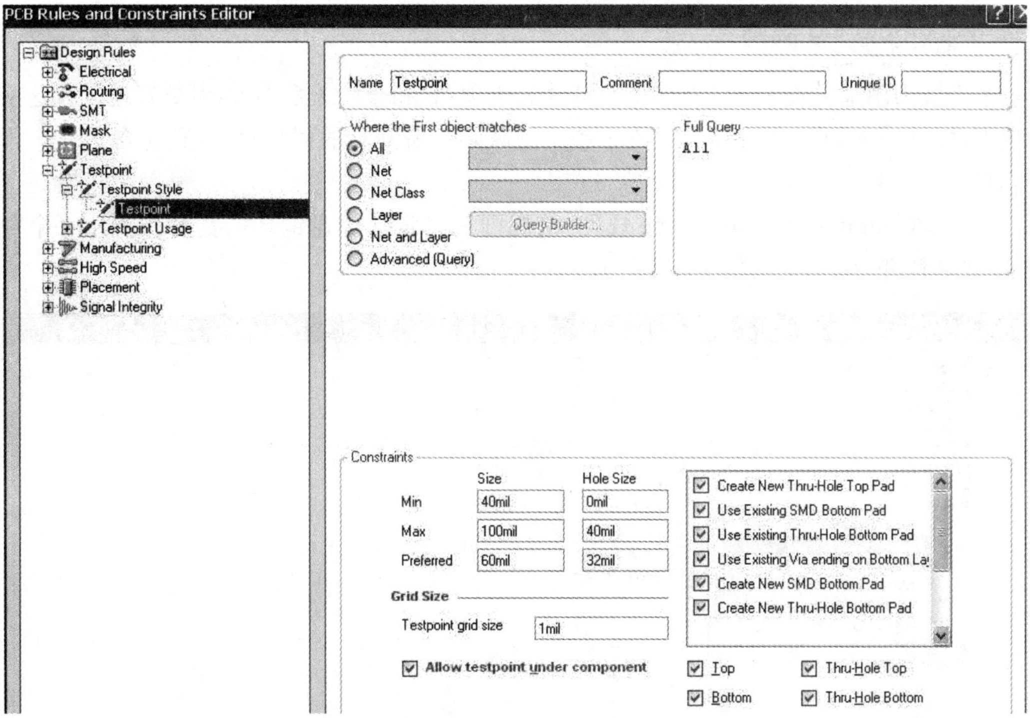

PCB Rules and Constraints Editor

Design Rules
Electrical
Routing
SMT
Mask
Plane
Testpoint
Testpoint Style
Testpoint
Testpoint Usage
Manufacturing
High Speed
Placement
Signal Integrity

Name Testpoint　Comment　Unique ID

Where the First object matches
All
Net
Net Class
Layer
Net and Layer
Advanced (Query)
Query Builder ...

Full Query
All

Constraints

	Size	Hole Size
Min	40mil	0mil
Max	100mil	40mil
Preferred	60mil	32mil

Grid Size
Testpoint grid size 1mil

Create New Thru-Hole Top Pad
Use Existing SMD Bottom Pad
Use Existing Thru-Hole Bottom Pad
Use Existing Via ending on Bottom La
Create New SMD Bottom Pad
Create New Thru-Hole Bottom Pad

Allow testpoint under component
Top　Thru-Hole Top
Bottom　Thru-Hole Bottom

图 3-3-34　Testpoint Style 规则

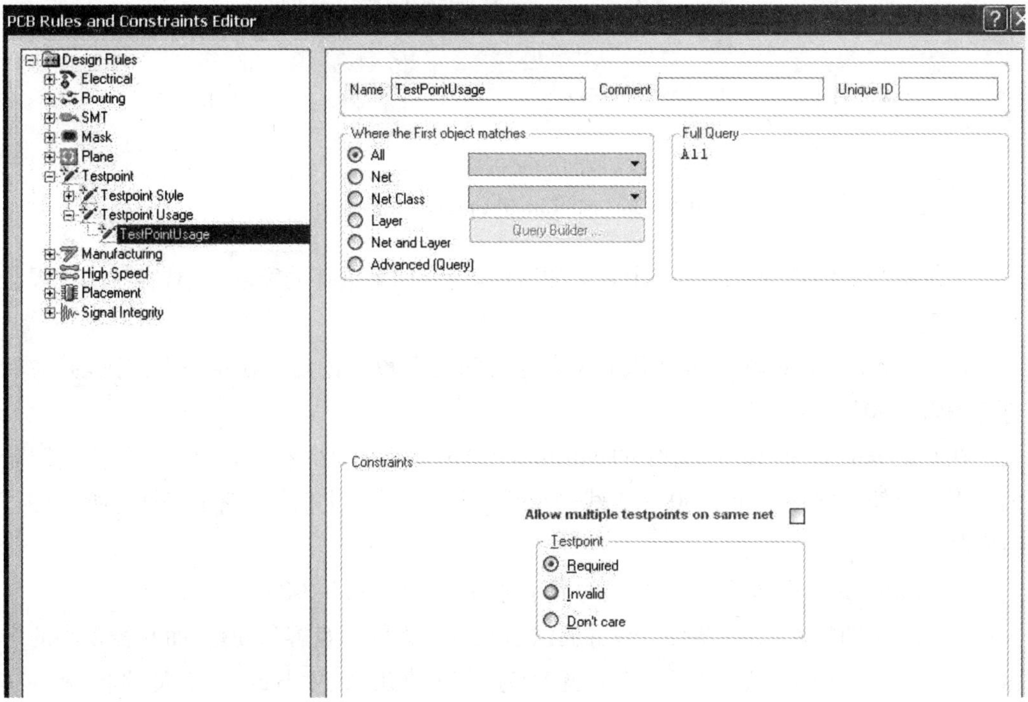

PCB Rules and Constraints Editor

Design Rules
Electrical
Routing
SMT
Mask
Plane
Testpoint
Testpoint Style
Testpoint Usage
TestPointUsage
Manufacturing
High Speed
Placement
Signal Integrity

Name TestPointUsage　Comment　Unique ID

Where the First object matches
All
Net
Net Class
Layer
Net and Layer
Advanced (Query)
Query Builder ...

Full Query
All

Constraints

Allow multiple testpoints on same net

Testpoint
Required
Invalid
Don't care

图 3-3-35　Testpoint Usage 规则

7. Manufacturing 规则

该规则用来设置生产工艺中的一些注意事项，它和布线关系不大，但更好地设置这些规则，可以减少 PCB 板在制作过程中产生的缺陷。展开它的树形目录，它包含了 4 个子规则。

(1) Minimum Annular Ring 规则：该规则用来定义焊盘铜环的宽度。新建一个规则，并对其进行设置，如图 3-3-36 所示。

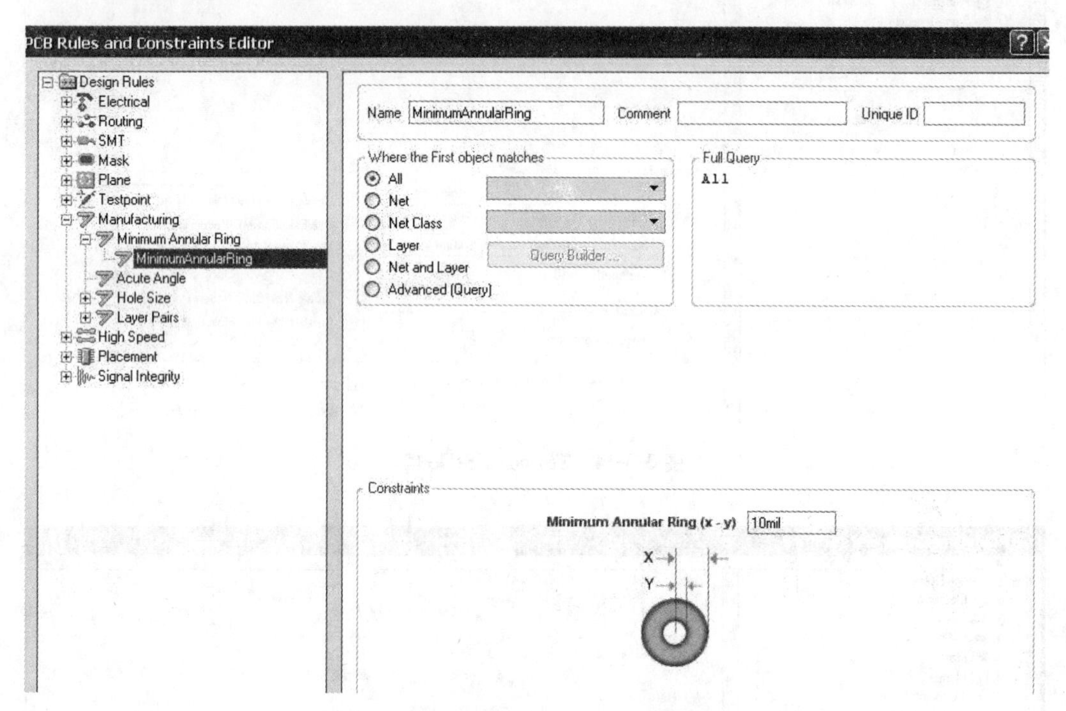

图 3-3-36 Minimum Annular Ring 规则

要保证焊盘铜环的宽度为一个较大的数值，因为如果铜环的宽度过小，容易出现焊盘脱落的现象。

(2) Acute Angle 规则：用来限制两条导线间的夹角为锐角。新建一个规则，并对其进行编辑，如图 3-3-37 所示。

在对话框的 Constraints 栏中的 Minimum Angle 后的文本框中可以设置最小的限制值。因为成锐角的导线和以 90°角走线的导线一样，容易产生信号质量的恶化，所以要进行限制。

(3) Hole Size 规则：用来对孔径的大小进行限制，如图 3-3-38 所示。

孔径限制的对象包括焊盘的过孔的孔径，孔径太大的焊盘容易脱落，而孔径太小的焊盘不方便元器件的安装，孔径限制就是为了避免出现过小或者过大的情况。在 Constraints 栏的 Measurement Method 栏中可以选择测量方式，选择 Absolute 项时，下面 Minimum 和 Maximum 后文本框为数值，选择 Percent 项时，文本框中为百分比，这个相对值为孔径占外径的百分比。

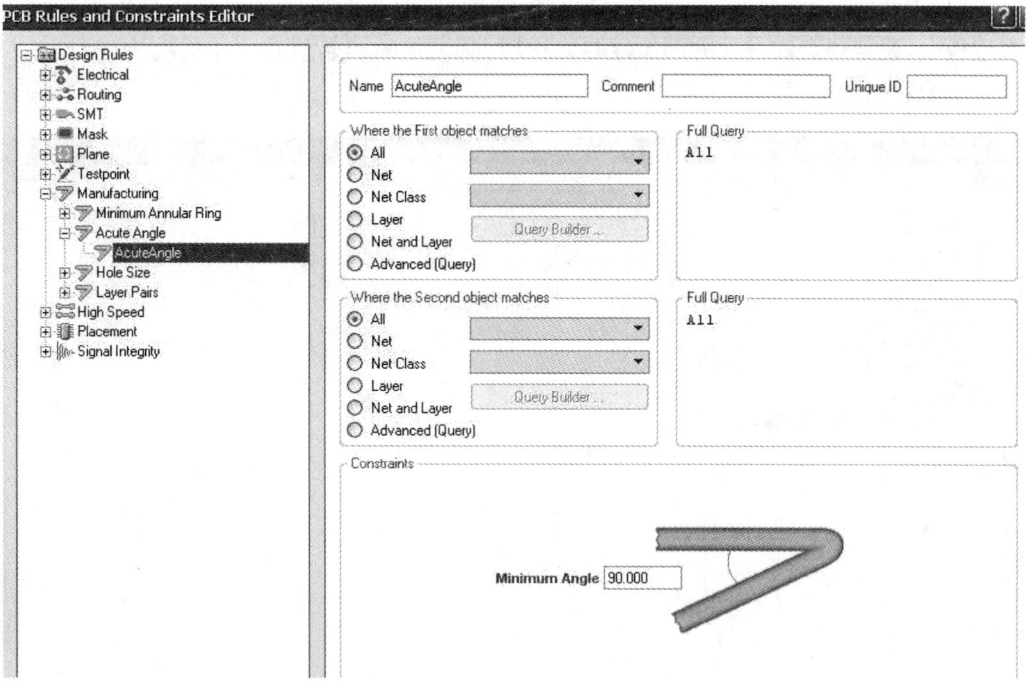

PCB Rules and Constraints Editor

Design Rules
Electrical
Routing
SMT
Mask
Plane
Testpoint
Manufacturing
Minimum Annular Ring
Acute Angle
AcuteAngle
Hole Size
Layer Pairs
High Speed
Placement
Signal Integrity

Name AcuteAngle　Comment　Unique ID

Where the First object matches
All
Net
Net Class
Layer
Net and Layer
Advanced (Query)
Query Builder ...

Full Query
All

Where the Second object matches
All
Net
Net Class
Layer
Net and Layer
Advanced (Query)
Query Builder ...

Full Query
All

Constraints

Minimum Angle 90.000

图 3-3-37　Acute Angle 规则

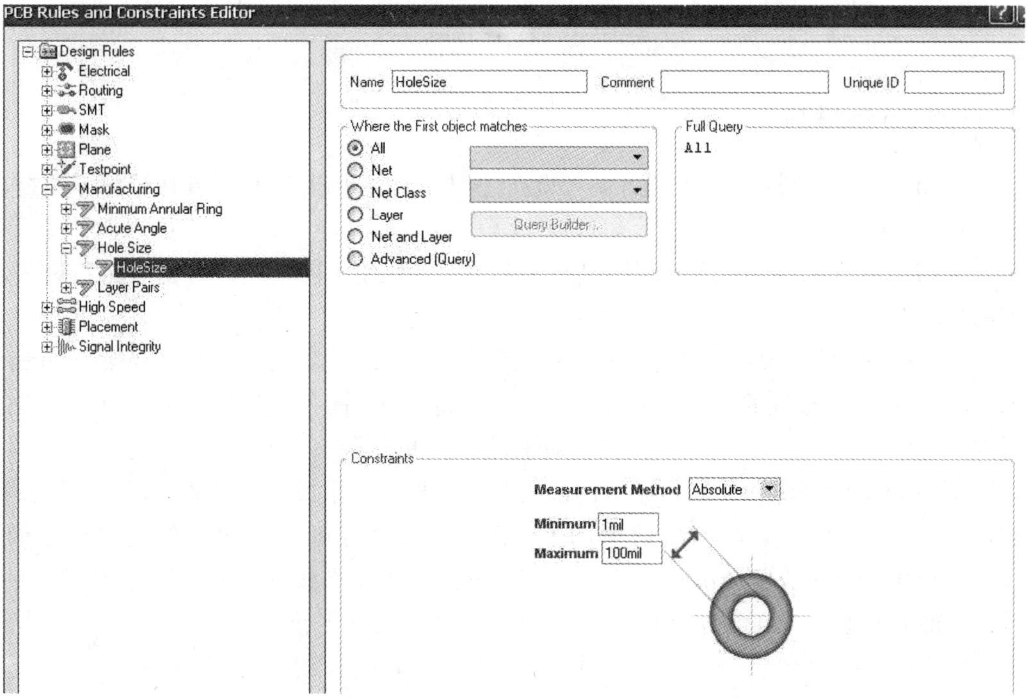

PCB Rules and Constraints Editor

Design Rules
Electrical
Routing
SMT
Mask
Plane
Testpoint
Manufacturing
Minimum Annular Ring
Acute Angle
Hole Size
HoleSize
Layer Pairs
High Speed
Placement
Signal Integrity

Name HoleSize　Comment　Unique ID

Where the First object matches
All
Net
Net Class
Layer
Net and Layer
Advanced (Query)
Query Builder ...

Full Query
All

Constraints

Measurement Method Absolute
Minimum 1mil
Maximum 100mil

图 3-3-38　Hole Size 规则

(4) Layer Pairs 规则:用来进行配对层设置,如图 3-3-39 所示。这个设置主要用于多层板中,设定焊盘和过孔的起始层与终止层,所设定的起始层和终止层称为配对层,双层板的配对层就是顶层和底层。

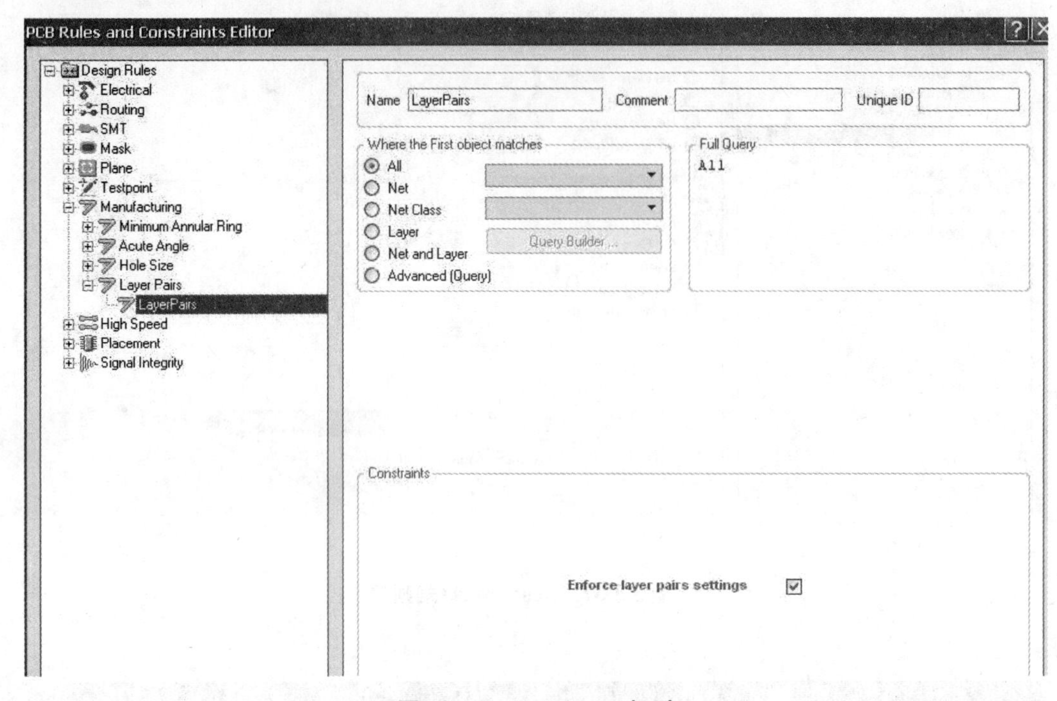

图 3-3-39 Layer Pairs 规则

8. High Speed 规则

High Speed 规则主要是在设计高频电路中用到的一些设置,展开其树形目录,它包含了 6 个子规则。

(1) Parallel Segment 规则:用来限制平行布线,添加一个新规则,并对其进行设置,如图 3-3-40 所示。

在该对话框的 Constraints 栏中,可以设置平行走线的最大长度(The parallel limit is)、平行走线时两根线的最小距离(For parallel gap of)。高频电路中平行走线的距离如果太长,会产生强的信号干扰,因此需要对平行走线加以限制。

(2) Length 规则:用于设定布线的最大和最小长度。添加一个新的规则,然后编辑它,如图 3-3-41 所示。在该对话框的 Constraints 栏中,可以设置布线的最大长度(Maximum)和最小长度(Minimum)。在高频电路中,如果布线的长度太长,会使信号的反射大得不可忽略,一般要根据板子的大小设置布线的最大长度。

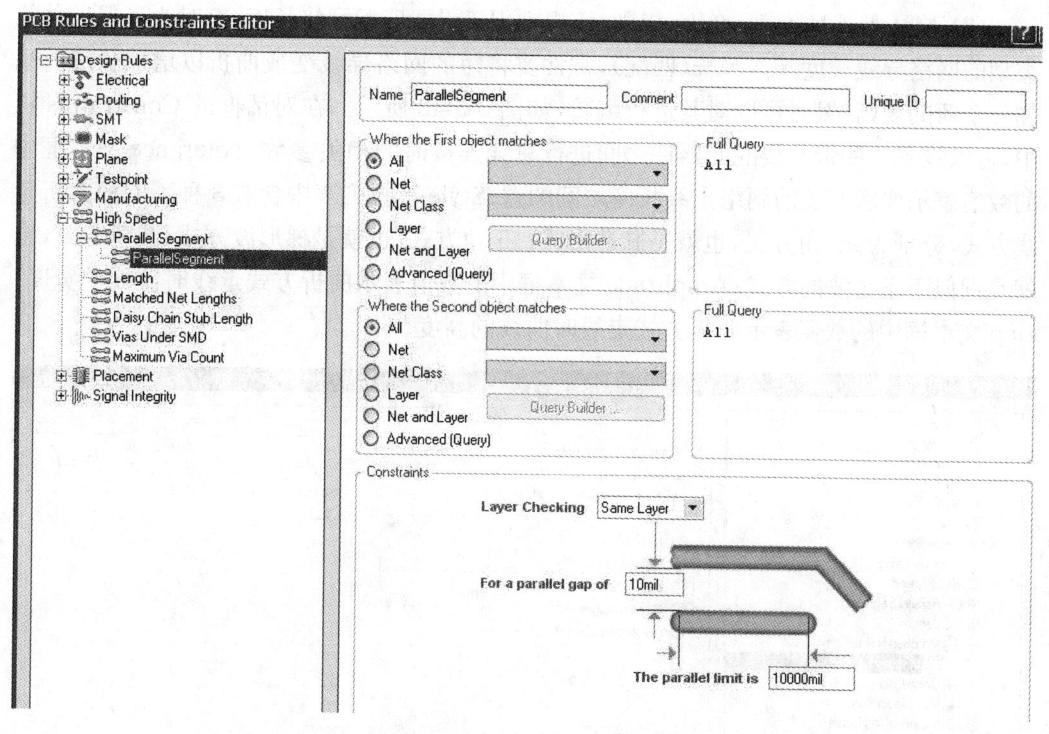

图 3-3-40　Parallel Segment 规则

PCB Rules and Constraints Editor
Design Rules
Electrical
Routing
SMT
Mask
Plane
Testpoint
Manufacturing
High Speed
Parallel Segment
Length
Length
Matched Net Lengths
Daisy Chain Stub Length
Vias Under SMD
Maximum Via Count
Placement
Signal Integrity
Name Length
Comment
Unique ID
Where the First object matches
All
Net
Net Class
Layer
Net and Layer
Advanced (Query)
Query Builder ...
Full Query
All
Constraints
Minimum 0mil
Maximum 100000mil

图 3-3-41　Length 规则

(3) Matched Nets Lengths 规则：该规则用于设置匹配网络长度，有时为了保证总线类型的网络导线长度基本等长（匹配），常常要将短的网络导线变成曲折以增加长度。添加一个新的规则，然后可以对其进行编辑，如图 3-3-42 所示。在对话框的 Constraints 栏中，可以设置一些带总线的元器件之间进行总线连接时的相关参数，Tolerance 文本框中的数值表示要求匹配的网络走线长度之间的差；Style 下拉列表中含有 3 种不同的曲折走线方式，分别为 90°角方式，也就是脉冲形式；45°角方式，也就是梯形波方式；圆角方式，也就是近似于正弦波的方式；Amplitude 文本框中的数值表示曲折方式走线时波峰的宽度；Gap 文本框中的数值表示曲折方式走线时曲线的高度。

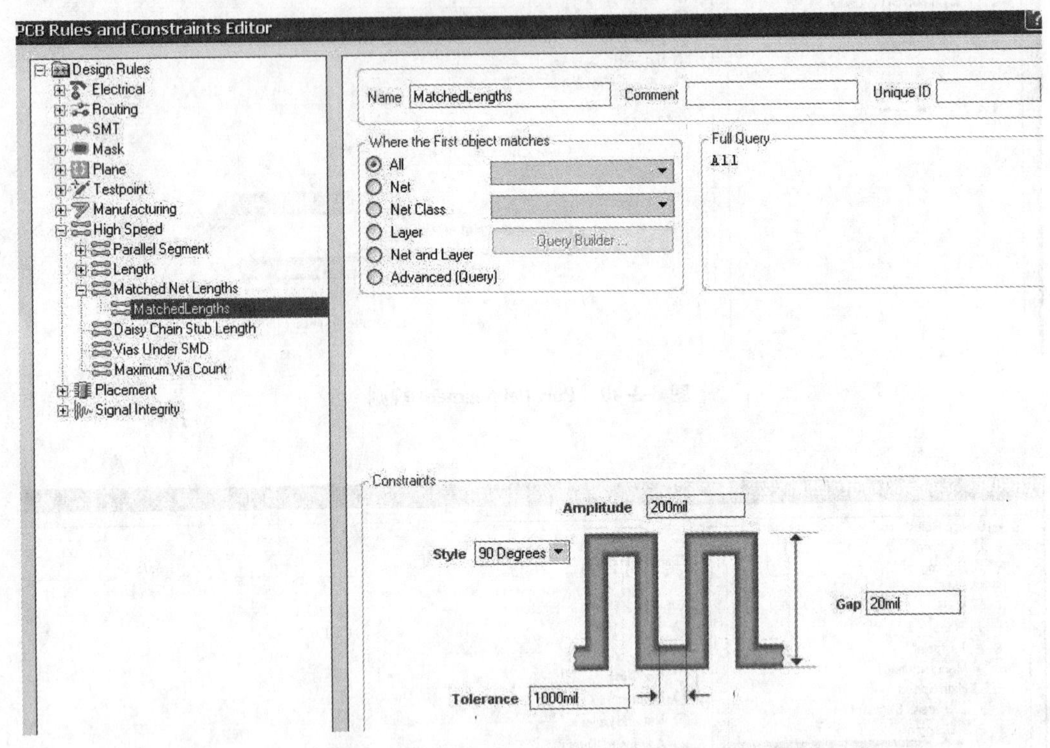

图 3-3-42　Matched Nets Lengths 规则

(4) Daisy Chain Stub Length 规则：该规则用来设置菊花链分支的长度，添加一个新规则并对其进行编辑，如图 3-3-43 所示。

菊花链分支就是焊盘到左侧的竖导线的连线，可以在 Constrains 栏的 Maximum Stub Length 后的文本框中输入数值来设定连线的最大长度，这个长度如果过大，会影响信号反射，从而造成波形变形。

(5) Visa Under SMD 规则：禁止在表贴式焊盘上设置过孔。新建一个规则，然后对其进行编辑，如图 3-3-44 所示。

在该对话框中，选取 Allow Visa under SMD 复选框，表示允许在表贴式焊盘上设置过孔。

(6) Maximum Via Count 规则：定义最大过孔数量，添加一个新的规则，并对其进行编辑，如图 3-3-45 所示。

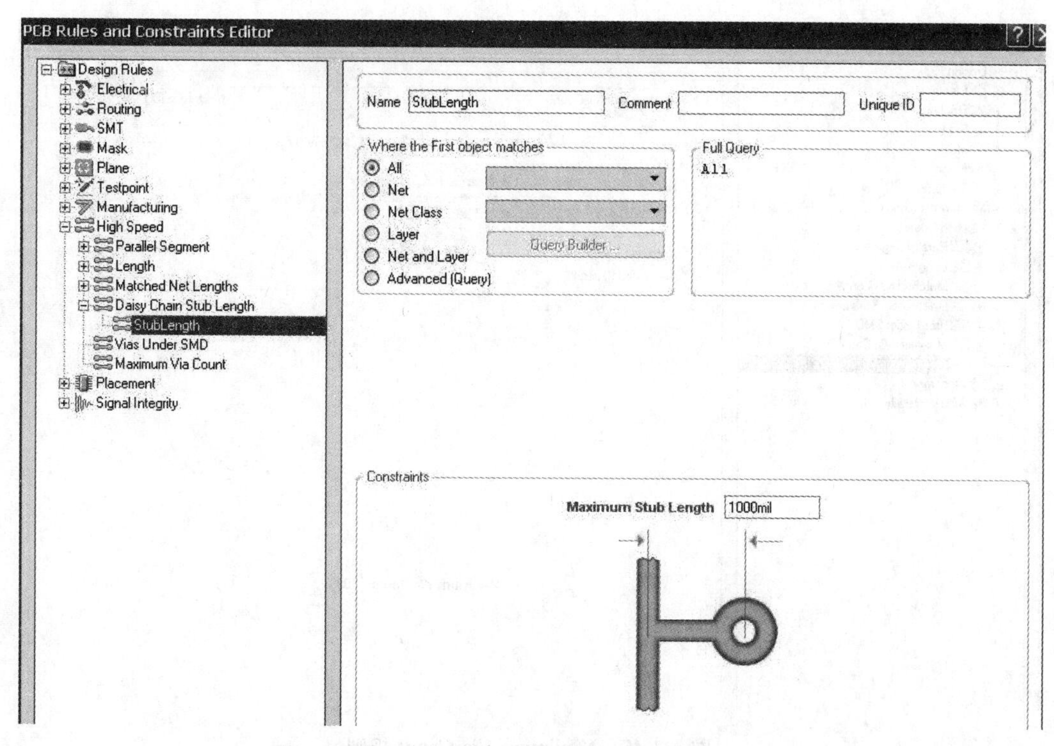

图 3-3-43　Daisy Chain Stub Length 规则

图 3-3-44　Visa Under SMD 规则

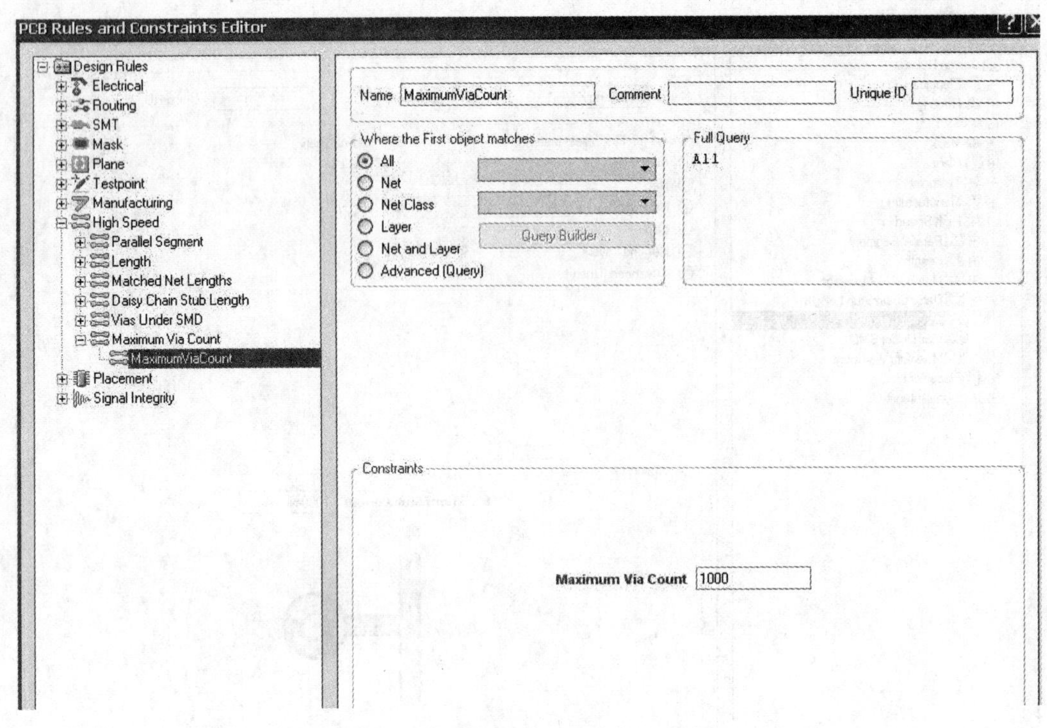

图 3-3-45　Maximum Via Count 规则

在对话框的 Constrains 栏中，在 Maximum Via Count 后的文本框输入一个数值，这个数值就为最大的过孔数量。因为过孔数目过多会增加高速信号的反射，使信号质量下降，所以要对其进行限制。

此外还有 Placement（元器件放置）规则设置和 Signal Integrity（信号完整性）规则，在这里就不再一一介绍了。应该指出的时，在设置自动布线规则的时候，如果所设计的电路板不太复杂，一般就只用设置电气规则和布线规则中几个相关的规则，其他的没有必要要设置，或者可以使用系统的默认值。如果设计的电路板比较复杂，要求也比较高，那么对其他一些规则进行设置也是很有必要的，具体的经验要在大量实践中逐步积累。

☆知识链接 3：调整标注、敷铜、补泪滴☆

1. 调整标注

在对 PCB 板上元件布局时，已经调整了元件标注位置和方向，为了使元件看起来整齐划一，我们需要对元件流水号进行调整。

(1) 手工调整流水号。手工调整流水号可以通过双击元件，打开元件的属性对话框，对标注进行修改。

(2) 自动更新流水号。执行菜单命令【Tools】/【Re-Annotate】，系统弹出如图 3-3-46 所示对话框。

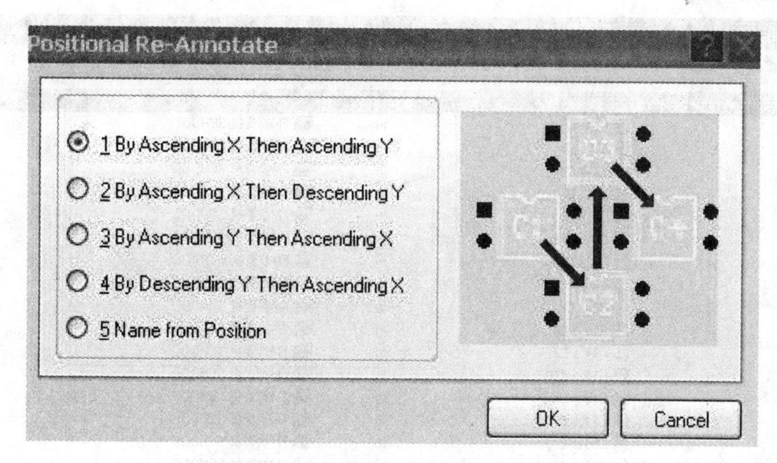

图 3-3-46 更新流水号选择对话框

在该对话框内，提供了五种更新序号方式：

- By Ascending X Then Ascending Y：先按 X 坐标从左到右，再按 Y 坐标从下到上的顺序排列序号。
- By Ascending X Then Descending Y：先按 X 坐标从左到右，再按 Y 坐标从上到下的顺序排列序号。
- By Ascending Y Then Ascending X：先按 Y 坐标从下到上，再按 X 坐标从左到右的顺序排列序号。
- By Ascending Y Then Ascending X：先按 Y 坐标从上到下，再按 X 坐标从左到右的顺序排列序号。
- Name From Position：根据坐标位置排列序号。

(3) 更新原理图。更新序号后，为保持电路原理图与 PCB 一致，需要更新原理图。更新步骤为：

- 执行菜单命令【Design】/【Update Schematics in [XXX. PRJPCB]】，系统执行该命令，并弹出如图 3-3-47 所示的 Confirm 对话框。

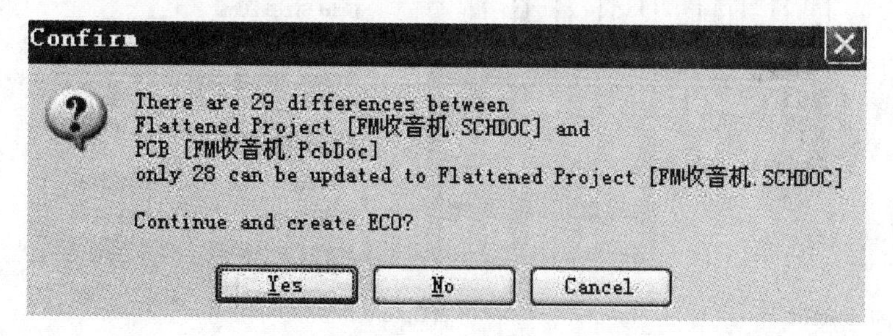

图 3-3-47 Confirm 对话框

- 单击 Yes 按钮，显示如图 3-3-48 所示 Engineering Change Order 对话框。
- 单击 Execute Changes 按钮更新原理图。

Engineering Change Order

Action	Affected Object		Affected Document	Check	Done
Change Component Designators(					
Modify	C1 -> C5	In	FM收音机.SCHDOC		
Modify	C2 -> C1	In	FM收音机.SCHDOC		
Modify	C3 -> C2	In	FM收音机.SCHDOC		
Modify	C4 -> C14	In	FM收音机.SCHDOC		
Modify	C5 -> C11	In	FM收音机.SCHDOC		
Modify	C6 -> C16	In	FM收音机.SCHDOC		
Modify	C7 -> C15	In	FM收音机.SCHDOC		
Modify	C8 -> C9	In	FM收音机.SCHDOC		
Modify	C9 -> C3	In	FM收音机.SCHDOC		
Modify	C10 -> C4	In	FM收音机.SCHDOC		
Modify	C11 -> C7	In	FM收音机.SCHDOC		
Modify	C12 -> C10	In	FM收音机.SCHDOC		
Modify	C13 -> C6	In	FM收音机.SCHDOC		
Modify	C14 -> C12	In	FM收音机.SCHDOC		
Modify	C15 -> C13	In	FM收音机.SCHDOC		
Modify	C16 -> C8	In	FM收音机.SCHDOC		
Modify	D1 -> D2	In	FM收音机.SCHDOC		
Modify	D2 -> D1	In	FM收音机.SCHDOC		
Modify	L1 -> L2	In	FM收音机.SCHDOC		
Modify	L2 -> L1	In	FM收音机.SCHDOC		

Validate Changes　Execute Changes　Report Changes...　Close

图 3-3-48　Engineering Change Order 对话框

2. 敷铜

敷铜就是将电路板空白的地方铺满铜膜,主要目的是提高电路板的抗干扰能力。通常将铜膜接地,这样电路板中空白的地方就铺满了接地的铜膜,电路板的抗干扰能力会得到明显提高。

(1) 选定要进敷铜操作的工作层,然后选择【Place】/【Polygon Plane】命令,或者在放置元器件工具栏中单击敷铜工具按钮,打开如图 3-3-49 所示的 Polygon Plane 对话框。

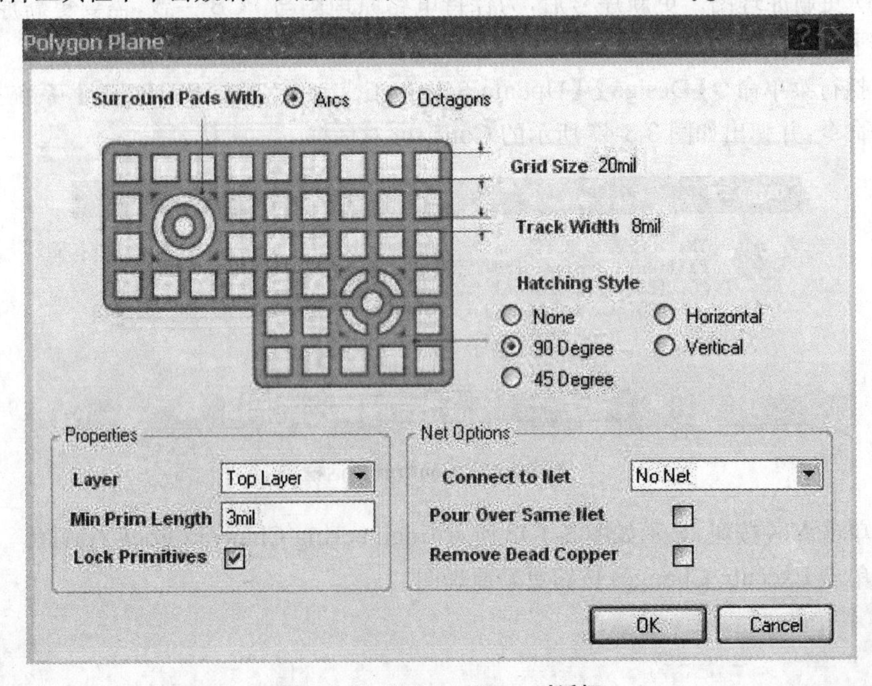

图 3-3-49　Polygon Plane 对话框

在该对话框中设置敷铜操作时的相关参数，敷铜属性选项如下：

- Surround Pads With：设置包围焊盘的敷铜形状，可以选择 Arcs(圆弧)和 Octagons(八边形)。
- Grid Size：设置敷铜的网格尺寸。
- Track Width：设置敷铜的网格导线宽度。
- Hatching Style：设置敷铜网格的角度类型。
- Layer 下拉列表：设置敷铜所在图层。
- Connect to Net 下拉列表：设置敷铜所属的网络，如地线。
- Pour Over Same Net：用于设置是否覆盖相同的网络。
- Remove Dead Copper：用于设置是否移去死铜。

如敷铜区网络的尺寸和铜模线的宽度尺寸，如果将铜模线宽度尺寸设置得过大于网格的尺寸，那么放置的敷铜将呈现块状。

(2) 参数设置完毕后，单击 OK 按钮，这时鼠标光标变成十字形，移动光标到适当的区域，通过点击鼠标，形成一个多边形区域，再点击鼠标右键确定，即可完成敷铜操作。

(3) 放置后敷铜是可以修改的。双击敷铜层，可以再次打开属性对话框，进行参数修改，然后单击 OK 按钮确定，系统就会按照新设定的规则重新敷铜。

(4) 也可以将放置的敷铜层删除，单击敷铜层，然后按 Delete 键即可将敷铜层删除。

3. 补泪滴

执行菜单命令【Tools】/【Teardrops】，系统弹出如图 3-3-50 所示的“补泪滴(Teardrops)设置”对话框。

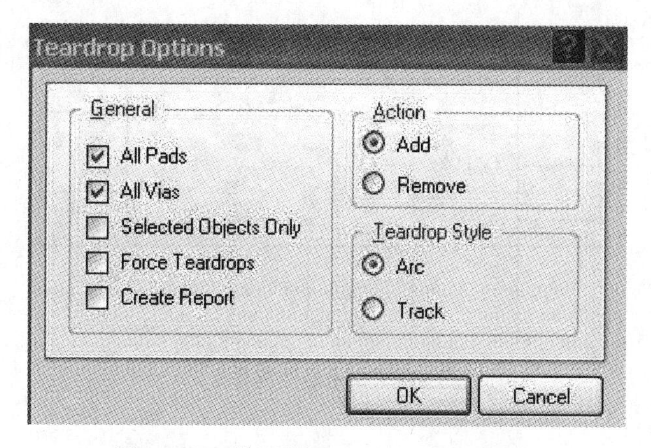

图 3-3-50　补泪滴(Teardrops)设置对话框

补泪滴设置完成后，按 OK 按钮，系统对布线后的电路进行补泪滴操作。此操作可增强印制导线与焊盘的连接强度。

小　结

本项目通过一个收音机电路板实例，带领读者对含有贴片元件的电路板的设计过程进行了学习。同时，对一些知识点做了详细的介绍，主要包括：

(1) 全局编辑和自动编号。

(2) 创建和加载元件集成库。

(3) 制作贴片元件封装，包括手工制作和向导生成。

(4) 元件的双面布局。

(5) 设计规则的介绍。

(6) 调整标注、敷铜、补泪滴。

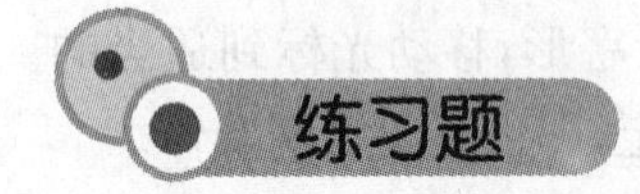

练习题

☞ 扫一扫可见本项目参考答案

1. 分析集成元件库和分离的元器件库的不同之处。

2. 根据自己的习惯建立一个自己的集成元器件库。

3. 在对地线敷铜时，地线铜箔与具有地线网络的焊盘、过孔的连接方式有几种？各自有什么区别？

4. 看下图制作 L4978 的元器件符号和元件封装。

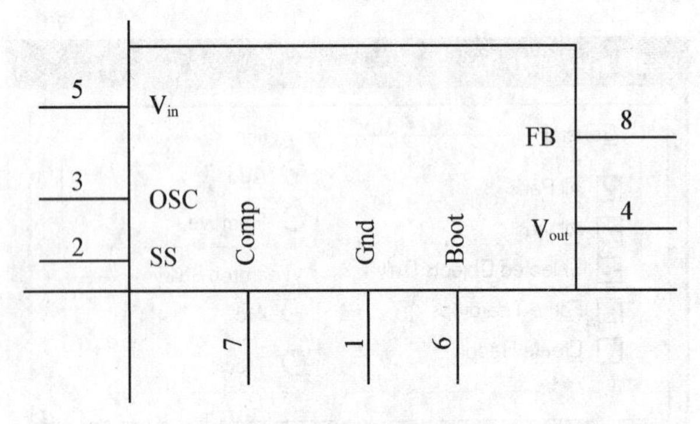

L4978 元器件符号

DIM	mm			inch		
	MN.	TYP.	MAX.	MIN.	TYP.	MAX.
A		3.32			0.131	
z1	0.51			0.020		
e	1.15		1.65	0.045		0.055
b	0.358		0.55	0.014		0.022
b1	0.204		0.304	0.006		0.012
D			10.92			0.430
E	7.95		9.75	0.313		0.384
a		2.54			0.100	
e3		7.82			0.300	
e4		7.82			0.300	
F			6.6			0.280
I			5.08			0.200
L	3.16		3.61	0.125		0.150
Z			1.52			0.080

CUTLINE AND MECHANICAL DATA

Minidip

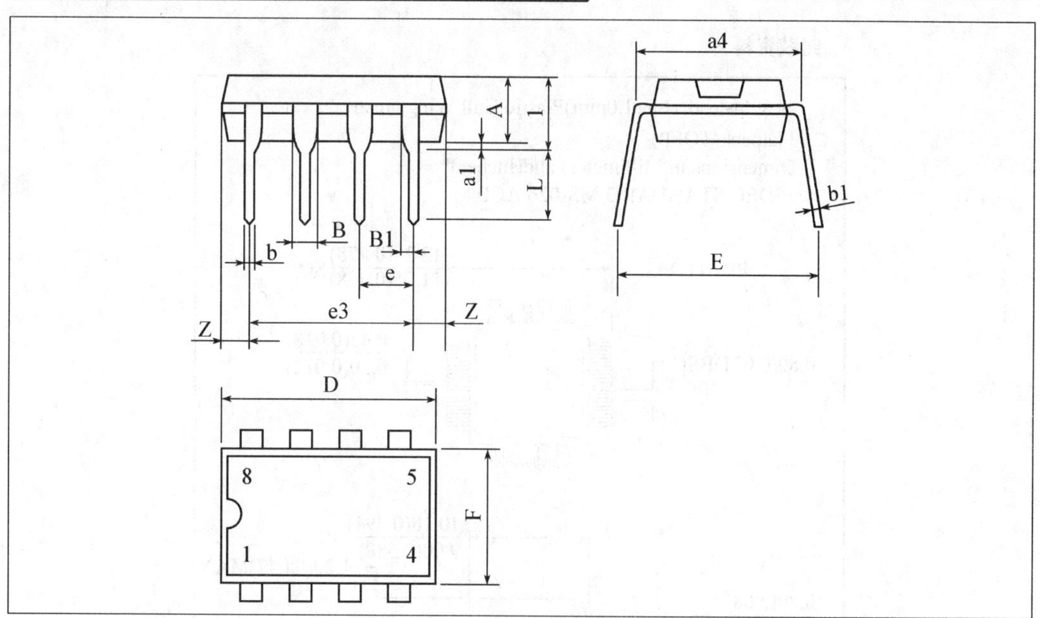

L4978 封装尺寸

5. 看下图，制作单片机 AT89C51 的原理图符号和 TQFP 封装，并做成集成元件库。

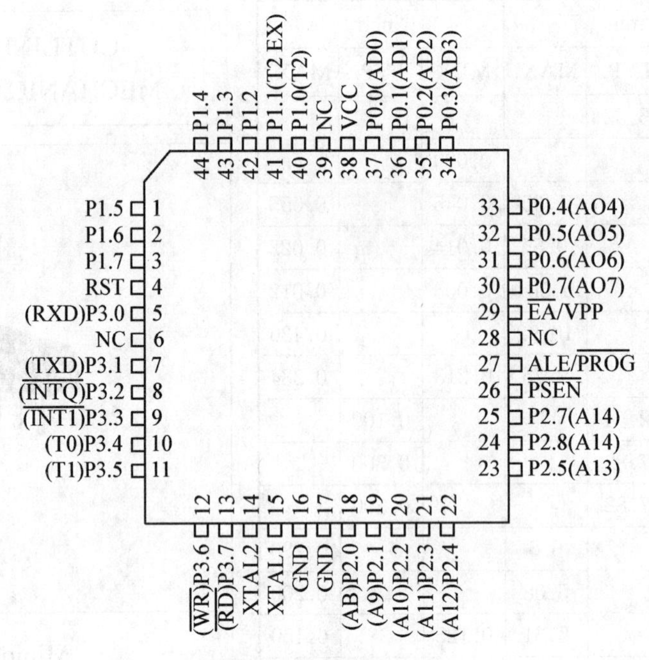

AT89C51 的原理图符号

封装资料

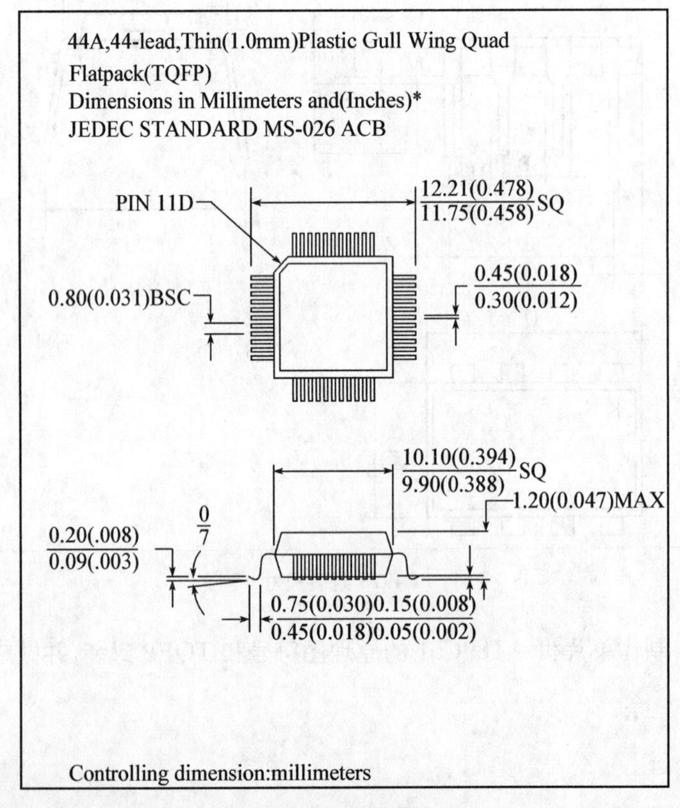

AT89C51 的 TQFP 的封装尺寸

项目 4　功率放大器电路板的制作

本项目为功率放大器的制作，按照产品制作的过程，该项目主要包括原理图的设计、PCB 图的设计、PCB 板的制作。

该项目由三部分电路组成：电源部分、左(L)声道功率放大器、右(R)声道功率放大器。该电路中所用元件有：集成电路 TDA2030A、整流二极管、发光二极管、固定电阻、瓷片电容、电解电容、电位器。应用前面项目的设计流程中讲述的单层板的设计过程，遵照这一流程，设计者可以快速而准确地设计出一块性能优秀的 PCB 板来。项目按照实际的产品制作过程来介绍，其中的步骤在前面的项目中有详细的介绍，此处不再赘述。

任务 1——原理图的绘制

功率放大器的电路原理图如图 4-1-1 所示。

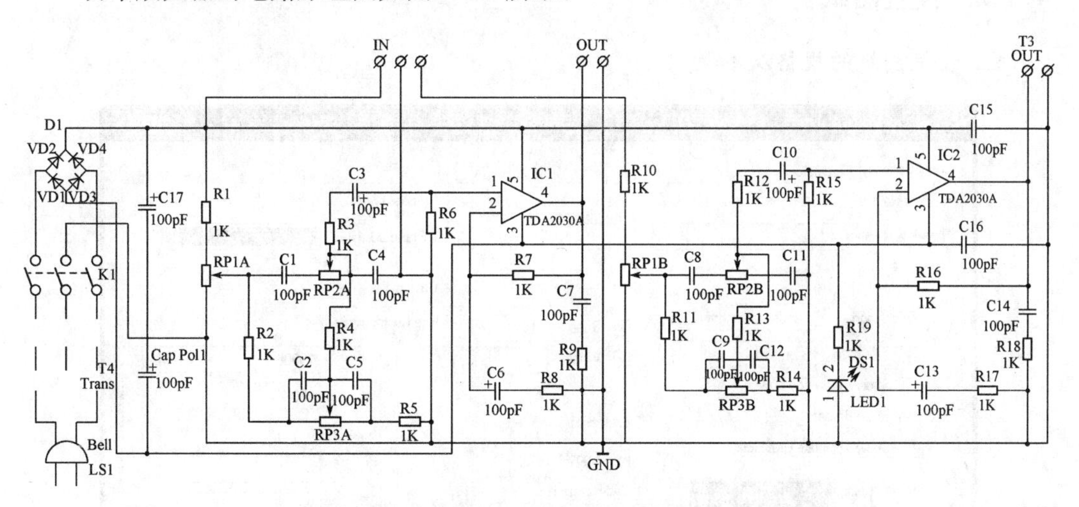

图 4-1-1 功率放大器的电路原理图

通过前三个项目的学习，我们了解到，在 Protel DXP 中，原理图的设计一般要分为 7 个步骤，如图 4-1-2 所示。

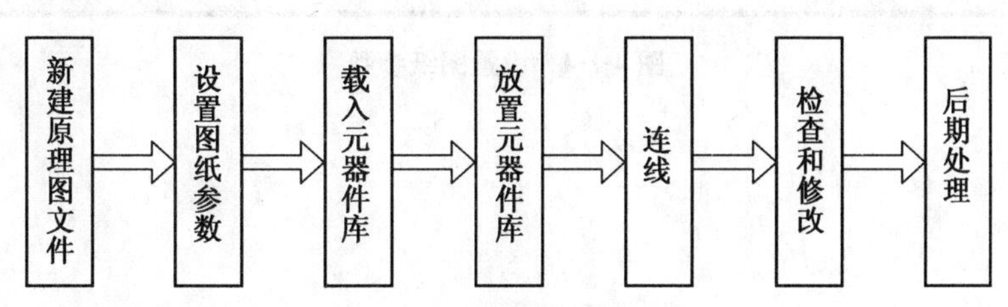

图 4-1-2　原理图的设计流程

要完成任务 1,我们只需按照一般设计的以上几个步骤进行即可,实施如下。

4.1.1 创建原理图文件

执行菜单命令创建原理图,如图 4-1-3 所示。

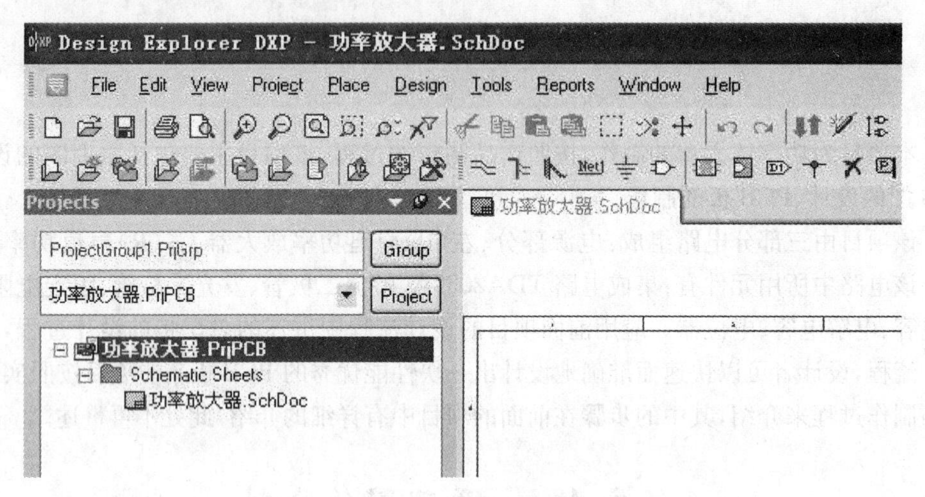

图 4-1-3 创建原理图

4.1.2 设置图纸

1. 设置图纸的规格及参数

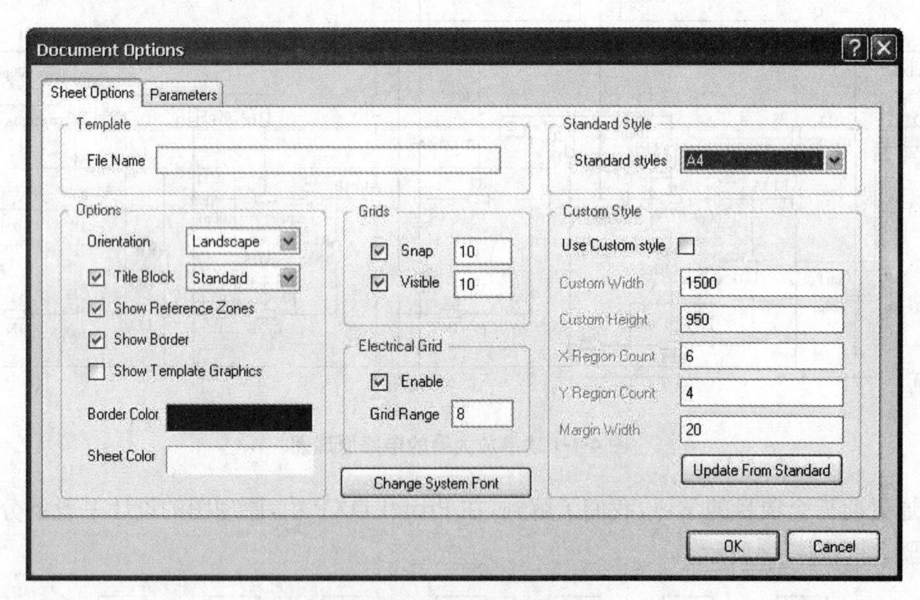

图 4-1-4 设置图纸参数

2. 设置图纸设计信息

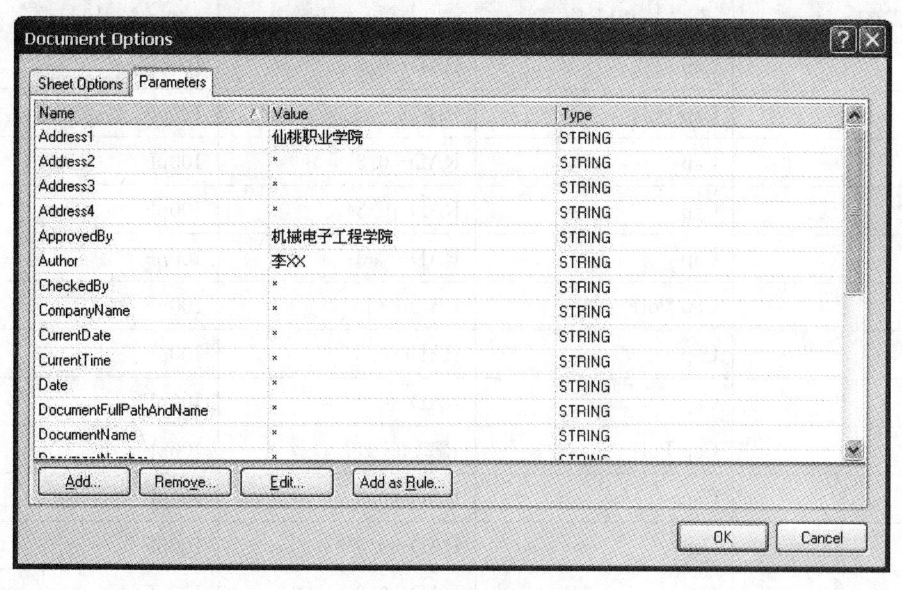

图 4-1-5　图纸设计信息对话框

Title 功率放大器		
Size A4	Number	Revision
Date:	2008-6-17	Sheet of
File:	D:\编peotel\内容所需\功率放大器SchDoc	Drawn By: *

图 4-1-6　图纸信息设计效果图

4.1.3　装载并放置元器件

打开元件库工作面板，在自带的 Miscellaneous Devices. IntLib 和 Miscellaneous Connectors. IntLib 元件库中找到项目中所需要的元器件，如电阻、电容、连接器等。但是在电子设计中很有可能需要的元件符号或封装并不在 Protel DXP 自带的元件库中，需要设计者自行绘制。本项目中放大器 TDA2030A 手工绘制。按照上述类似步骤，将所有元件放置到原理图中并修改元件属性，如图 4-1-7、图 4-1-8 所示。元件列表如表 4-1-1 所示。

表 4-1-1　功率放大器元件列表

Designator	LibRef	Footprint	Value
C1	Cap	RAD－0.3	100pF
C2	Cap	RAD－0.3	100pF
C3	Cap Pol1	RB7.6－15	100pF
C4	Cap	RAD－0.3	100pF

（续表）

Designator	LibRef	Footprint	Value
C5	Cap	RAD－0.3	100pF
C6	Cap Pol1	RB7.6－15	100pF
C7	Cap	RAD－0.3	100pF
C8	Cap	RAD－0.3	100pF
C9	Cap	RAD－0.3	100pF
C10	Cap Pol1	RB7.6－15	100pF
C11	Cap	RAD－0.3	100pF
C12	Cap	RAD－0.3	100pF
C13	Cap Pol1	RB7.6－15	100pF
C14	Cap	RAD－0.3	100pF
C15	Cap	RAD－0.3	100pF
C16	Cap	RAD－0.3	100pF
C17	Cap Pol1	RB7.6－15	100pF
C18	Cap Pol1	RB7.6－15	100pF
D1	Bridge1	E－BIP－P4/D10	
DS1	LED1	LED－1	
IC1	TDA2030A	2030A	
IC2	TDA2030A	2030A	
LS1	Bell	PIN2	
R1	Res2	AXIAL－0.4	1K
R2	Res2	AXIAL－0.4	1K
R3	Res2	AXIAL－0.4	1K
R4	Res2	AXIAL－0.4	1K
R5	Res2	AXIAL－0.4	1K
R6	Res2	AXIAL－0.4	1K
R7	Res2	AXIAL－0.4	1K
R8	Res2	AXIAL－0.4	1K
R9	Res2	AXIAL－0.4	1K
R10	Res2	AXIAL－0.4	1K
R11	Res2	AXIAL－0.4	1K
R12	Res2	AXIAL－0.4	1K
R13	Res2	AXIAL－0.4	1K

（续表）

Designator	LibRef	Footprint	Value
R14	Res2	AXIAL－0.4	1K
R15	Res2	AXIAL－0.4	1K
R16	Res2	AXIAL－0.4	1K
R17	Res2	AXIAL－0.4	1K
R18	Res2	AXIAL－0.4	1K
R19	Res2	AXIAL－0.4	1K
RP1	RP	RP－R	
RP2	RP	RP－R	
RP3	RP	RP－R	
T1	IN	in3	
T2	OUT	INOUT	
T3	OUT	INOUT	
T4	Trans	TRANS	

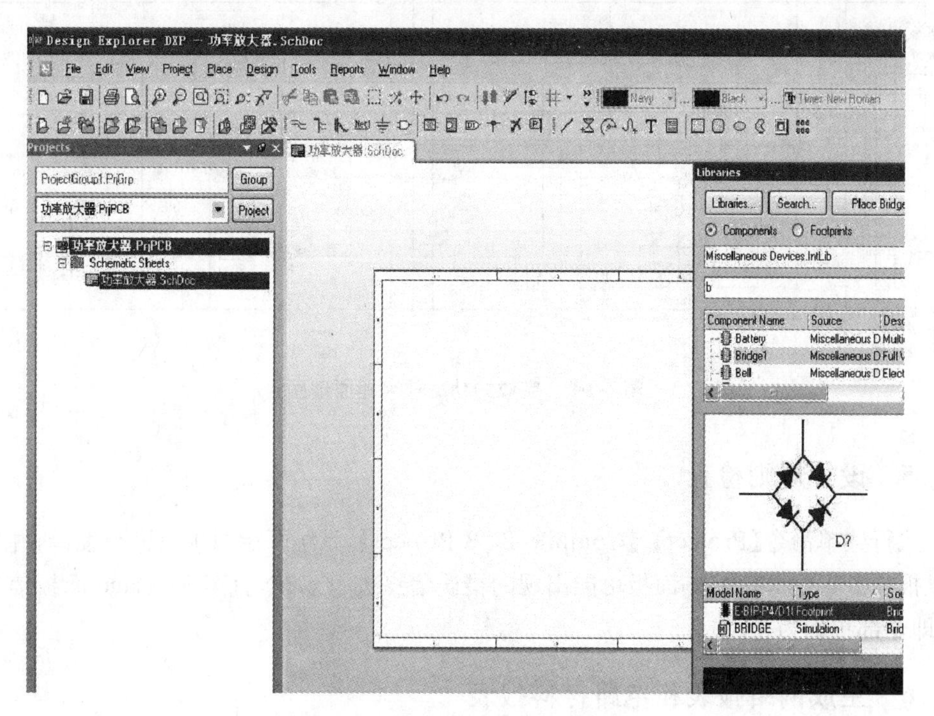

图 4-1-7　放置桥式整流电路符号图

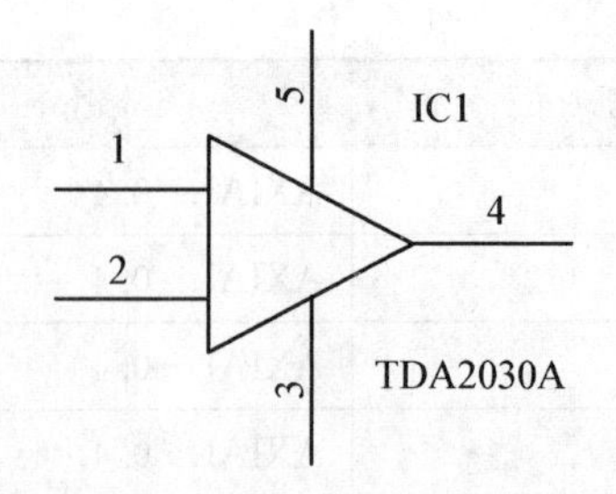

图 4-1-8　手工绘制 TDA2030A 图

Protel DXP 提供了强大的元件符号绘制工具,能够帮助设计者轻松地实现这一目的。此外,Protel DXP 中对元件符号采用元件符号库来管理,能够轻松地在其他项目中引用和修改,方便了大型的电子设计项目。

4.1.4　连线

元件放置完毕后,按元件位置进行连线,如图 4-1-9 所示。

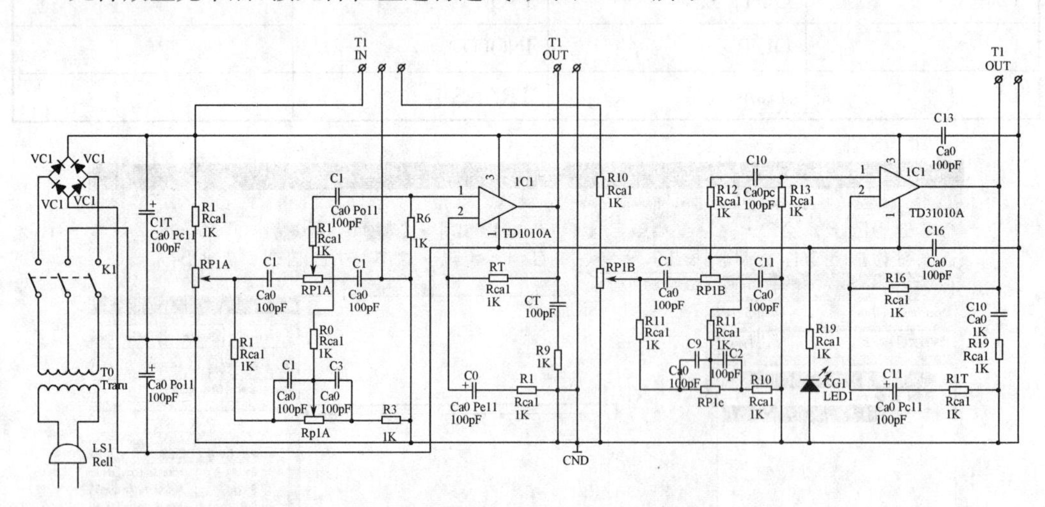

图 4-1-9　完成的功率放大器原理图

4.1.5　设计规则检查

执行菜单命令【Project】/【Compile PCB Project】,系统开始对项目进行编译,并生成信息报告。根据 Message 面板可能出现的错误信息进行修改,直至 Message 面板信息为空,即全部正确为止。

4.1.6　生成网络报表和电路材料报表

1. 网络报表的生成

原理图绘制完毕后,执行菜单命令【Design】/【Netlist】/【Protel】,则会生成后缀为"功率放大器.NET"的网络报表文件,部分如下:

[

C1

RAD - 0.3

Cap

]

[

C2

RAD - 0.3

Cap

]

[

C3

RB7.6 - 15

Cap Pol1

]

[

C4

RAD - 0.3

Cap

]

[

C5

RAD - 0.3

Cap

]

[

C6

RB7.6 - 15

Cap Pol1

.

.

.

2. 电路材料报表的生成

执行菜单命令【Reports】/【Bill Of Materials】，系统自动生成该项目材料报表，供预览或其他处理。生成的项目材料报表如图 4-1-10 所示。

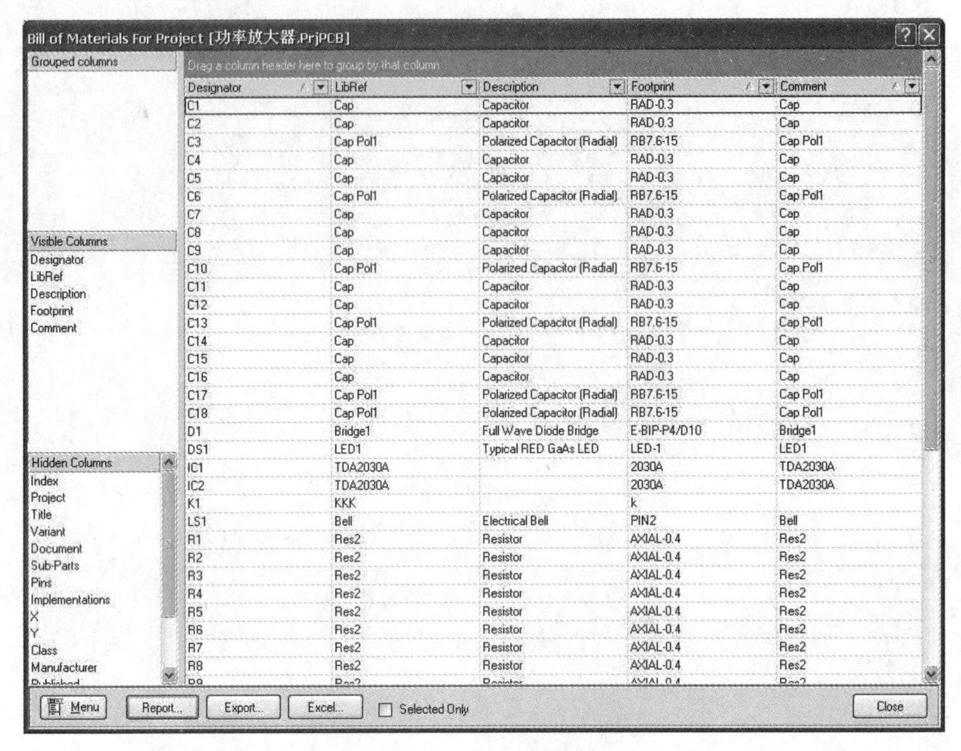

Designator	LibRef	Description	Footprint	Comment
C1	Cap	Capacitor	RAD-0.3	Cap
C2	Cap	Capacitor	RAD-0.3	Cap
C3	Cap Pol1	Polarized Capacitor (Radial)	RB7.6-15	Cap Pol1
C4	Cap	Capacitor	RAD-0.3	Cap
C5	Cap	Capacitor	RAD-0.3	Cap
C6	Cap Pol1	Polarized Capacitor (Radial)	RB7.6-15	Cap Pol1
C7	Cap	Capacitor	RAD-0.3	Cap
C8	Cap	Capacitor	RAD-0.3	Cap
C9	Cap	Capacitor	RAD-0.3	Cap
C10	Cap Pol1	Polarized Capacitor (Radial)	RB7.6-15	Cap Pol1
C11	Cap	Capacitor	RAD-0.3	Cap
C12	Cap	Capacitor	RAD-0.3	Cap
C13	Cap Pol1	Polarized Capacitor (Radial)	RB7.6-15	Cap Pol1
C14	Cap	Capacitor	RAD-0.3	Cap
C15	Cap	Capacitor	RAD-0.3	Cap
C16	Cap	Capacitor	RAD-0.3	Cap
C17	Cap Pol1	Polarized Capacitor (Radial)	RB7.6-15	Cap Pol1
C18	Cap Pol1	Polarized Capacitor (Radial)	RB7.6-15	Cap Pol1
D1	Bridge1	Full Wave Diode Bridge	E-BIP-P4/D10	Bridge1
DS1	LED1	Typical RED GaAs LED	LED-1	LED1
IC1	TDA2030A		2030A	TDA2030A
IC2	TDA2030A		2030A	TDA2030A
K1	KKK		k	
LS1	Bell	Electrical Bell	PIN2	Bell
R1	Res2	Resistor	AXIAL-0.4	Res2
R2	Res2	Resistor	AXIAL-0.4	Res2
R3	Res2	Resistor	AXIAL-0.4	Res2
R4	Res2	Resistor	AXIAL-0.4	Res2
R5	Res2	Resistor	AXIAL-0.4	Res2
R6	Res2	Resistor	AXIAL-0.4	Res2
R7	Res2	Resistor	AXIAL-0.4	Res2
R8	Res2	Resistor	AXIAL-0.4	Res2

图 4-1-10　电路材料报表

任务 2——电路板的设计

本项目设计的 PCB 图如图 4-2-1 所示。

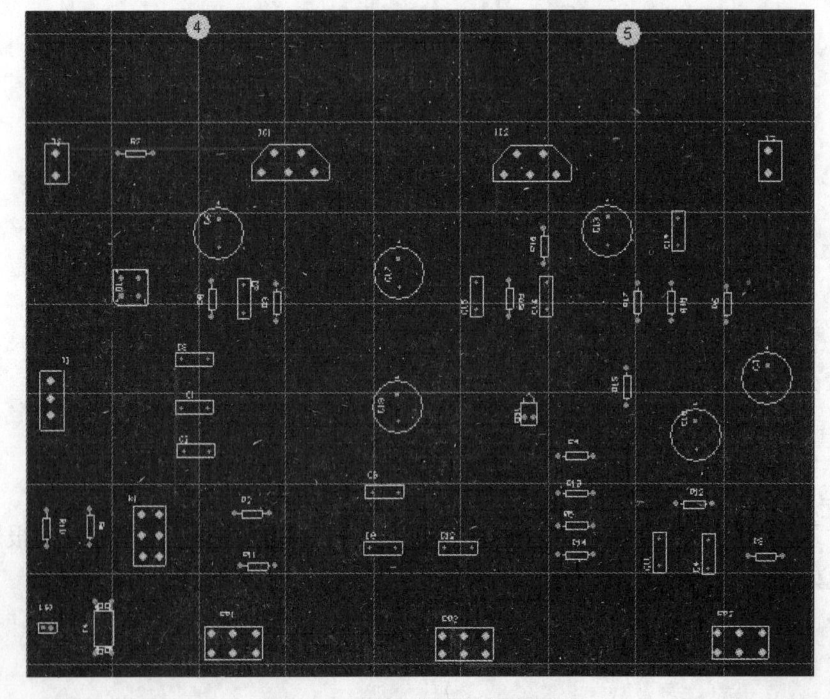

图 4-2-1　功率放大器电路板图

一般情况下,电路板的设计要经过以下几个步骤,如图 4-2-2 所示。

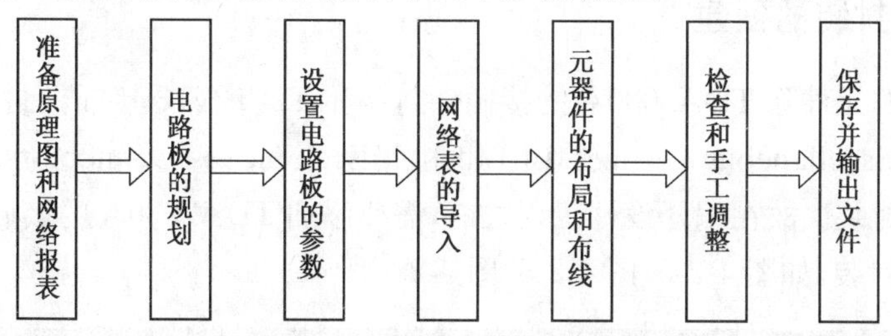

图 4-2-2　PCB 设计步骤

4.2.1　准备原理图和网络报表

在任务 1 中我们已经完成了功率放大器的原理图设计,如图 4-2-3 所示。

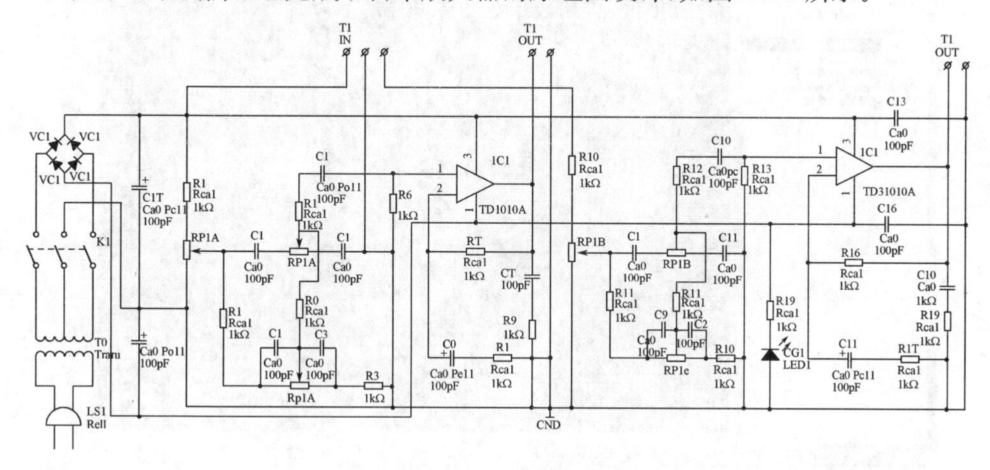

图 4-2-3　功率放大器的原理图

在完成原理图绘制后,又生成了"功率放大器.NET"的网络报表文件,如图 4-2-4 所示。

```
[
C1
RAD-0.3
Cap

]
[
C2
RAD-0.3
Cap

]
[
C3
RB7.6-15
Cap Pol1

]
[
C4
RAD-0.3
Cap

]
[
C5
RAD-0.3
Cap
```

图 4-2-4　生成的网络报表

4.2.2 元件封装的创建

本项目中的元件除 TDA2030A 的接插件封装和 T1\T2\T3 接插件封装外，在 Protel DXP 自带的 Miscellaneous Devices. IntLib 和 Miscellaneous Connectors. IntLib 元件库中均有标准的封装。故在编译设计工程之前，需要添加 TDA2030A 的接插件封装和 T1\T2\T3 接插件封装，如图 4-2-5、图 4-2-6、图 4-2-7 所示。

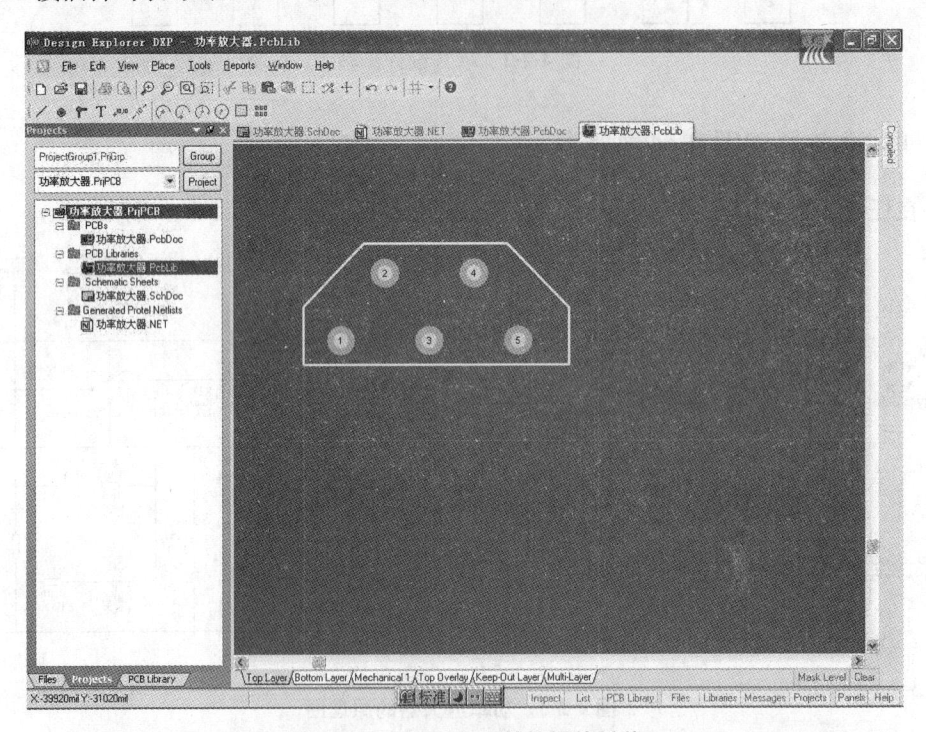

图 4-2-5 TDA2030A 的接插件封装

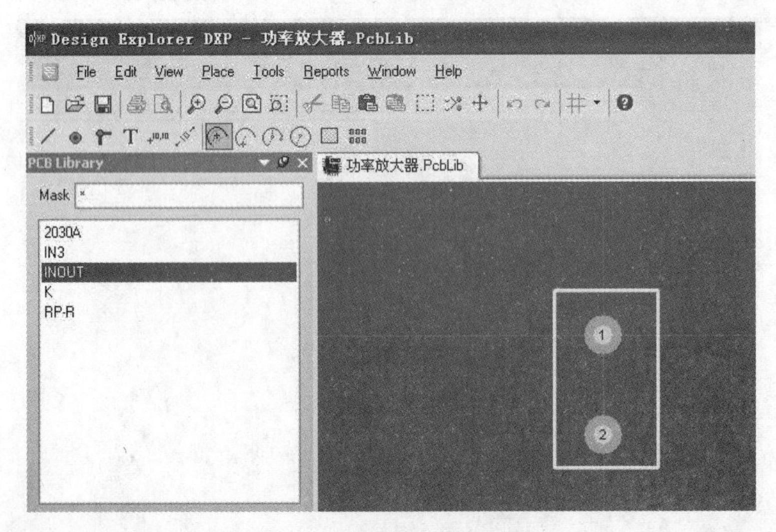

图 4-2-6 T1\T2 接插件封装图

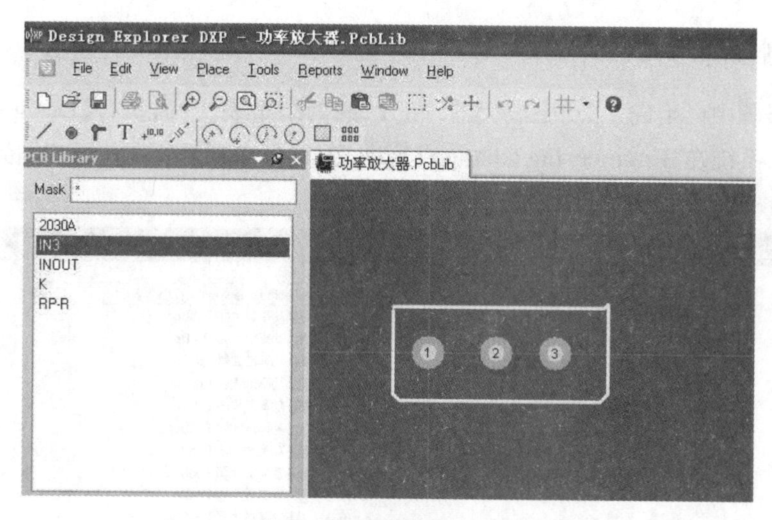

图 4-2-7　T3 接插件封装图

4.2.3　规划电路板

在进行电路板设计之前，设计人员要明确该电路板的外形和尺寸、电气边界、安装孔位置等，这些都属于电路板的规划。由于本项目是单面板，故利用 PCB 板设计模板自动生成空白的规划好的 PCB 文件，如图 4-2-8 所示。

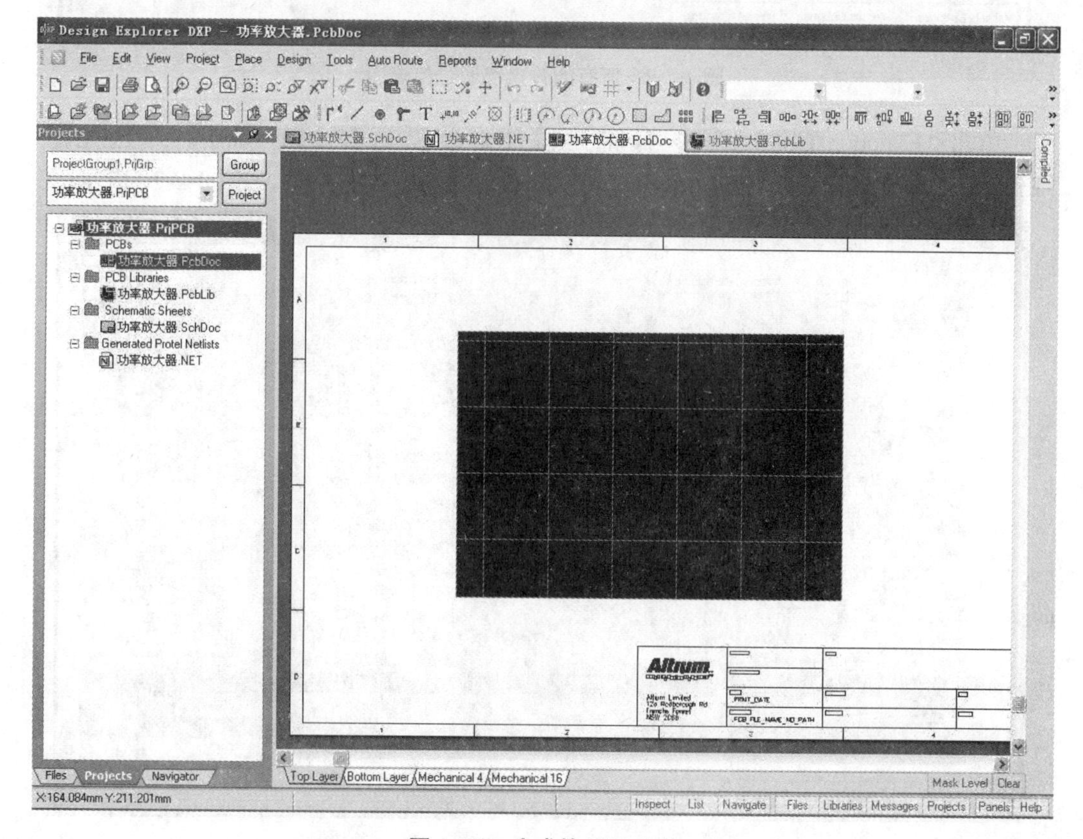

图 4-2-8　生成的 PCB 文件

4.2.4 网络表与元器件的导入

上述步骤中已生成了“功率放大器.NET”的网络报表文件，执行【Design】/【Update PCB】命令，系统在“Engineering Change Order”对话框中列出所有从原理图到PCB的转换信息，如图4-2-9所示。

Engineering Change Order

Action	Affected Object		Affected Document	Check	Done
Add	NetC10_1	To	功率放大器.PcbDoc		
Add	NetC10_2	To	功率放大器.PcbDoc		
Add	NetC11_2	To	功率放大器.PcbDoc		
Add	NetC12_2	To	功率放大器.PcbDoc		
Add	NetC13_1	To	功率放大器.PcbDoc		
Add	NetC13_2	To	功率放大器.PcbDoc		
Add	NetC14_1	To	功率放大器.PcbDoc		
Add	NetC14_2	To	功率放大器.PcbDoc		
Add	NetC15_2	To	功率放大器.PcbDoc		
Add	NetC16_2	To	功率放大器.PcbDoc		
Add	NetD1_1	To	功率放大器.PcbDoc		
Add	NetD1_3	To	功率放大器.PcbDoc		
Add	NetDS1_2	To	功率放大器.PcbDoc		
Add	NetR1_1	To	功率放大器.PcbDoc		
Add	NetR10_1	To	功率放大器.PcbDoc		
Add	NetR10_2	To	功率放大器.PcbDoc		
Add	NetR12_1	To	功率放大器.PcbDoc		
Add Component Classes(1)					
Add	功率放大器	To	功率放大器.PcbDoc		
Add Rooms(1)					
Add	Room 功率放大器 (Scope=InCompone	To	功率放大器.PcbDoc		

Validate Changes　Execute Changes　Report Changes...　Close

图 4-2-9 所有的转换都通过检查图

单击“Execute Change”按钮，将元器件封装发送到PCB图中。发送完后，“Engineering Change Order”中的Done下会显示发送完成的标志，如图4-2-10所示。

Engineering Change Order

Action	Affected Object		Affected Document	Check	Done
Add	NetC10_1	To	功率放大器.PcbDoc		
Add	NetC10_2	To	功率放大器.PcbDoc		
Add	NetC11_2	To	功率放大器.PcbDoc		
Add	NetC12_2	To	功率放大器.PcbDoc		
Add	NetC13_1	To	功率放大器.PcbDoc		
Add	NetC13_2	To	功率放大器.PcbDoc		
Add	NetC14_1	To	功率放大器.PcbDoc		
Add	NetC14_2	To	功率放大器.PcbDoc		
Add	NetC15_2	To	功率放大器.PcbDoc		
Add	NetC16_2	To	功率放大器.PcbDoc		
Add	NetD1_1	To	功率放大器.PcbDoc		
Add	NetD1_3	To	功率放大器.PcbDoc		
Add	NetDS1_2	To	功率放大器.PcbDoc		
Add	NetR1_1	To	功率放大器.PcbDoc		
Add	NetR10_1	To	功率放大器.PcbDoc		
Add	NetR10_2	To	功率放大器.PcbDoc		
Add	NetR12_1	To	功率放大器.PcbDoc		
Add Component Classes(1)					
Add	功率放大器	To	功率放大器.PcbDoc		
Add Rooms(1)					
Add	Room 功率放大器 (Scope=InCompone	To	功率放大器.PcbDoc		

Validate Changes　Execute Changes　Report Changes...　Close

图 4-2-10 加载网络报表

元器件封装加载到 PCB 图纸中后完成后，如图 4-2-11 所示。

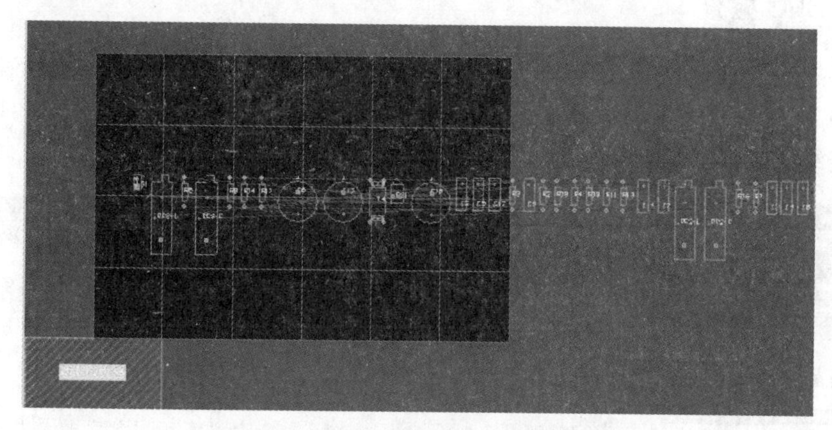

图 4-2-11　加载的网络表和元器件封装图

4.2.5　元件的布局和布线

1. 元件的布局

按照案例要求，部分元器件必须放在确定的位置，如：放大器、电位器 RP1、RP2、RP3，因此先手动布局此 5 个元件，然后让系统自动布局其他元件。完成元器件的布局后，需要对元器件的布局进行网络密度分析。然后根据网络分析密度结果再对元器件的布局进行调整。如果整块板显示比较浅的绿色，表示布局均匀。

2. 原理图的布线

本项目中，元件数目不多，要求不高，因此将电路板设置为单面板，类似项目 1 中的布线相关参数的设置方法，设定好 PCB 设计规则与约束后，再对线宽和布线层面进行设置。最后进行自动布线。完成后的 PCB 图如图 4-2-12 所示。

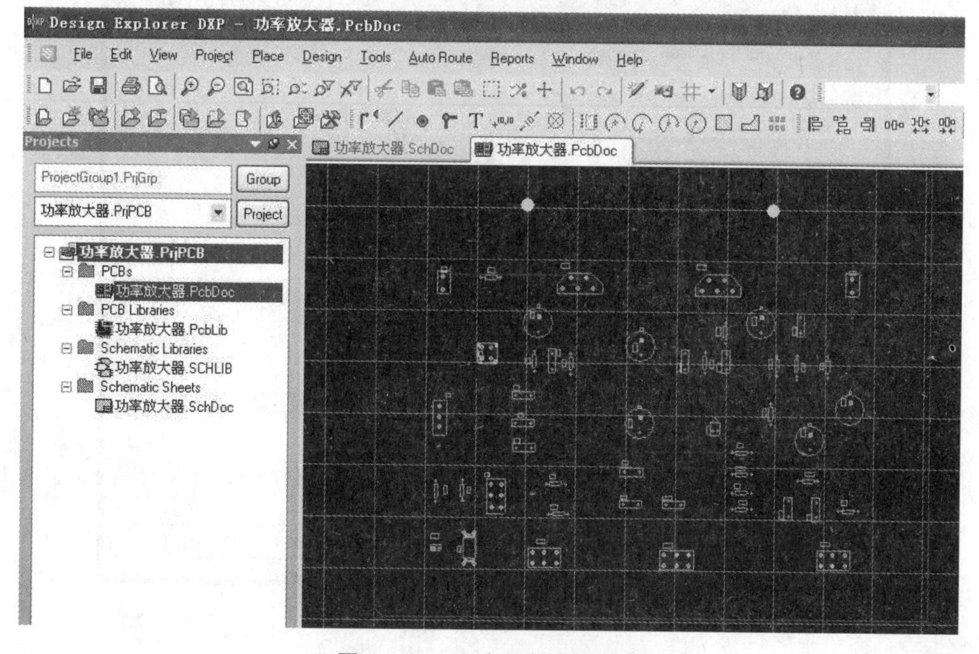

图 4-2-12　设计完成的 PCB 图

4.2.6 DRC 检查

根据项目 1 中的 DRC 检查方法进行 DRC 检查。完成后，系统将根据检查结果自动生成后缀为“功率放大器. DRC”的报表文件并在工作窗口自动打开，如图 4-2-13 所示。根据检查结果修改电路板的布线。

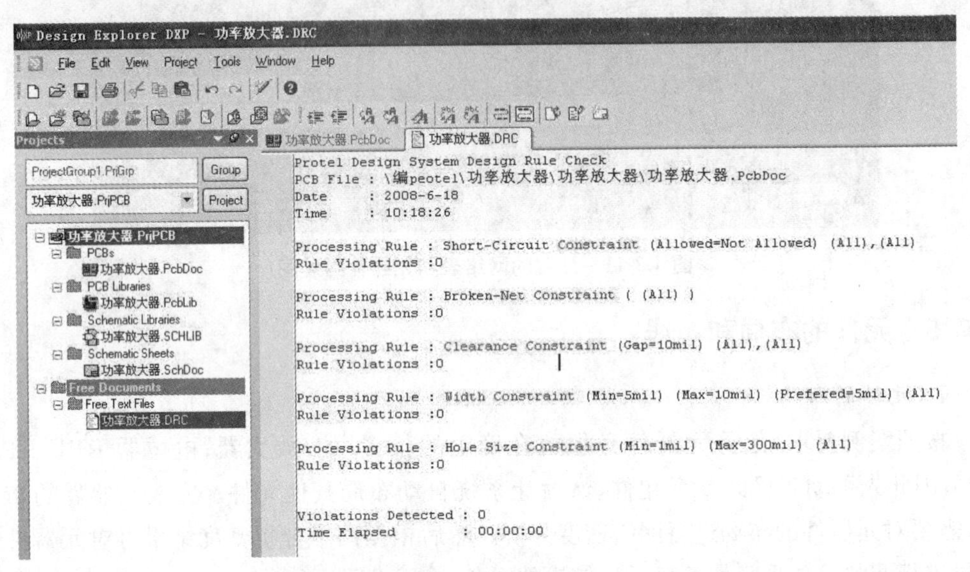

图 4-2-13 “功率放大器. DRC”的报表文件图

4.2.7 敷铜

设置完成后，开始敷铜操作。首先进行敷铜参数设置，如图 4-2-14 所示。

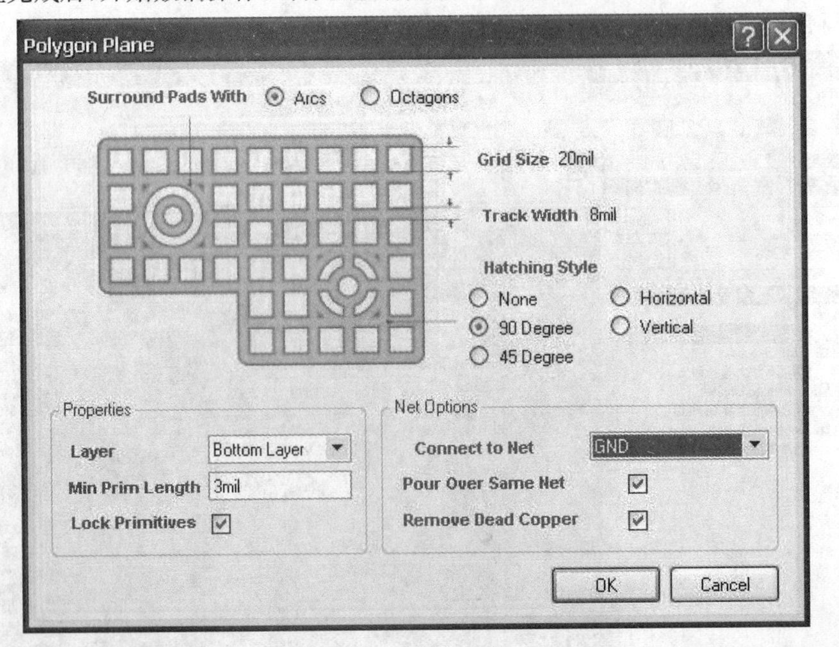

图 4-2-14 敷铜参数的设置

接着进行敷铜范围选定，如图 4-2-15 所示。

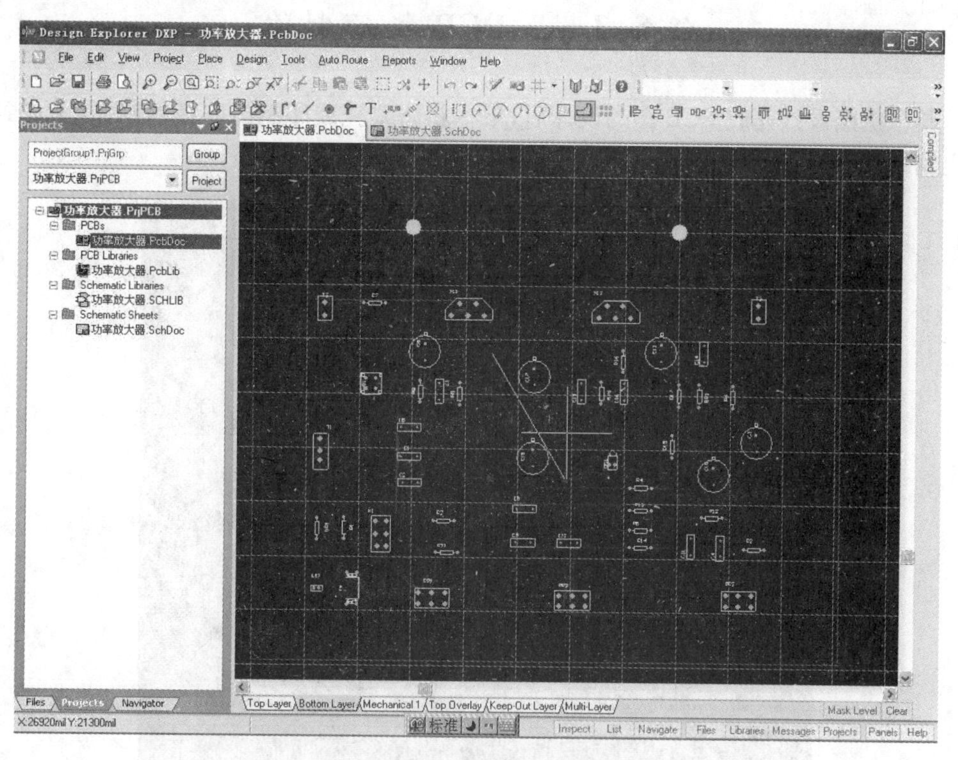

图 4-2-15　设置敷铜的范围

完成敷铜，如图 4-2-16 所示。

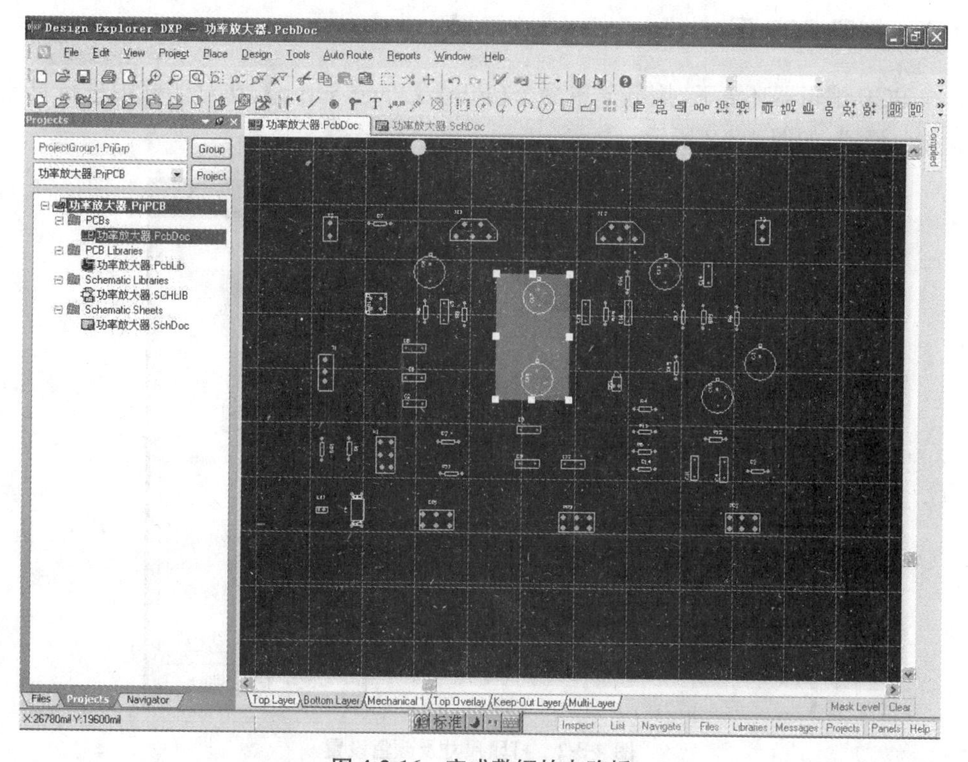

图 4-2-16　完成敷铜的电路板

任务 3——PCB 板的制作

整个电路设计完成 PCB 图的设计后，下一步将要完成印制电路板的制作，考虑到整个电路结构简单，我们采用化学腐蚀法将其制作为单面板。

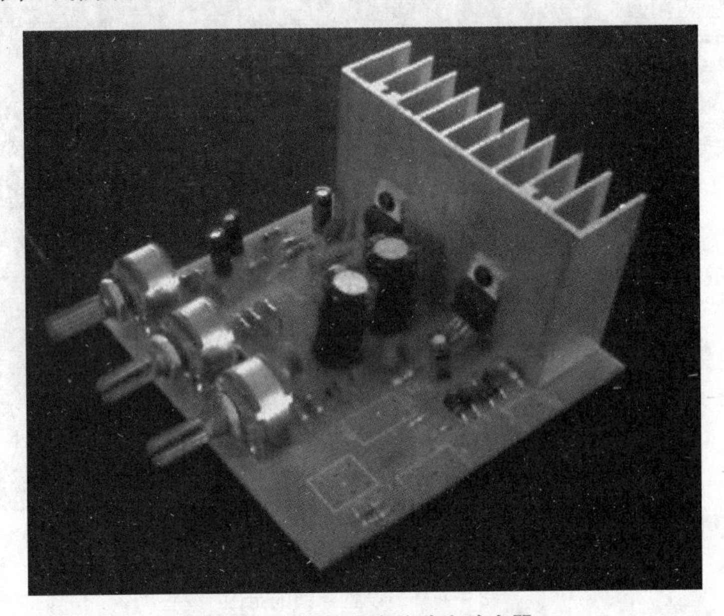

图 4-3-1　制作完成的功率放大器

4.3.1　打印 PCB 图

在 PCB 编辑器环境下，执行菜单命令【File】/【Page Setup】，在对话框中进行打印尺寸及颜色设置，如图 4-3-2 所示。

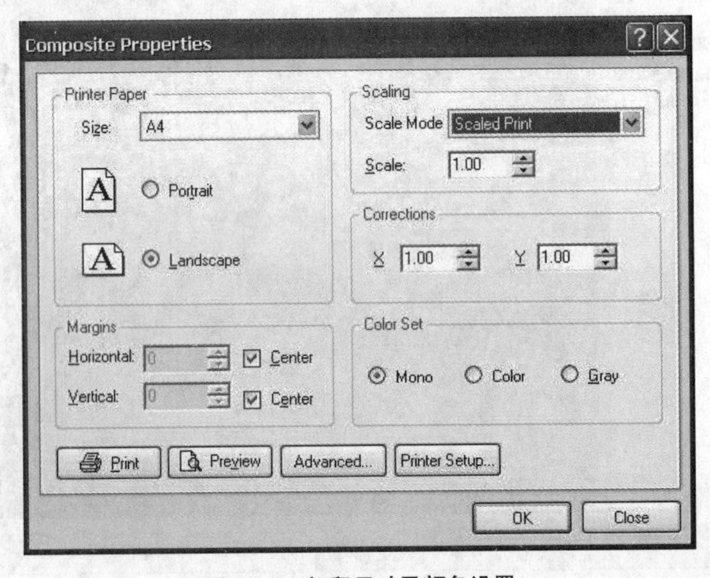

图 4-3-2　打印尺寸及颜色设置

点击图 4-3-2 中的 Advanced... 按钮,打开对话框进行打印层面设置。由于项目中设计的为单层板,只有底层有信号线,因此打印中只选择底层和复合层打印。设置好打印层面,其打印预览如图 4-3-3 所示。

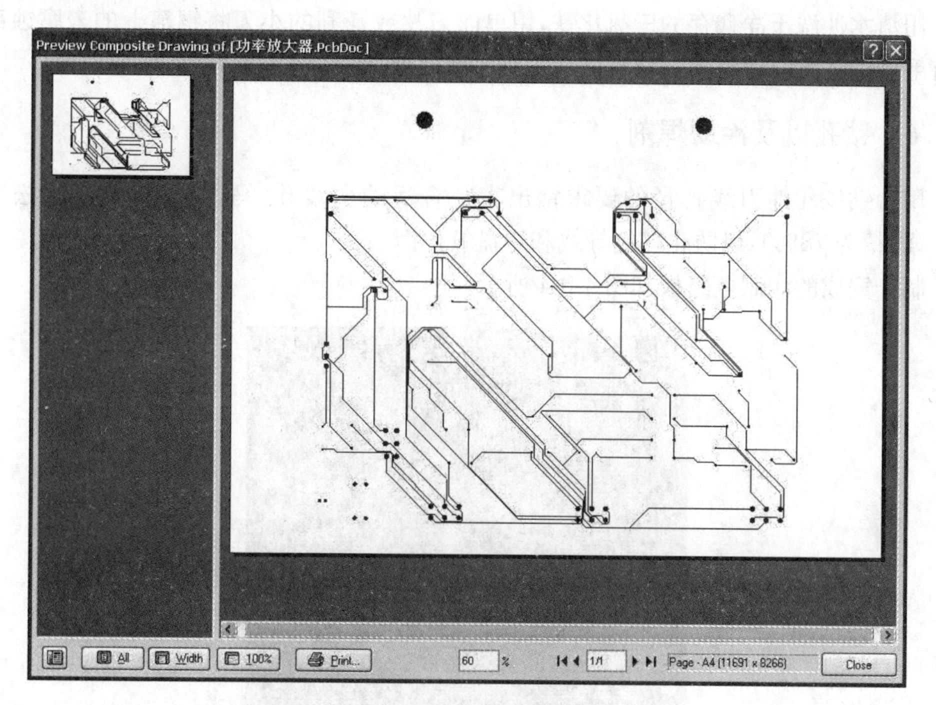

图 4-3-3　打印预览图

打印时将图形打印到转印纸的亚光面,完成打印。

4.3.2　裁板

将空白电路板按照 PCB 图设计的尺寸进行剪裁,项目中裁剪出 10 cm×10 cm 大小的空白电路板。

4.3.3　转印

首先将打印好的图纸有图形的一面正对空白板的覆铜面用透明胶固定好,待转印机的温度达到 150 ℃时,将电路板送入转印机。

4.3.4　腐蚀

1. 准备腐蚀液

项目中采用三氯化铁溶液进行腐蚀。

三氯化铁溶液:三氯化铁占 35%,水占 65%。

将配好的三氯化铁溶液倒入腐蚀箱中并进行加热。

2. 腐蚀

待腐蚀箱中腐蚀液的温度达到 90 ℃左右时,将转印好的电路板放入腐蚀箱进行腐蚀。

4.3.5 清洗以及修整

用清水冲洗干净残存的三氯化铁，用单面刀片或锋利的小刀将铜箔上的未腐蚀部分和有毛刺的地方修整整齐。修整好后用细砂纸打磨。

4.3.6 钻孔以及涂助焊剂

用台钻按元件引线孔径的要求钻出直径合适的引线孔，马上涂上助焊剂（松香为22%，酒精为78%），以防止印制导线和焊盘氧化。

制作完成的印制电路板如图 4-3-4 所示。

图 4-3-4 制作完成的印制电路板

附录一　印制电路板常用名词术语

本附录简要介绍电路板制作过程中常遇到的名词术语。

(1) 印制(Printing):采用某种方法,在一个表面上再现图形的工艺。

(2) 印制电路(Printed Circuit):在基材表面上,按预定设计用印制方法得到的电路。它包括印制线路、印制元器件或者二者组合而成的电路。

(3) 印制线路(Printed Wiring):附着于基材表面上,提供元器件(包括屏蔽元件)之间电气连接的导线图形。它不包括印制元件。

(4) 印制电路板或印制线路板(Printed Board (Printed Wiring Board/Printed Circuit Board)):完成了印制线路或印制线路印制电路印制电路加工的板子的通称。印制电路板按照板的基材可以分成刚性及扰性的印制电路板;根据印制电路板的工作层面来分可以分为单面板、双面板和多层板。

(5) 单面板(Single Sided Board):仅一面上有导电图形的印制电路板。

(6) 双面板(Double Sided Board):两面上都有导电图的印制电路板。

(7) 多层板(Multilayer Printed Board):由三层或三层以上的导电图形层与其间的绝缘材料层相隔离、层压后结合而成的印制电路板,其各层间导电图形按要求互连。

(8) 挠性印制电路板(Flexible Printed Board):利用挠性基材制成的印制电路板。

(9) 平面印制电路板(Flush Printed Board):导电图形的整个外表面与基材的表面位于同一平面的印制电路板。

(10) 印制电路板组装件(Printed Board Assembly):具有电气、机械元件或者连接有其他印制电路板的印制电路板,其印制电路板的所有工艺、焊接、涂覆已完成。

(11) 网格(Grid):两组等距离平行直线正交而成的网格。它用于元器件在印制电路板上的定位连接,其连接点应该位于网格的交点上。

(12) 导电图形(Conductive Pattern):印制电路板的导电材料所构成的图案结构。它包括导线、接线盘、金属化孔和印制元件等。

(13) 非导电图形(Non-conductive Pattern):印制电路板的非导电材料(例如:介质、抗蚀剂、阻焊图形等)所构成的图案结构。

(14) 布设草图(Master Drawing):标出印制电路板上所有部分的尺寸范围和网格位置的一个文件。它包括导电图形和非导电图形的安排,元器件尺寸和类型,孔的位置以及它应装配的元器件等所必须说明的材料。

(15) 照相底图(Artwork Master):用来生产照相原版和照相底板的比例精确的图形结构。

(16) 机械加工图(Machining Pattern):表明印制电路板机械加工尺寸及要求的图。

(17) 电气安装图(Assembly Artwork):表明印制电路板上元器件安装位置的文字和符号构成的图。

(18) 阻焊图(Solder Resist Pattern):用来保护或掩蔽所选定的图形部分少受焊料影响的耐热涂覆材料构成的图案结构。

(19) 标记符号图(Legend Pattern):表明印制电路板上元器件安装位置的文字和符号构成的图。

(20) 照相原版(Original Production Master):用来制作比例为1:1生产用照相底板的精确原始照片底板。

(21) 照相底板(Production Master):在布设草图规定的精度范围内,用来生产比例为1:1的印制电路板的精确图形底板。

(22) 金属化孔(Plated Through Hole):孔壁积尘有金属的孔。主要用于层间导电图形的电气连接。

(23) 连接盘(Land):导电图形的一部分,用来连接和焊接元器件。当用于焊接元器件时又称焊盘。

(24) 中继孔(Via Hole):用于导线转接的一种贯穿的金属化孔,俗语称转接孔或过孔。

(25) 钻孔导向点(Center Spot):目视钻孔时,为了使钻头准确钻入而设置于连接盘中心的空眼。

(26) 敷形涂覆层(Conformal Coating):涂覆于印制电路板组装件上的一种绝缘保护材料层。此涂覆层不损坏所装元件的结构,又可称作印制电路板组装涂覆层。

(27) 热熔(Reflowing):通过加热使印制电路板表面的锡铅合金镀层再熔化结晶,改善印制电路板的可焊性和提高锡铅合金对基体铜层的防护性。

(28) 热风整平(Hot Level/Hotair Leveling):在印制电路板的金属孔内和印制导线上涂覆共晶焊料的一种工艺。它时在印制电路板浸涂熔融焊料后,立即在两个空气刀通过,空气刀里的热压缩空气把印制导线上和金属化孔内多余的焊料吹掉,得到一个平滑、均匀而光亮的焊料涂层。

(29) 孔电阻(Resistance of hole):孔壁金属镀层的电阻。

(30) 互连电阻(Interconnection Resistance):又称孔线电阻,它是导线串连金属化孔的总电阻。它包括导线、连接盘、金属化孔壁的电阻和连接盘与孔壁连接点的接触电阻。

(31) 可焊性(Solder ability):金属表面润湿焊料的能力。

(32) 润湿(Wetting):金属表面的一种性能,即当熔融的焊料涂覆在金属表面之后,你呢个形成相当均匀、平滑、不断裂的焊料薄层。

(33) 半湿润(De-wetting):金属表面的一种性能,即当熔融的焊料涂覆在金属表面之后,焊回缩而分离,形成不规则的焊料疙瘩,但还留有一薄层焊料而不露出基体金属。

(34) 不湿润(Non-wetting):当熔融的焊料涂覆到金属表面之后,焊料并不附着到金属表面上,出现这种现象称为不可焊。

附录二　计算机辅助设计绘图员(中级)国家职业标准(电子类)

知识要求:

1. 掌握微机系统的基本组成及操作系统的一般使用知识。
2. 掌握基本电子电路及印刷电路板的基本知识。
3. 掌握基本原理图、PCB 图的生成及绘制的基本方法和知识。
4. 掌握复杂原理图、PCB 图(如层次电路、单面板)的生成及绘制的方法和知识。
5. 掌握图形的输出及相关设备的使用方法和知识。

技能要求:

1. 具有基本的操作系统使用能力。
2. 具有基本原理图、PCB 图的生成及绘制的能力。
3. 具有复杂原理图、PCB 图(如层次电路、单面板)的生成及绘制的能力。
4. 具有图形的输出及相关设备的使用能力。

实际能力要求达到:能够使用电路的计算机辅助设计与绘图软件(Protel)及相关设备以交互方式独立、熟练地绘制电路原理图,并用原理图生成 PCB 图。

鉴定内容:

(一) 文件操作

调用已存在图形文件;将当前图形存盘;用绘图仪或打印机输出图形。

(二) 原理图、PCB 图的生成及绘制

1. 电路原理图设计及绘制

a. 原理图的生成

装载元件库、放置元器件、编辑元件、位置调整、放置电源与接地元件、线路连接、生成网络表。

b. 绘图工具及元件库编辑器的使用

编辑线、圆弧、圆、矩形、毕兹曲线等,会使用删除、恢复、剪切、复制、粘贴、阵列式粘贴等,对元件库进行管理、元件绘图工具的使用及创建新的原理图元件。

2. PCB 图的设计与绘制

a. 制作印刷电路板

设置电路板工作层面、设置 PCB 电路参数、规划电路板、元件自动布局、元件手动布局、自动布线、手工调整。

b. PCB绘图工具及元件封装编辑器的使用

导线、焊盘、过孔、字符串、坐标、尺寸标注、圆弧和圆、填充、多边形等，元件封装管理、创建新的元件封装。

附录三　计算机辅助设计绘图员(中级)技能鉴定样题(电子类)

样题一

说明:

试题共两页三题,考试时间为3小时。

上交考试结果方式:

1. 考生须在监考人员指定的硬盘驱动器下建立一个考生文件夹,文件夹名称以本人准考证后8位阿拉伯字来命名(如:准考证651212348888的考生以“12348888”命名建立文件夹);

2. 考生根据题目要求完成作图,并将答案保存到考生文件夹中。

一、抄画电路原理图(34分)

1. 在考生的设计文件下新建一个原理图子文件,文件名为sheet1. SchDoc;

2. 按下图尺寸及格式画出标题栏,填写标题栏内文字(注:考生单位一栏填写考生所在单位名称,无单位者填写“街道办事处”,尺寸单位为:mil);

<table>
<tr><td></td><td>70</td><td>110</td><td>60</td><td>60</td><td>30</td><td>30</td></tr>
<tr><td>20</td><td>考生姓名</td><td></td><td>题号</td><td></td><td>成绩</td><td></td></tr>
<tr><td>20</td><td>准考证号码</td><td></td><td>出生年月日</td><td></td><td>性别</td><td></td></tr>
<tr><td>20</td><td>身份证号码</td><td></td><td colspan="4" rowspan="2">(考 生 单 位)</td></tr>
<tr><td>20</td><td>评卷姓名</td><td></td></tr>
</table>

3. 按照附图一内容画图(要求对FOOTPRINT进行选择标注);

4. 将原理图生成网络表;

5. 保存文件。

二、生成电路板(50分)

1. 在考生设计文件中新建一个PCB子文件,文件名为PCB1. PcbDoc;

2. 利用上题生成的网络表,将原理图生成合适的长方形双面电路板,规格为X∶Y=4∶3;

3. 电路板的布局不能采用自动布局,要求按照信号流向合理布局(从上至下,从下至上,从左至右,从右至左)。要修改网络表,使得IC等的电源网络名称保持与电路中提供的合适电源的网络名称一致。

4. 将接地线和电源线加宽，介于于 20 mil 至 50 mil 间；

5. 保存 PCB 文件。

三、制作电路原理图元件及元件封装(16 分)

1. 在考生的设计文件中新建一个原理图零件库子文件，文件名为 schlib1. SchLib；

2. 根据附图二的原理图元件，要求尺寸和原图保持一致，其中该器件包括了四个子元件，各子件引脚对应如图所示，元件命名为 LM339N，图中每小格长度为 10mil；

3. 在考生设计文件中新建一个元件封装子文件，文件名为 PCBlib1. PcbLib；

4. 抄画附图三的元件封装，要求按图示标称对元件进行命名(尺寸标注的单位为 mil，不要将尺寸标注画在图中)；

5. 保存两个文件；

6. 退出绘图系统，结束操作。

附图二　原理图元件 LM339N

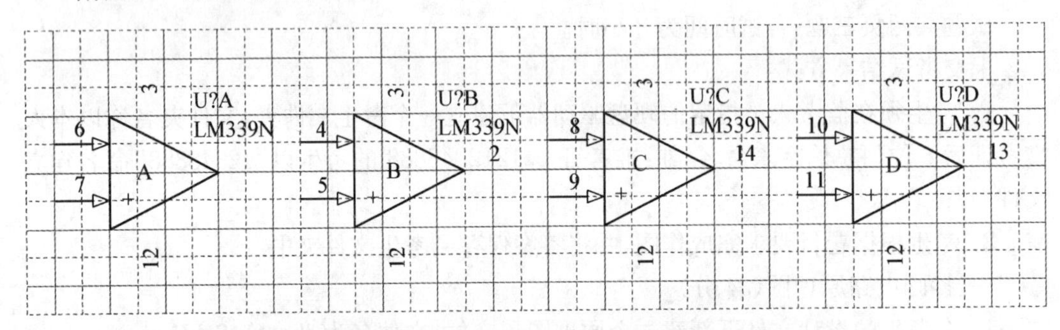

附图三　元件封装 DIP14

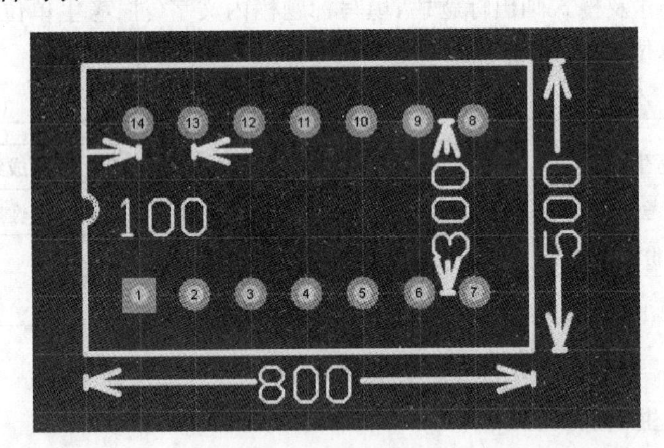

附图一　电路原理图

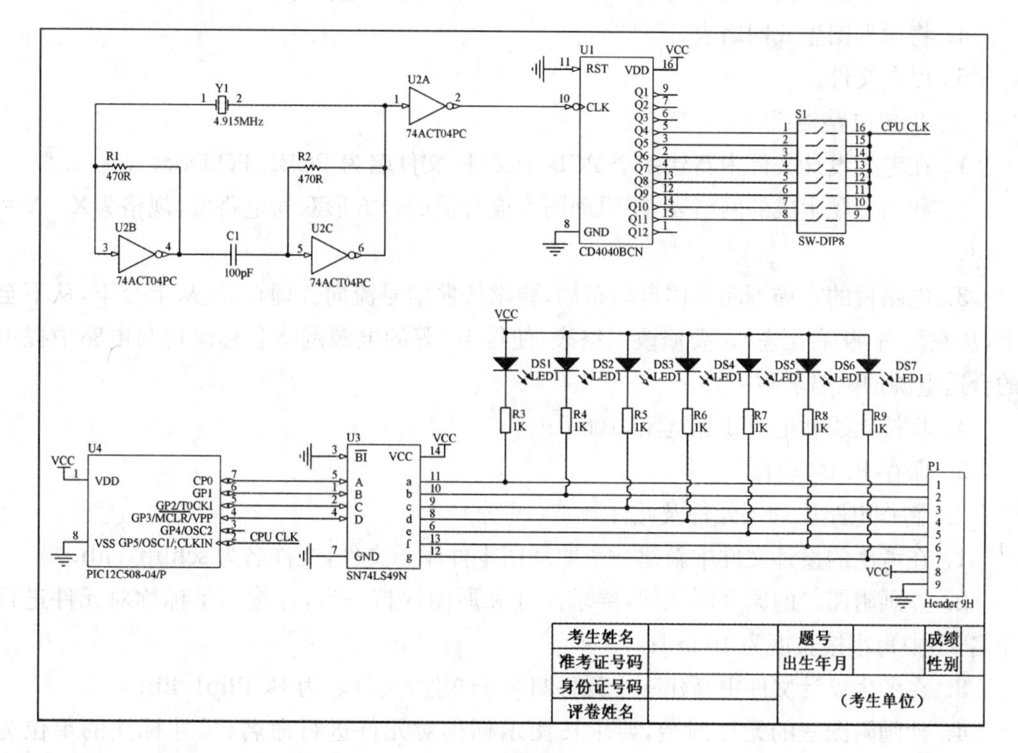

样题二

说明：

试题共两页三题，考试时间为 3 小时。

上交考试结果方式：

1. 考生须在监考人员指定的硬盘驱动器下建立一个考生文件夹，文件夹名称以本人准考证后 8 位阿拉伯字来命名(如：准考证 651212348888 的考生以“12348888”命名建立文件夹)；

2. 考生根据题目要求完成作图，并将答案保存到考生文件夹中。

一、抄画电路原理图(34 分)

1. 在考生的设计文件下新建一个原理图子文件，文件名为 sheet1. SchDoc；

2. 按下图尺寸及格式画出标题栏，填写标题栏内文字(注：考生单位一栏填写考生所在单位名称，无单位者填写“街道办事处”，尺寸单位为：mil)；

70	110	60	60	30	30
考生姓名		题号		成绩	
准考证号码		出生年月日		性别	
身份证号码		(考 生 单 位)			
评卷姓名					

(行高：20, 20, 20, 20)

3. 按照附图一内容画图(要求对 FOOTPRINT 进行选择标注);

4. 将原理图生成网络表;

5. 保存文件。

二、生成电路板(50 分)

1. 在考生设计文件中新建一个 PCB 子文件,文件名为 PCB1. PcbDoc;

2. 利用上题生成的网络表,将原理图生成合适的长方形双面电路板,规格为X∶Y=4∶3;

3. 电路板的布局不能采用自动布局,要求按照信号流向合理布局(从上至下,从下至上,从左至右,从右至左)。要修改网络表,使得 IC 等的电源网络名称保持与电路中提供的合适电源的网络名称一致。

4. 将接地线和电源线加宽至 20 mil;

5. 保存 PCB 文件。

三、制作电路原理图元件及元件封装(16 分)

1. 在考生的设计文件中新建一个原理图零件库子文件,文件名为 schlib1. lib;

2. 抄画附图二的原理图元件,要求尺寸和原图保持一致,并按图示标称对元件进行命名,图中每小格长度为 10 mil;

3. 在考生设计文件中新建一个元件封装子文件,文件名为 PCBlib1. lib;

4. 抄画附图三的元件封装,要求按图示标称对元件进行命名(尺寸标注的单位为 mil,不要将尺寸标注画在图中);

5. 保存两个文件;

6. 退出绘图系统,结束操作。

附图一　电路原理图

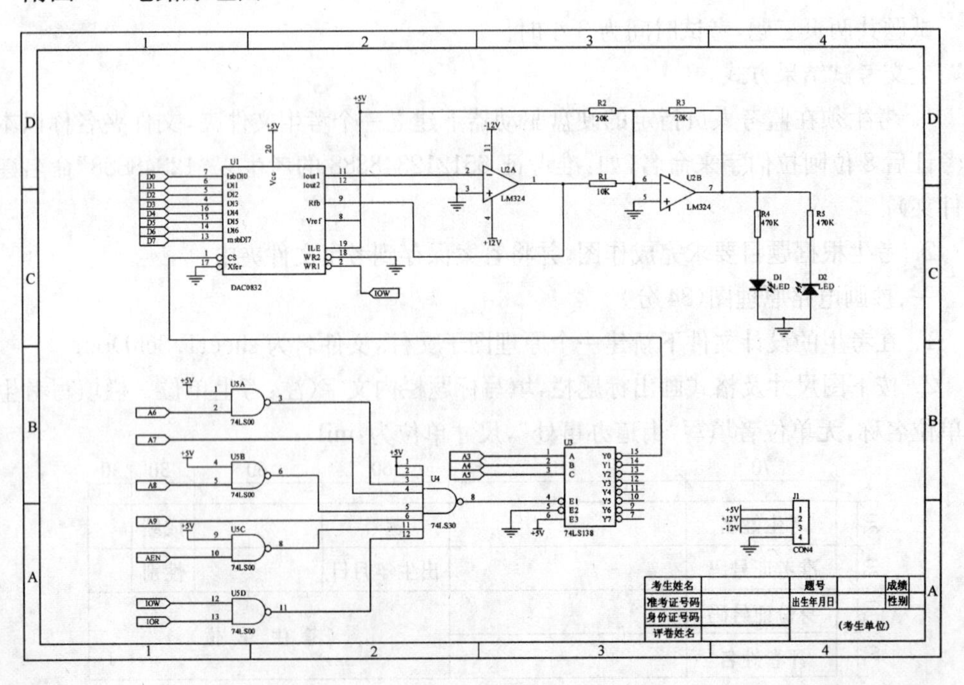

附图二　原理图元件 OPAMP

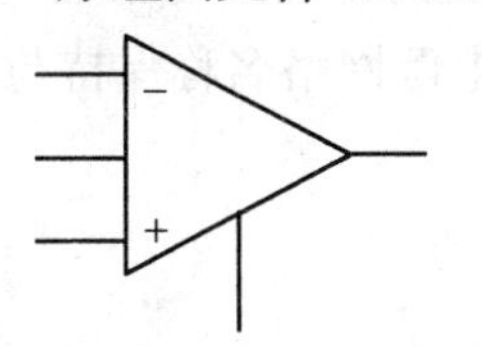

附图三　元件封装 DIP8(S)

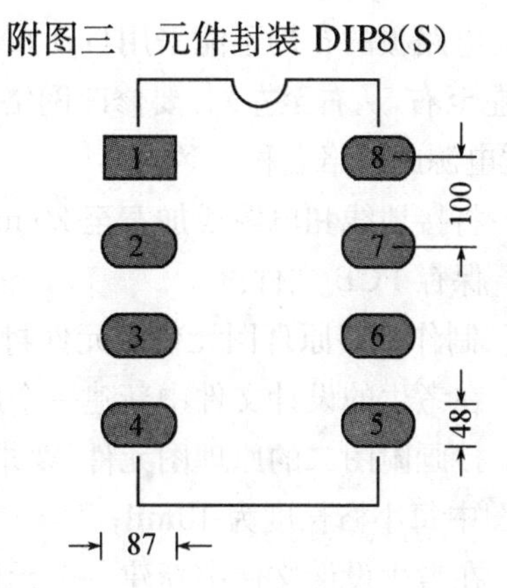

样题三

说明：

试题共两页三题，考试时间为 3 小时。

上交考试结果方式：

1. 考生须在监考人员指定的硬盘驱动器下建立一个考生文件夹，文件夹名称以本人准考证后 8 位阿拉伯字来命名(如：准考证 651212348888 的考生以“12348888”命名建立文件夹)；

2. 考生根据题目要求完成作图，并将答案保存到考生文件夹中。

一、抄画电路原理图(34 分)

1. 在考生的设计文件下新建一个原理图子文件，文件名为 sheet1.SchDoc；

2. 按下图尺寸及格式画出标题栏，填写标题栏内文字(注：考生单位一栏填写考生所在单位名称，无单位者填写“街道办事处”，尺寸单位为：mil)；

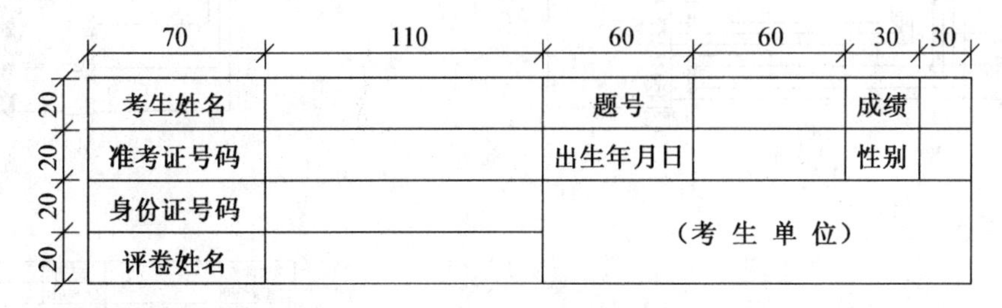

考生姓名		题号		成绩	
准考证号码		出生年月日		性别	
身份证号码		(考 生 单 位)			
评卷姓名					

3. 按照附图一内容画图(要求对 FOOTPRINT 进行选择标注)；

4. 将原理图生成网络表；

5. 保存文件。

二、生成电路板(50 分)

1. 在考生设计文件中新建一个 PCB 子文件，文件名为 PCB1.PcbDoc；

2. 利用上题生成的网络表，将原理图生成合适的长方形双面电路板，规格为X∶Y=4∶3；

3．电路板的布局不能采用自动布局，要求按照信号流向合理布局（从上至下，从下至上，从左至右，从右至左）。要修改网络表，使得 IC 等的电源网络名称保持与电路中提供的合适电源的网络名称一致。

4．将接地线和电源线加宽至 20 mil；

5．保存 PCB 文件。

三、制作电路原理图元件及元件封装（16 分）

1．在考生的设计文件中新建一个原理图零件库子文件，文件名为 schlib1. lib；

2．抄画附图二的原理图元件，要求尺寸和原图保持一致，并按图示标称对元件进行命名，图中每小格长度为 10mil；

3．在考生设计文件中新建一个元件封装子文件，文件名为 PCBlib1. lib；

4．抄画附图三的元件封装，要求按图示标称对元件进行命名（尺寸标注的单位为 mil，不要将尺寸标注画在图中）；

5．保存两个文件；

6．退出绘图系统，结束操作。

附图一：电路原理图

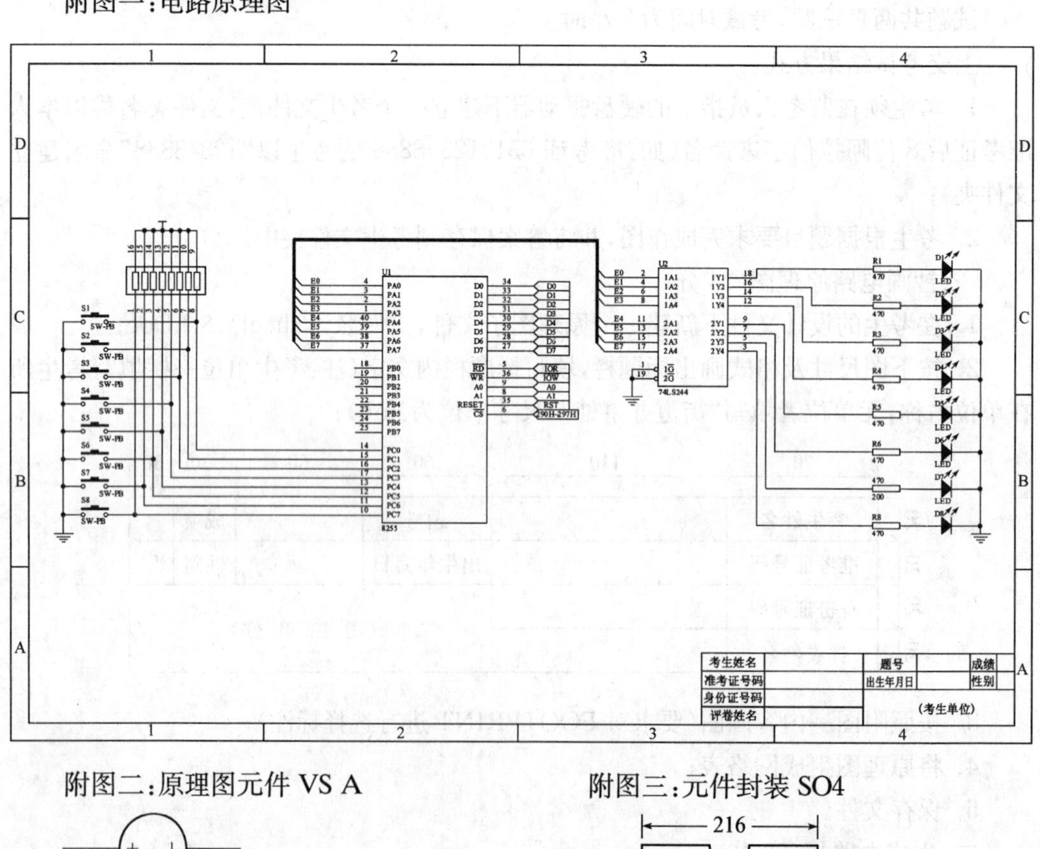

附图二：原理图元件 VS A

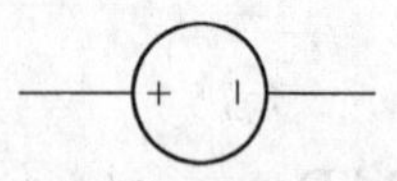

附图三：元件封装 SO4

参考文献

1. 赵全利，周伟主编. Protel DXP 实用教程. 北京：机械工业出版社，2014.

2. 穆秀春，宋婀娜，王国新等编著. Protel DXP 基础教程. 北京：机械工业出版社，2014.

3. 吴琼伟，谢龙汉编著. Protel DXP 2004 电路设计与制板. 北京：清华大学出版社，2014.

4. 葛中海主编. Protel DXP 2004 简明教程与考证指南. 北京：电子工业出版社，2014.

5. 许向荣，张涵，闫法义编著. 零点起飞学 Protel DXP 2004 原理与 PCB 设计. 北京：清华大学出版社，2014.

6. 李小坚，郝晓丽主编. Protel DXP 电路设计与制板实用教程. 北京：人民邮电出版社，2015.

7. 李秀霞，郑春厚编著. Protel DXP 2004 电路设计与仿真教程. 北京：北京航空航天大学出版社，2016.

8. 零点工作室，刘刚，彭荣群编著. Protel DXP 2004 SP2 原理图与 PCB 设计. 北京：电子工业出版社，2016.

9. 杨建辉，王莹莹，史国媛编著. Protel DXP 电路设计实例教程. 北京：清华大学出版社，2014.

10. 刘刚，彭荣群，范忠奇编著. Protel DXP 2004 SP2 原理图与 PCB 设计实践. 北京：电子工业出版社，2013.

11. 赵景波，冯建元，杨翰林等编著. Protel DXP 原理图与 PCB 设计教程. 北京：机械工业出版社，2013.

12. 杨旭方主编. Protel DXP 2004 SP2 应用技术与技能实训. 北京：电子工业出版社，2012.

13. 张群慧主编. Protel DXP 2004 印制电路板设计与制作. 北京：北京理工大学出版社，2012.

14. 薛楠主编. Protel DXP 2004 原理图与 PCB 设计实用教程. 北京：机械工业出版社，2012.

15. 夏江华主编. Protel DXP 电路设计与制板. 北京：北京航空航天大学出版社，2012.

16. 李与核主编. Protel DXP 2004 SP2 实用教程. 北京：清华大学出版社，2012.

参考文献